南川页岩气田
采气工艺技术操作与实践

方志雄　著

石 油 工 业 出 版 社

内 容 提 要

本书介绍了具有中国石化特色的高压和常压页岩气采气技术及其配套工艺的主要成果。全书共分8章，涵盖了采气地质及工艺、采气地面集输、采气橇装设备、场站作业、智能采气辅助系统以及场站HSSE等技术系列成果，有利于促进中国井工厂模式智能化采气理论的发展和完善，并为其他地区页岩气的低成本、智能化采气提供依据和可借鉴的采气技术。

本书可供页岩气开发领域的科技人员、工程技术人员和高等院校相关专业师生参考。

图书在版编目（CIP）数据

南川页岩气田采气工艺技术操作与实践／方志雄著
. — 北京 ：石油工业出版社，2019.9
ISBN 978-7-5183-3430-8

Ⅰ．①南… Ⅱ．①方… Ⅲ．①油页岩-采气-生产技术-南川区 Ⅳ.①TE375

中国版本图书馆CIP数据核字（2019）第101588号

出版发行：石油工业出版社
　　　　　（北京安定门外安华里2区1号楼　100011）
　　　网　　址：www.petropub.com
　　　编辑部：（010）64523541
　　　图书营销中心：（010）64523633
经　　销：全国新华书店
印　　刷：北京中石油彩色印刷有限责任公司

2019年9月第1版　2019年9月第1次印刷
787×1092毫米　开本：1/16　印张：17
字数：425千字

定价：170.00元
（如发现印装质量问题，我社图书营销中心负责调换）

版权所有，翻印必究

前　言

随着国民经济的快速增长，对天然气能源的需求量日益增大，国内天然气能源短缺的形势也越来越紧迫。页岩气是一种洁净的非常规天然气资源，它不仅对我国能源保障具有重要意义，而且对改善能源结构、促进清洁能源发展、实现碧水蓝天计划具有重大意义。因此，加快页岩气高效开发是我国能源战略的重要选择。

为加快四川盆地东南缘页岩气产能建设，促进页岩气产业发展，增加清洁能源供应，从 2010 年起，中国石化华东油气分公司（以下简称华东油气分公司）通过前期研究，建立了页岩气勘探开发评价体系并开展资源评价，按照"导眼井求参数、水平井求产能、井工厂搞开发"的思路，以国家重大专项"彭水地区常压页岩气勘探开发示范工程"（2016ZX05061）项目为依托，通过 3 年的规律探索，落实了现有地质条件、井工厂模式、大位移水平井井型条件下配套的采气工程工艺及集输计量技术，集成了现有设备的高效维护和操作方法，高效推进了南川页岩气田的建成。

南川页岩气田作为中国目前投入规模开发的页岩气田，同时具有高压和常压的特点，在采气过程中面临着压力系统不同的现状及长江上游经济带生态脆弱的地表条件等开发难点。华东油气分公司自主创新、集成了一批核心采气技术，应用于南川页岩气田采气过程中，创造了多项页岩气绿色开发领域的新纪录，填补了一大片技术空白，为中国页岩气行业的发展作出了贡献。

鉴于国内还没有一本系统介绍页岩气采气工艺和现场操作的书籍，为总结提炼页岩气田开发技术和生产经验，规范工作流程和操作方法，适应页岩气田无人值守、智能化采气工作实际需要，同时填补国内页岩气田同类教材的空白，在借鉴国内外有关资料基础上，紧密结合页岩气田开发建设实际，作者采用现场写实的方式，编写了《南川页岩气田采气工艺技术操作与实践》一书，供从事页岩气科研、生产的科技人员和技术人员参考阅读。

在本书的修编工作中，华东油气分公司勘探开发研究院、工程技术研究院、采油气服务中心、非常规资源管理部、南川页岩气项目部的专家和科研技术人员对本书的修订工作提出了建议、指导和帮助，在此一并感谢！

由于页岩气的高效采气理论与实践还处于积极探索和不断完善之中，本书难免存在一些不足和有待探讨的问题，恳请读者在参阅本书时提出宝贵意见，以便将在今后的科研和生产实践中，不断完善理论和总结经验，为提高页岩气高效开发水平尽绵薄之力。

2019.5

目　　录

第一章　概述 ··· 1
　　第一节　页岩气藏基本特征及开发难点 ························· 1
　　第二节　页岩气田开发现状 ····································· 3
第二章　采气工艺 ··· 8
　　第一节　钻井完井及井身结构 ··································· 8
　　第二节　试采作业 ··· 13
　　第三节　采气井口装置及地面控制系统 ························· 19
　　第四节　水合物防治 ··· 26
　　第五节　气藏动态监测 ··· 29
第三章　采气地面集输 ··· 35
　　第一节　油气集输基础知识 ····································· 35
　　第二节　页岩气田地面集输工艺设计 ··························· 37
　　第三节　页岩气田井场平台 ····································· 42
　　第四节　页岩气田脱水站 ······································· 52
　　第五节　页岩气田管网 ··· 56
第四章　采气橇装设备与设施 ··· 64
　　第一节　计量分离器橇块 ······································· 64
　　第二节　水套加热炉橇块 ······································· 67
　　第三节　燃气调压橇 ··· 79
　　第四节　收（发）球筒 ··· 82
　　第五节　分子筛脱水橇块 ······································· 86
　　第六节　三甘醇脱水橇块 ······································· 97
第五章　站场生产作业 ··· 107
　　第一节　资料录取 ··· 107
　　第二节　采气日常操作 ··· 115
　　第三节　站场阀门操作 ··· 119
　　第四节　计量仪表操作 ··· 124
　　第五节　站场设备维护保养 ····································· 137
第六章　站场自动控制系统 ··· 158
　　第一节　自控系统操作 ··· 159

第二节　自控设备操作 …………………………………………………… 163

第七章　站场辅助系统操作 …………………………………………… 186

第一节　站场通信系统 …………………………………………………… 186

第二节　站场电气系统 …………………………………………………… 188

第八章　站场 HSSE 管理 …………………………………………… 198

第一节　防火基础知识 …………………………………………………… 198

第二节　应急器材使用 …………………………………………………… 202

第三节　火气仪表使用 …………………………………………………… 204

第四节　现场急救 ………………………………………………………… 208

第五节　风险识别及管控 ………………………………………………… 213

第六节　井控管理 ………………………………………………………… 218

第七节　应急处置 ………………………………………………………… 224

附录一　站场巡检细则 ………………………………………………… 247

附录二　不同厂家球阀维护保养 ……………………………………… 255

参考文献 ………………………………………………………………… 263

第一章 概 述

页岩气是指赋存于富有机质泥页岩及其夹层中,以吸附或游离状态为主要存在方式的非常规天然气。页岩气是非常规天然气的重要类型。近几年,美国页岩气勘探开发得到技术突破,产量快速增长,对国际天然气市场及世界能源格局产生重大影响,世界主要资源国都加大了对页岩气的勘探开发力度。2012 年 3 月,中国发布了《岩气发展规划(2011—2015 年)》;2017 年,中国石化涪陵页岩气田 $100×10^8m^3/a$ 产能的建成,标志着中国在页岩气资源开发利用上迈出了重要的一步。

在页岩气藏中,天然气也存在于夹层状的粉砂岩、粉砂质泥岩、泥质粉砂岩,甚至砂岩地层中,为天然气生成之后在烃源岩层内就近聚集的结果,表现为典型的"自生自储"成藏模式。从某种意义来说,页岩气藏的形成是天然气在烃源岩中大规模滞留的结果,由于储集条件特殊,天然气在其中以多种相态存在。页岩气是目前经济技术条件下,天然气工业化勘探的重要领域和目标(图 1-1)。

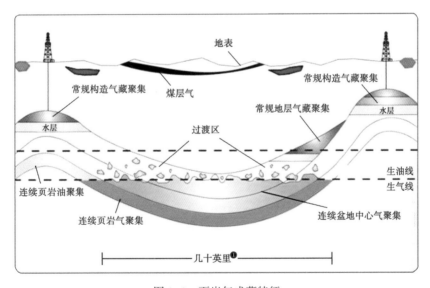

图 1-1 页岩气成藏特征

第一节 页岩气藏基本特征及开发难点

页岩气藏的形成是天然气在烃源岩中大规模滞留的结果,页岩气成藏的生烃条件及过程与常规天然气相同,但页岩气藏具有自生自储的特点,页岩既是烃源岩,又是储集岩。

---

❶ 1 英里 = 1609.344m(准确值)。

其开采难度较大（因为页岩气储层渗透率低），主要采用水平井技术和分段大规模水力压裂技术进行开发。较常规天然气藏，页岩气藏具有开采寿命长和生产周期长的优点，且分布范围广、厚度大，能够长期稳定地产气。

一、页岩气藏基本特征

根据 Curtis 等人的资料，分析页岩气藏具有如下基本特征（表 1-1）：

（1）源储一体，成藏早，持续聚集。页岩气藏为典型的源储一体的自生自储含气系统，暗色富有机质页岩既是优质烃源岩，又是天然气聚集与储存的场所。页岩气形成与富集过程中，在成岩作用早期阶段，微生物的生化作用将一部分有机物转化成生物成因甲烷，剩余的有机物则在埋藏和加热条件下转化为干酪根；随着埋藏深度、温度和压力的不断增加，在后生成岩作用阶段，干酪根逐渐转化形成液态烃和湿气；最后，在变生成岩作用阶段，干酪根进一步降解成热成因甲烷干气，液态烃热裂解成为热成因甲烷干气。页岩在有机质演化的整个过程中持续接收天然气，在页岩自身饱和后才向外逸散或运移。

（2）无明显圈闭界限，富集仍需要良好封盖层。页岩气的形成、聚集都在页岩中，源储一体，含气范围与有效烃源岩基本相当，没有明显圈闭界限，无统一气水界限，不存在传统意义上的圈闭，含水少，大面积层状连续含气，较易保存。但要形成高产富集，仍需要良好的保存条件，区域盖层或封闭条件仍必不可少。

（3）储层致密，以纳米孔为主。页岩气储层以暗色富有机质页岩为主，页岩储层发育微孔（孔隙直径不小于 $0.75\mu m$）和纳米孔（孔隙直径小于 $0.75\mu m$）两种尺度孔隙，纳米孔是页岩的主要孔隙，普遍具有较低孔隙度和超低渗透率致密特点。

（4）吸附态和游离态两种主要赋存方式。页岩气赋存方式多样，主要有游离态、吸附态及溶解态等，以游离态、吸附态为主，吸附气比例一般为 20%～60%。

（5）页岩气大面积连续分布，资源规模大。形成页岩气的暗色富有机质页岩是含油气盆地中的主力烃源岩，进入生气阶段的烃源岩就是页岩气的远景有利范围，大面积连续分布于盆地坳陷或构造背景斜坡区。由于富有机质页岩大面积区域分布，使页岩气资源规模巨大，资源丰度一般为（0.69～8.71）$\times 10^8 m^3/km^2$。

表 1-1　页岩气藏与其他天然气藏主要特性对比

气藏类型		常规天然气	致密砂岩气	页岩气	煤层气
圈闭类型		构造、岩性或地层	岩性、地层或构造	岩性	岩性
封闭条件		顶面、底面、侧面	顶面、底面、侧面	储层	储层
储层岩性		砂岩、碳酸盐岩等	砂岩、碳酸盐岩等	页岩	煤层
储层物性	孔隙度（%）	>10～30	<10	<6	1～2
	渗透率（mD）	>50～1000	<0.1	<0.001	1～50
气源特征		外部	外部	内部	内部
运移特征		近—长距离运移	近—长距离运移	无运移	无运移

二、页岩气藏开发难点

由于页岩气储层的孔隙度和渗透率极低，页岩气开发主要面临以下三个难点：

（1）页岩气井生产能力低或无自然生产能力。由于页岩气储层通常呈低孔隙度、低渗透率特征，气流阻力比常规天然气大，难以有效动用开采，因此所有的页岩气井都需要实施大规模水力加砂压裂才能实现经济效益开采，并且页岩储层改造程度的高低直接影响后期单井产能。

（2）页岩气井生产周期长，管理难度大。页岩气在储层中主要以游离态和吸附态存在，游离气渗流速度快，气井初期产量较高，但产量衰减快；吸附气解吸、扩散速度慢，气井产量衰减慢，产量相对较低，是生产中后期的主要气量来源。页岩气井开采寿命一般可达 30~50a，甚至更长，后期维护、平稳运行困难。

（3）采收率变化较大，并且通常低于常规天然气。根据埋藏深度、地层压力、有机质含量和吸附气量等的不同，页岩气藏的采收率也不尽相同，现有数据表明，页岩气藏的采收率为 12%~35%，而常规天然气藏的采收率一般可达 60% 以上。

第二节　页岩气田开发现状

页岩气勘探开发始于北美，已近 200 年历史，目前正进入全球快速发展期。北美页岩气开发发展尤其迅速，实现了高效、规模开发，成为北美天然气供应的重要来源，并引起全球天然气供应格局的重大变化。加拿大、墨西哥、德国、法国、英国等国家已充分认识到页岩气资源的重要价值和广阔前景，开始了页岩气基础理论研究、资源潜力评价和工业化开采试验等相关的页岩气研究与勘探开发工作。

2016 年，国土资源部初步评价，中国陆地（不含青藏地区）页岩气可采资源量约为 $25 \times 10^{12} m^3$，与常规天然气资源量相当；页岩气资源分布相对集中，四川、新疆、重庆、贵州、湖北、湖南、陕西资源潜力占全国总量的近 70%。截至 2019 年 5 月，中国已优选出有利区 180 个，面积约为 $111 \times 10^4 km^2$。其中，全国页岩气施工探井 80 余口，四川长宁和富顺、重庆渝东南、陕西延安等地 30 余口井压裂获工业气流。中国"十三五"规划明确指出："加快推进页岩气等非常规油气资源开发利用"，初步提出 2020 年达到 $65 \times 10^8 m^3$ 的产量目标。按照目前的发展态势，2020 年中国的页岩气产量有望突破 $10 \times 10^{10} m^3$。通过积极参与全球能源"页岩气革命"，中国页岩气资源开发落后及天然气资源对外依赖度过高的局面将有望得以改变。

客观来讲，中国与美国在页岩气地质条件上具有许多相似之处。中国页岩气富集地质条件优越，页岩气资源总量高达 $100 \times 10^{12} m^3$，是中国常规天然气储量的 2 倍，具有与美国大致相同的页岩气资源前景和开发潜力。虽然页岩气发展态势强劲，但由于页岩气在中国发展起步相对较晚，页岩气实现经济效益开采还面临着配套技术不成熟、管网及相关基础设施尚不完善等一系列难题。

一、北美页岩气田开发现状

北美地区是全球发现页岩气最早的地区，1821 年在美国东部泥盆系页岩中钻成第 1 口页岩气井,并由此拉开了世界天然气工业发展的序幕;1914年发现了第一个页岩气田——Big Sandy气田。1981年,被誉为Barnet页岩气之父的乔治·米歇尔对Barnet页岩C.W.Slay NO.1井实施大规模压裂并获成功,实现了真正意义上的页岩气开发突破。目前,美国开发较为成功的地区包括沃斯堡盆地Barnet页岩以及阿巴拉契亚盆地Marcellus页岩和Ohio页岩,下面以沃斯堡盆地Barnet页岩为例进行介绍。

沃斯堡盆地位于美国中南部的得克萨斯州中北部,面积为$3.81 \times 10^4 km^2$,为古生代晚期Ouachita造山运动形成的前陆盆地,沉积地层自下而上依次为寒武系、奥陶系、石炭系、二叠系和白垩系。沉积岩厚度最大达到3660m左右,其中奥陶系—密西西比系碳酸盐岩和页岩厚1220~1524m。沃斯堡盆地主要的海相页岩地层有Barnet页岩、Tayetteville页岩及Caney页岩等,Barnet页岩平均厚76m,最大厚度为305m。Barnet页岩顶面构造为一单斜,气藏不受构造控制,面积约$15500km^2$,埋深大于1850m,可采资源量为$2.66 \times 10^{12} m^3$。目前,Barnet页岩生产区主要为水平井开发,占总井数的75%以上,探明储量年均增加$1000 \times 10^8 m^3$以上,年产量为$475 \times 10^8 m^3$。

Barnet页岩为缺氧和上升流发育的正常盐度下的海相深水沉积,页岩矿物组成以石英、长石及方解石为主,石英含量为40%~60%,黏土矿物(主要是伊利石,含少量蒙脱石)占27%。页岩的主要测井响应特征是低电阻率、高自然伽马(大于1000API);有机碳含量为4.0%~8.0%,平均值为4.5%;热演化程度R_o分布在0.7%~3.0%之间,其中1.1%~1.4%范围为Barnet页岩气的主要产区;产气区孔隙度平均为6.0%,渗透率为$(0.15 \sim 2.5) \times 10^{-9} D$;吸附气含量平均为$2.99 m^3/t$(页岩)。

二、中国页岩气田开发现状

1. 开发概况

页岩气在中国并不新鲜,自20世纪60年代以来,已在松辽、渤海湾、四川、鄂尔多斯、柴达木等几乎所有陆上含油气盆地中,发现了页岩气或泥页岩裂缝气藏。1966年在四川盆地威远构造钻探的威5井,在2795~2798m井段寒武系筇竹寺组页岩中获日产气$2.46 \times 10^4 m^3$,成为中国早期发现的典型的页岩气井。自2009年开始,国内页岩气勘探开发总体形势逐步好转,先后累计新增探明页岩气地质储量$10455 \times 10^8 m^3$,形成了涪陵页岩气开发区和长宁—威远、昭通页岩气开发区,建成产能超过$100 \times 10^8 m^3/a$,2017年页岩气产量超过$90 \times 10^8 m^3$。近期在四川盆地及周缘的丁山、永川、大足、武隆以及中扬子宜昌等地区,海相页岩气勘探取得了新发现。其中,涪陵页岩气田、长宁—威远页岩气田等一系列探明储量超过千亿立方米页岩气田的陆续建产,中国的页岩气勘探开发进入稳步上产期,取得了明显的效果。

中国的页岩气勘探开发主要分为海相和陆相两类,总体基于地质类比法,在全国重点地区开展了页岩气资源潜力及有利区带优选,海相地层主要包括中上扬子区上奥陶统—下志留统海相页岩、下寒武统海相页岩,陆相地层主要包括华北、华南地区和塔里木盆地海陆交互及湖相煤系碳质页岩。其中,中国已初步形成了符合中国地质特点的海相页岩气新认识、新技术,具备了3500m以浅海相页岩气规模开发的技术能力,关键技术与装备实现国产化。常压、深层、陆相新领域新类型页岩气勘探技术、页岩气持续稳产开发技术有待攻关。

下面以四川盆地五峰组—龙马溪组海相页岩、鄂尔多斯盆地延长组陆相页岩为例。

四川盆地五峰组—龙马溪组海相页岩在川南—川东地区发育较好，为深水陆棚相暗色富有机质页岩，分布面积为 $42×10^4km^2$，厚度为 $20～700m$，平均厚度为 $120m$；页岩矿物组成以石英、长石、方解石为主，石英含量为 $20\%～80\%$，黏土矿物含量为 $20\%～50\%$。页岩的主要测井响应特征是高电阻率（$100～185Ω·m$）、高自然伽马（大于 $250API$）、高声波时差（$200～250μs/m$）、低密度（$2.4～2.6g/cm^3$）；有机质含量为 $2\%～7\%$，平均值为 3.5%；热演化程度 R_o 分布在 $2.0\%～3.0\%$ 之间；孔隙度平均为 5.0%，渗透率平均为 $390mD$；吸附气含量为 $1.0～1.5m^3/t$，占总含气量的 40% 左右。四川盆地五峰组—龙马溪组页岩规模化开发生产区包括涪陵页岩气田和长宁—威远页岩气田两个重要地区，其中涪陵页岩气田年产气能力超过 $50×10^8m^3$，长宁—威远页岩气田年产气能力超过 $25×10^8m^3$，平均单井产量为 $6.5×10^4m^3/d$。

鄂尔多斯盆地延长组长 7 段主要为深湖相沉积，富有机质页岩平均厚 $20～40m$，分布面积超过 $4×10^4km^2$，有机碳含量平均高达 14%，干酪根类型为 Ⅰ—Ⅱ 型，R_o 值为 $0.6\%～1.2\%$。该套湖相页岩蕴藏丰富的致密油，油层厚度为 $10～20m$、孔隙度为 10.2%、渗透率为 $0.21mD$ 的致密粉砂岩夹层，有工业油气流井近 200 口，平均产量为 $8.6t/d$。

2. 南川页岩气田开发现状

华东油气分公司南川页岩气田位于重庆市南川区武陵山系的崇山峻岭之间，山体植被丰富，喀斯特地貌属性导致地表沟壑纵横，地面建设条件差，区域水文地质条件复杂，浅层熔岩发育，开发区域人口众多、河网密布，部分平台紧邻森林公园，开发过程可谓是"环保责任重大，使命光荣"。

由华东油气分公司负责开发的涪陵页岩气田平桥南区块，通过近几年的理论、技术和管理创新，持续推进节能环保、绿色低碳等技术攻关与应用，建立了一批可推广、可复制的页岩气勘探开发工程示范环境管理体系、建设规范和技术要求，实现页岩气田绿色开发。2017 年 9 月 26 日，平桥南区块正式对外供气，通过长南输气干线接入"川气东送"管网，2018 年 11 月开发井全部投产，项目完成后，年产量将达 $6.5×10^8m^3$。

1）平桥南区块构造特征

平桥南区块位于四川盆地东南缘典型隔挡式褶皱带，属于受平桥西断层与平桥东 2 号断层所夹持的狭长断背斜（长 23km，背斜宽 2.7～5km），地层向南北两端倾伏，南部较北部略微宽缓。平桥南区块位于平桥断背斜中南部，面积为 $38.4km^2$，背斜构造宽缓，两翼地层产状变缓，核部断裂不发育，翼部发育断距大于 100m 和断距为 50～100m 的断裂，断距较中部和北部大（表 1-2、图 1-2）。

平桥南区块页岩气探明地质储量为 $543×10^8m^3$，动用 $287×10^8m^3$，动用面积 $27.52km^2$，储量动用率为 53.0%，经济可采储量为 $40.27×10^8m^3$。

表 1-2　平桥南区块构造要素表

开发区块名称	所属构造单元	区块面积（km^2）	高点海拔（m）	幅度（m）	地层倾角（°）
平桥南	平桥断背斜	38.4	-2150	1050	10～45

2）平桥南区块沉积相

平桥南区块整个含气页岩段具备深水陆棚的沉积特征，从岩性来看，五峰组—龙马溪

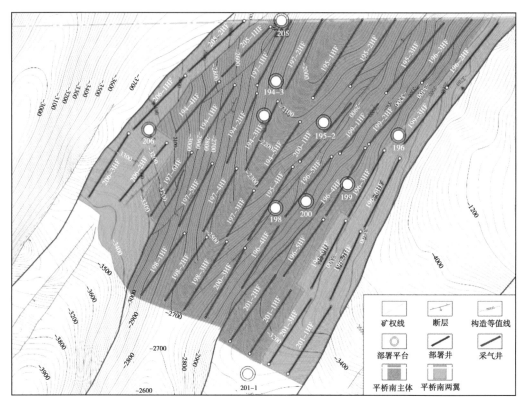

图1-2 平桥南区块五峰组底构造图

组一段的岩性为灰黑色—黑色碳质硅质页岩、含粉砂质页岩，发育水平纹层，局部岩心呈千层饼状，黑色页岩中发育大量的笔石化石（图1-3），见星散状黄铁矿和结核状黄铁矿，反映了强还原、安静的深水陆棚沉积环境。

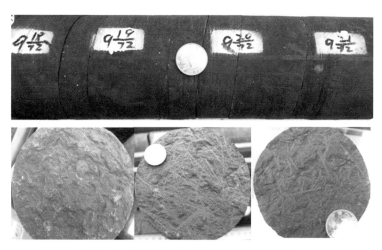

图1-3 平桥南区块含气页岩段岩心照片

3）平桥南区块气藏特征

平桥南区块五峰组—龙马溪组页岩气藏为连续性气藏，没有明显的边界，气藏埋藏深度一般为 2600~4000m，综合埋藏深度、地层压力等因素，确定为中深层—深层、高压、干气页岩气藏。

4）平桥南区块开发难点

平桥南区块页岩气开发难点体现在以下几个方面：

（1）页岩地层裂缝发育，长水平段（1500~2000m）钻井中易发生井漏、垮塌等问题，造成钻井液大量漏失、卡钻、埋钻具等工程事故。

（2）页岩储层非均质性明显，不同水平井、不同压裂段地层物性差异较大，破裂压力为 55~107MPa，压裂改造方案需要根据实际情况实时调整。

（3）勘探开发成本高，需要优化钻井工艺，研发低成本钻井技术及其配套装备，提高采收率，降低钻井工程成本。

第二章　采气工艺

在气藏开发地质和气藏工程研究的基础上，把地下的天然气经气井和井口设备开采出地面的一系列工艺技术统称为采气工艺，常规意义上指从射孔孔眼到井口针形阀（气嘴）的生产过程，广义上涵盖从近井地层到集气站的整个采集气过程。

第一节　钻井完井及井身结构

完井工程是指钻开油气层到完钻交井的工艺和技术，是联系钻井与采气生产的一个关键环节。其基本工艺过程是，确定完井的井底结构——完井方法、确定井身结构、钻开生产层、保护气层、完井电测、固井、使井眼与产层连通、试气、安装井底和井口。

一、井身结构

1. 基本概念

井身结构是指气井钻完后，所下入套管的层次、直径、下入深度、相应的钻头直径以及各层套管外径和水泥返高等。井身结构主要由导管、表层套管、技术套管、油层套管、水泥返高等部分组成。

（1）导管：导管使钻井一开始就建立起钻井液循环，保护井口附近的地层，引导钻头正常钻进。

（2）表层套管：表层套管又称为地面套管、隔水层套管，用来封隔地下水层，加固上部疏松岩层的井壁，保护井眼和安装封隔器。

（3）技术套管：技术套管又称为中间套管，用来保护和封隔油层上部难以控制的复杂地层。

（4）气层套管：气层套管也称为生产套管，其作用是保护井壁，形成气水通道，下入深度是根据目的层的位置和不同完井方法来决定的。

（5）水泥返高：固井时，水泥浆沿套管与井壁之间的环形空间上返的高度。

2. 井身结构设计

井身结构设计的合理性在很大程度上依赖于对地质环境（包括岩性、地下压力特征、复杂地层的分布、地下流体特征）的认识程度和钻井装备条件（套管、钻头、钻具等）以及钻井工艺技术水平（钻井液工艺、井眼轨迹控制技术、操作水平等）。井身结构设计直接关系到钻井技术指标、钻井工作成败以及开发目的的实现，设计必须遵循如下原则：

（1）确保钻探至地质目的层。

（2）有效地保护气层，减少钻井液对不同压力系统气层的伤害。

（3）避免井漏、井喷、井塌、卡钻等复杂情况的发生，为全井安全、优质、快速、经济地完成钻井工作创造条件。

（4）钻下部地层时选用的钻井液产生的液柱压力不会压漏上一层套管鞋处的裸露地层。

（5）下套管过程中井内钻井液液柱压力和孔隙压力间的压差不会引起压差卡钻事故。

（6）尽量减小施工技术难度，保障安全钻井。

（7）有利于提高钻井速度，缩短钻井时间，提高经济效益。

3. 南川页岩气田生产井井身结构设计

井身结构数据见表2-1，井身结构如图2-1所示。

表 2-1 井身结构数据表

程序＼参数	井眼直径（mm）	深度（m）	套管外径（mm）	下入深度（m）	水泥返高
导管	609.60	63.00	473.10	62.54	地面
一开	406.40	538.00	339.70	536.64	地面
二开	311.20	2780.00	244.50	2778.47	地面
三开	215.90	5052.00	139.70	5049.98	地面

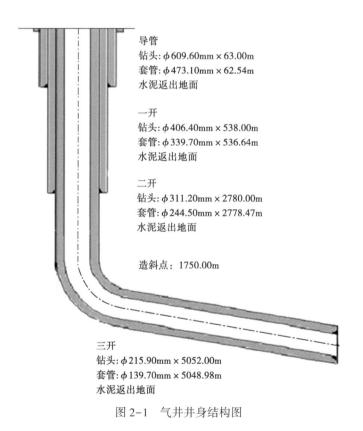

导管
钻头：φ609.60mm × 63.00m
套管：φ473.10mm × 62.54m
水泥返出地面

一开
钻头：φ406.40mm × 538.00m
套管：φ339.70mm × 536.64m
水泥返出地面

二开
钻头：φ311.20mm × 2780.00m
套管：φ244.50mm × 2778.47m
水泥返出地面

造斜点：1750.00m

三开
钻头：φ215.90mm × 5052.00m
套管：φ139.70mm × 5048.98m
水泥返出地面

图 2-1 气井井身结构图

4. 水平井井身结构

水平井是井斜角大于或等于86°，并保持这种角度钻完一定长度的水平段的定向井（图2-2）。

造斜点：由于造斜率受井眼大小、地层情况的影响，为了有利于造斜和方位控制，造斜点选在地层较稳定的井段，结合地层可钻性级值，在海相地层定向。同时，同一井组内造斜点适当错开，以防止井眼轨迹相互干扰。

造斜率：考虑采气工艺的要求，在不影响采气工具的下入和管材抗弯能力的前提下，结合地层影响因素，推荐采用中曲率半径造斜率（6°/100m～30°/100m）。

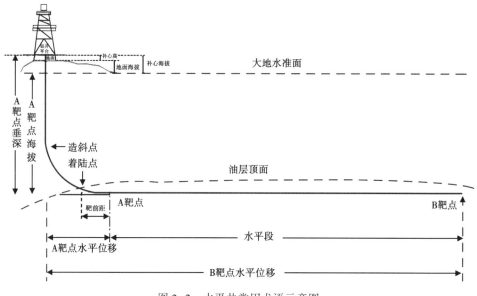

图 2-2　水平井常用术语示意图

二、套管管柱选择

南川页岩气井井身结构及套管数据见表 2-2。

表 2-2　井身结构及套管数据

开钻次序	钻头尺寸×井深（mm×m）	套管尺寸×下入深度（mm×m）	钢级	壁厚（mm）	扣型	封固井段（m）
导管	φ609.60×63.00	φ473.10×62.54	J55	11.05	STC	0～63.00
一开	φ406.40×538.00	φ339.70×536.64	L80	12.19	BTC	0～538.00
二开	φ311.20×2780.00	φ244.50×2778.47	P110	11.05	LTC	0～2780.00
三开	φ215.90×5052.00	φ139.70×5048.98	TP110T	12.34	TP-CQ（FL）	0～5052.00

三、完井工艺选择

完井是钻井工程的最后环节，在石油开采中，油气井完井包括钻开油层、完井方法的选择和固井、射孔作业等。对于低渗透产层或受到钻井液严重伤害的产层，还需采取酸化处理、水力压裂等增产措施，才能算完井。

一般所说的完井指的是油气井的完成方式，即根据油气层的地质特性和开发开采的技术要求，在井底建立油气层与油气井井筒之间的合理连通渠道或连通方式。

本书所指的完井主要是生产完井，是在原完井含义之上的拓展。生产完井主要是指钻井完井之后如何选择管柱、井口，选择什么样的管柱、井口等来实现油气井的正常生产。

1. 气井完井方法考虑因素

（1）考虑产层的结构，根据产层的坚韧度评估气井在生产过程中是否会发生坍塌等。

（2）邻区气井产层压力、井口压力、天然气中硫化氢和二氧化碳含量是否对气井井下管柱有氢脆和严重电化学腐蚀的可能性。

（3）考虑邻井或气田上气井中后期产水的可能性，气井生产后期进行排水采气和修井的可能性。

（4）考虑气田的生产井或邻近气井完成后，投产和增产措施的施工压力与生产套管允许应力的关系。

（5）气田上已有气井的产气量水平，用以确定气井完成时的生产套管尺寸。

（6）水平井分段压裂的压力等级，考虑原井套管等级。

2. 完井方式

完井方式是指油层与井底的连通方式、井底结构及完井工艺。目前，国内外完井方式主要有套管或尾管射孔完井、割缝衬管完井、裸眼完井、裸眼或套管内砾石充填完井等。南川页岩气田主要是水平井分段压裂完井。

页岩气井常用的完井方式主要包括组合式桥塞完井、水力喷射射孔完井和机械组合完井。

1）组合式桥塞完井

组合式桥塞完井（桥塞+射孔联做完井）是在套管中用组合式桥塞分割各段，分别进行射孔或压裂，这是页岩气水平井最常用的完井方式，但施工中工序较为烦琐，故也是最耗时的一种方法。

施工中常用的桥塞及技术参数如下：

（1）$\phi100.00$mm MAGNUM 球笼式可钻桥塞如图 2-3 所示，技术参数见表 2-3。

图 2-3　$\phi100.00$mm MAGNUM 球笼式可钻桥塞

表 2-3　$\phi100.00$mm MAGNUM 球笼式可钻桥塞技术参数表

名称	尺寸（mm）				工作压差（MPa）	工作温度（℃）	丢失拉力（kN）
	有效长度	外径	内径	球直径			
MAGNUM 球笼式可钻桥塞	548.00	100.00	11.80	15.80	70.00	123.00	166.60~186.20

（2）$\phi100.00$mm 威德福投球式可钻桥塞如图 2-4 所示，技术参数见表 2-4。

图 2-4 ϕ100.00mm 威德福投球式可钻桥塞

表 2-4 ϕ100.00mm 威德福投球式可钻桥塞技术参数表

名　称	尺寸（mm）				工作压差（MPa）	工作温度（℃）	丢失拉力（kN）
	有效长度	外径	内径	球直径			
威德福投球式可钻桥塞	610.00	100.00	20.57	54.00	58.95	148.90	120.00

（3）KHR97-C 型桥塞坐封工具如图 2-5 所示，技术参数见表 2-5。

图 2-5 KHR97-C 型桥塞坐封工具

表 2-5 KHR97-C 型桥塞坐封工具技术参数表

型　号	KHR97-C
额定工作压力（MPa）	105.00
坐封力（kN）	333.20
最大外径（mm）	97.00
额定工作温度（℃）	150.00

2）水力喷射射孔完井

水力喷射射孔完井适用于直井或水平套管井。该工艺利用伯努利能量转换原理，从工具喷嘴喷射出的高速流体可射穿套管和岩石，达到射孔的目的。通过拖动管柱可进行多层作业，免去下封隔器或桥塞，缩短了完井时间。水力喷射射孔完井有套管固井后射孔完井、尾管固井后射孔完井和裸眼射孔完井 3 种。美国大多数的页岩气水平井进行套管固井后射孔完井，射孔完井时间短，工艺相对成熟简单。尾管固井后射孔完井和裸眼射孔完井在页岩气井完井中不常用。

3）机械式组合完井

机械式组合完井（滑套封隔器完井）是目前国外采用的一种新技术，采用特殊的滑套机构和膨胀封隔器，适用于水平裸眼井段限流压裂，一趟管柱即可完成固井和分段压裂施工。目前主要技术有哈里伯顿公司的 Delca Stim 完井技术，施工时将完井工具串入水平井段，悬挂器坐封后，注入酸溶性水泥固井。井口泵入压裂液，先对水平井段最末端第一段实施压裂，然后通过井口落球系统操控滑套，依次逐段进行压裂。最后放喷洗井，将球回收后即可投产。膨胀封隔器的橡胶在遇到油气时会自动发生膨胀、封隔环空、隔离生产层，膨胀时间也可控制。

第二节　试采作业

一、试采目的

（1）落实单井控制地质储量。

（2）获取动态资料，为确定优质高效的开发方式提供依据。

（3）评价水平井分段压裂后的产能、压力递减规律。

（4）评价不同水平段长度井、不同段数分段压裂后气井的产量、压力变化规律。

（5）评价不同生产制度下的气井产量、压力变化规律，为制定合理开发制度提供依据。

（6）为评价不同构造部位、不同物性条件与产能的变化规律研究提供参数。

二、试采设计——以南川页岩气田194-3HF井试采为例

1. 试气产能初步评价

采用ϕ12mm、ϕ10mm和ϕ8mm油嘴，47.625mm孔板，3个制度进行测气求产，测得相对稳定的测试数据。

根据试气期间求取的3个稳定点，采用一点法求得稳定点的绝对无阻流量（表2-6）。

表2-6　194-3HF井一点法计算绝对无阻流量结果表

序号	测试制度	孔板（mm）	地层压力（MPa）	套压（MPa）	井底流压（MPa）	绝对无阻流量（$10^4 m^3/d$）
1	ϕ12mm 油嘴			18.83	26.73	24.57
2	ϕ10mm 油嘴	47.625	45.53	19.88	27.78	20.73
3	ϕ8mm 油嘴			21.88	29.78	15.45

2. 试采方案设计方式

根据194-3HF井前期测试情况，该井一点法计算的绝对无阻流量为$23.89 \times 10^4 m^3/d$，结合四川气田配产经验（表2-7），该井应按绝对无阻流量的1/3配产，则产量为$8 \times 10^4 m^3/d$。但是由于试气时间短，不能完全获取递减规律，而且试气期间井筒流动方式主要是段塞流，没有获得稳定的流动状态，其产能的确定依据不充分，因此本井采取多工作制度试采分别求取稳定的日产量，然后选取一个最佳的日产气量工作制度的模式进行。

表2-7　四川气田经验配产表

序号	绝对无阻流量 Q_{AOF}（$10^4 m^3/d$）	配产系数 R
1	$Q_{AOF} < 10$	$R \geq 1/3$
2	$10 \leq Q_{AOF} < 30$	$1/4 < R \leq 1/3$
3	$30 \leq Q_{AOF} < 80$	$1/5 < R \leq 1/4$
4	$80 \leq Q_{AOF} < 200$	$1/6 \leq R \leq 1/5$

3. 试采步骤

为落实该井的合理日产气量及其变化规律，按获取稳定的井底流压条件下稳定或上升产量的模式进行试采，求取合理的日产气量，评估单井产量变化规律。

以试气法确定的产能 $8×10^4m^3/d$ 为基础，采用 $\phi8mm$、$\phi6mm$ 和 $\phi4mm$ 三种油嘴加合理的孔板尺寸方式进行试采，每个工作制度的试采时间暂定为 $7\sim10d$，以"是否获得稳定井底流压条件下的产量变化规律"为依据进行适当延长或缩短单一工作制度下的试采时间。4 种制度均求取稳定的生产规律后，依据实际的生产产量需求计划，选取对应的工作制度进行长期生产。

三、资料录取

试采必须严格按试采方案录取各项资料，专人负责对录取的资料进行质量审查，定期编制试采月报。

1. 基础数据

基础数据包括气嘴尺寸或针形阀开度、流量计类型及孔板大小。

2. 气、水产量资料

（1）气、水日产量。

（2）油压、套压资料。

（3）气体组分变化资料。

（4）产出水的全分析资料，监测组分及矿化度的变化。

3. 压力资料

（1）井口压力每 1h 记录一次，每 24h 计算一次平均压力。

（2）分离器压力、上游压力、集气站外输压力每 1h 记录一次，每 24h 计算一次平均压力。

（3）试采前 6 个月每 1 个月及每制度下实测一次井底流压和井筒流压梯度，此后每隔 3 个月实测一次井底流压和井筒流压梯度。

（4）地面各种压力测量应采用精度等级高于 0.5% 的标准压力表，井下压力测量应采用精度等级高于 0.05% 的压力计，各种压力表应定期检定。

4. 温度资料

（1）每 1h 记录一次天然气上流温度，同时记取当时的大气温度。

（2）每次测取流压或静压时，要同时测取相应的压力、温度梯度。

5. 气、水样分析资料

（1）每制度开展一次气样组分分析。

（2）每制度开展一次水全分析、含砂分析，现场要加强水样 Cl^- 含量分析。

（3）3 种油嘴试采完成后，按照每月一次的频率开展气水全分析，半年后每 3 个月进行一次气水全分析。

四、试采要求

（1）必须严格按试采方案录取各项资料，专人负责对录取的资料进行质量审查，定期编制试采月报。

（2）参照 SY/T 6171—2008《气藏试采地质技术规范》进行试采资料分析及总结，并形成试采总结报告。

（3）严格执行 HSE 相关标准，做好防喷、防火、防爆和防中毒预防工作。

五、试采工艺的选择

1. 常规地面试采流程

常规地面试采流程包括管汇台、热交换器、两相分离器、一体化流量计、主放喷池三条管线（一条主放喷测试管线、一条备用放喷测试管线、一条分离器安全释放管线）、副放喷池一条管线、排污池一条管线和一条进站试采管线（图 2-6）。进站气量由气动薄膜阀控制，多余气体通过主放喷测试管线放喷燃烧，放喷池出口处均安装燃烧筒。管汇台阀门组至井口采用法兰短节连接。

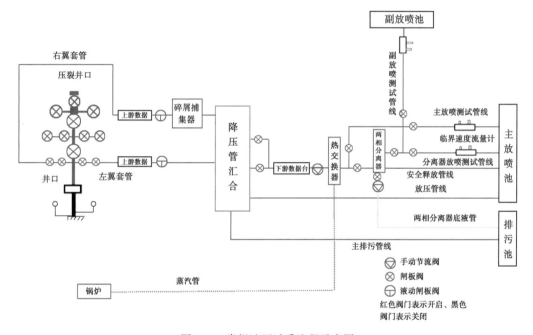

图 2-6 常规地面试采流程示意图

常规地面试采流程安装注意事项：

（1）安装应做到横平竖直，不应有小于 90°的拐弯。

（2）安装要求尽量做到管汇台距井口不少于 10m，放喷口距井口不少于 100m，拐弯处应采用加厚耐冲蚀优质管材。出口与罐接触处用胶皮垫好，防止管线抖动摩擦产生火花发生危险。

（3）安装油嘴套及管线时应检查有无油嘴堵塞物，应保证管线畅通。

（4）检查各阀门的开关是否灵活，转动应无卡阻现象。

（5）放喷管线尽量平直，弯头角度应大于 120°，放喷口应安装燃烧筒、修建防火墙，安装位置位于当地常风向的下风向，且出口管线斜朝上，并具有安全点火条件和防止森林火灾措施，同时注意防止污染周围地面环境。

（6）地面流程固定要求：地面流程采用水泥基墩和地脚螺丝卡板固定，候凝时间不低于48h，确保管线不剧烈摆动，卡板厚10~12mm。固定位置：管汇台、放喷口、各弯管及平直管线固定间隔距离不大于10m。基墩坑长大于0.8m，宽大于0.6m，下宽大于0.8m，深大于0.8m，放喷口基墩坑长大于1.5m，宽大于1.0m，下宽大于1.2m，深大于1.0m，距喷口小于0.5m。喷口燃烧筒用双卡板固定，管线悬空处用混凝土垫牢。分离器、热交换器和计量器具等摆放平稳、固定牢靠。

2. 井下节流新型环保试采工艺

井下节流工艺是依靠井下节流嘴实现气井井筒节流降压，充分利用地温加热，使节流后气流温度基本能恢复到节流前温度，在降低压力的同时，不会在井筒内形成水合物，同时简化地面流程。

1）常规型井下节流器

目前，南川气田开发了活动型和固定型两种类型的井下节流器。

活动型井下节流器可根据需要下入任意井段位置，坐封位置可调，投放打捞作业方便可靠，特别适合需节流的井筒已有生产管柱的气井。

活动型井下节流器由油嘴套、坐封弹簧、密封胶筒、锥体、卡瓦、摩擦块和投送头组成（图2-7）。

图2-7　活动型井下节流器
1—油嘴套；2—坐封弹簧；3—密封胶筒；4—锥体；5—卡瓦；6—摩擦块；7—投送头

工艺原理：当气井需要井下节流时，利用测试车和井口防喷管将活动油嘴下到设计位置后，上提钢丝，锥体沿卡瓦内锥面上行将卡瓦撑开，卡住油管内壁，坐封胶筒。提出坐封工具后，井下油嘴依靠卡瓦和胶筒的张紧力悬挂于油管内。开井生产，井内天然气经放砂罩从陶瓷油嘴通过时节流降压，实现井下节流。更换井下油嘴时，利用测试车下入可退式打捞工具，将油嘴捞出。

固定型井下节流器下入位置由井下工作筒位置来确定，它的承受压差较高，密封效果好，投捞作业也简单可靠，适合在新投产井中使用（图2-8）。

图2-8　固定型井下节流器
1—投送头；2—打捞头；3—卡定机构；4—密封胶圈；5—油嘴套

固定型井下节流器由工作筒和活动油嘴组成。工作筒用来作固定型井下节流器的外密封筒；活动油嘴由油嘴套、密封胶圈、卡定机构和打捞头组成（图2-8），与工作筒配合实现井下节流（通过调换不同规格油嘴）。

工艺原理：随生产管柱将节流器工作筒下到水合物防治预测深度，然后把活动油嘴通过测试车投入工作筒，活动油嘴在内支撑的作用下通过外锚爪固定在工作筒内，此时内锚爪固定销钉剪断，随测试钢丝起出，即可实现井下节流生产。并且可根据气井生产情况，调换井下油嘴规格，达到预防水合物的目的。

目前已进入规模化投用的主要有 CQX 型、CQZ 型和 HY-4 型 3 种型号节流器。

本书以 CQX 型卡瓦式节流器为例，它主要由打捞头、卡瓦、本体、密封胶筒及节流嘴等组成，如图 2-9 所示。

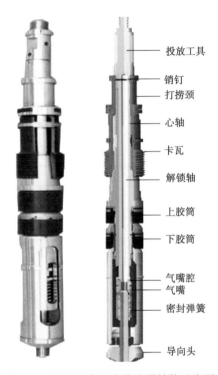

图 2-9　CQX 型卡瓦式节流器结构示意图

该井下节流器属于活动型的一种新型井下工具。采用钢丝进行投捞作业，当节流器下放到设定深度时，上提使解锁轴上移张开，卡瓦咬合在油管内壁上，然后再缓慢下放，当张力小于 50kgf❶ 时，加速上提，剪断连接销钉，密封胶筒被撑开坐封，实现以弹簧和气流压差逐级两级胶筒密封。而节流嘴上下形成一定的压差促使节流器坐封越牢靠。打捞时，当打捞工具抓住节流器打捞头后，密封胶筒收缩，卡瓦松开，上提即可起出节流器。该井下节流器目前在各油气田应用最为广泛，但从现场大规模的投入使用情况来看，该井下节流器极易在井下高温、高压及交变压差下，密封胶筒失去密封性而导致失效。

2）智能型井下节流器

QZJ-100 气井智能型井下节流器（图 2-10）是为了解决现有节流器的不足，在不改变现有固定式井下节流器坐封和打捞方式的情况下设计的一套智能节流器一体化结构，主

---

❶　1kgf＝9.80665N。

要用途是可更改节流气嘴大小。节流器的开度控制分为自动和手动两种方式。自动方式即在仪器下井前设置流量经验值，节流器可根据测得流量调节气嘴开度；手动方式即通过下放无线通信短节控制气嘴开度。这样可以解决现有节流气嘴大小更改难的问题，并实时监控测调节流气嘴大小，在更改气井作业制度时可通过调整气嘴大小实现流量控制可调。

图 2-10　QZJ-100 气井智能型井下节流器

（1）测量原理。

节流器锚定坐封部分采用传统机械式节流器方式，采用机械卡瓦式锚定，密封胶筒坐封，采用活塞式压缩密封胶筒形成坐封力。

在节流器锚定机构上方安装连接有控制部分，用以控制节流口大小，节流形式采用锥阀结构，通过调节锥形阀口节流环形间隙大小调节控制流量。

（2）性能指标。

QZJ-100 气井智能型井下节流器性能指标见表 2-8。

表 2-8　QZJ-100 气井智能型井下节流器性能指标一览表

气嘴调节范围（mm）	0.5~2
仪器外径（mm）	$\phi57$
仪器长度（m）	2.3
最高工作温度（℃）	125
最高工作压力（MPa）	35
最高调控压差（MPa）	30
可工作年限（a）	>2
压力测量范围（MPa）	0~60
压力测量精度	0.1%FS
温度测量范围（℃）	0~125
温度测量精度（℃）	±0.5
无线通信距离（m）	2
电源方式	电池组

（3）技术特点。

①节流器可以实现无线控制，改变气嘴开度，不需要反复投捞气嘴，节约了大量人工和机械成本。

②无线通信，若生产期间需要井下历史数据，可以通过下放通信短节对接提取历史数据。

③一次施工，无须后期投捞作业，节约了大量人力、物力。

④可以应用在常规工艺无法测调的斜井或大斜度井中。

第三节 采气井口装置及地面控制系统

一、采气井口装置

采气井口装置主要有平板阀井口和斜楔式井口。

采气井口装置的作用是悬挂井下油管柱、套管柱，密封油套管和两层套管之间的环形空间以控制气井生产，是进行回注（注蒸汽、注水、酸化、压裂、注化学药剂等）和安全生产的关键设备。

采气井口装置产品代号标注方法如图 2-11 所示。

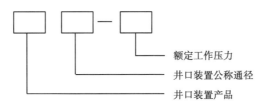

> 额定工作压力
> 井口装置公称通径
> 井口装置产品

图 2-11 采气井口装置产品代号标注方法

例如，KY65-70 表示采气井口装置不抗硫化氢，通径为 65mm、额定工作压力为 70MPa 的采气井口装置；KQ78/65-70/105 表示采气井口装置抗硫化氢，主通径为 78mm、旁通径为 65mm，额定工作压力为 70MPa、含 105MPa 级别配置的混合采气井口装置。

井口装置主要包括套管头、油管头和采气树三大部分（图 2-12、图 2-13）。

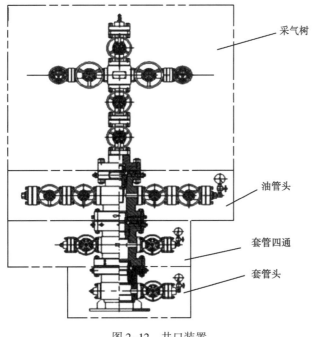

采气树

油管头

套管四通

套管头

图 2-12 井口装置

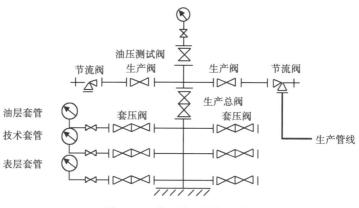

图 2-13　井口装置结构示意图

1. 套管头

套管头是套管和井口装置之间的重要连接件。为了支持、固定下入井内的套管柱，安装防喷器组和其他井口装置，而以螺纹或法兰盘与套管柱顶端连接并坐落于外层套管的一种特殊短接头（图 2-14）。

它的下端通过螺纹与表层套管相连，上端通过法兰或卡箍与井口装置（或防喷器）相连。在套管头内还设置套管挂，用以悬挂相应规格的套管柱，并密封环空间隙。气井完井后，套管头上则安装采气树。

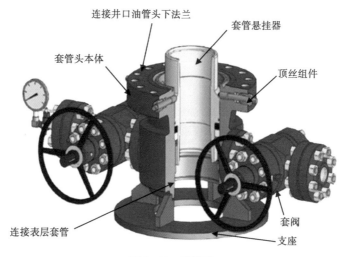

图 2-14　套管头

2. 油管头

油管头通常是一个两端带法兰的大四通，它安装在套管头上的上法兰。

油管头的主要功能是：悬挂井内管柱；密封油管和套管的环形空间；为下接套管头、上接采气树提供过渡；通过油管头四通上的两个侧口（接套管阀）完成套管注入及洗井等作业（图 2-15 至图 2-18）。

图 2-15　油管头

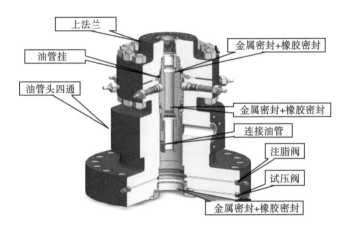

图 2-16　油管头结构图

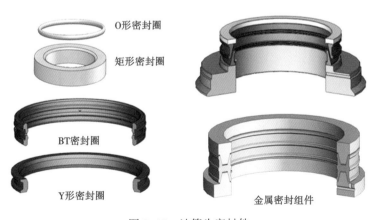

图 2-17　油管头密封件

图 2-18 顶丝组件

3. 采气树

油管头以上部分称为采气树，由闸阀、针形阀和小四通组成，用于开关井，调节压力、气量，循环压井，下压力计测压和测量井口压力等作业（图 2-19、图 2-20）。

图 2-19 采气树

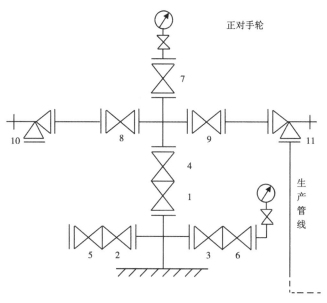

图 2-20 采气树结构示意图

1——一级生产总闸阀；2，3——套压内侧闸阀；4——二级生产总闸阀；5，6——套压外侧闸阀；

7——油压闸阀；8，9——油管闸阀；10，11——节流阀

（1）总阀：安装在上法兰以上，是控制气井的最后一个阀门，它一般处于开启状态。若关井，可以关油管阀。总阀一般有两个，以保证安全。

（2）小四通：通过小四通可以采气、放喷、压井。

（3）油管闸阀：油管采气时，可以用来开关井。

（4）针形阀：又称为节流阀，可以用来调节气井的压力和产量。

（5）测压阀：通过测压阀使气井在不停产时进行下压力计测压、取样、通井等工作。上接压力表，可以观察采气时的油管压力。在压力表截止阀和压力表之间，一般装有压力表缓冲器，防止压力表突然受压损坏。

（6）套管阀：一侧装有压力表，可观察采气时的套管压力。

4. 井口装置常用部件

1）井口闸阀

井口所用闸阀有平行闸板阀和楔式闸阀两种（图2-21）。连接方式分为螺纹式、法兰式和卡箍式3种。

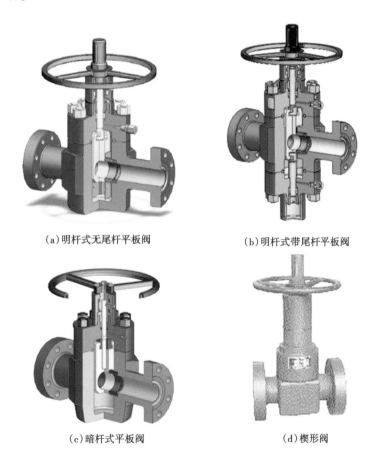

（a）明杆式无尾杆平板阀　　　　（b）明杆式带尾杆平板阀

（c）暗杆式平板阀　　　　（d）楔形阀

图 2-21　井口闸阀

2）节流阀

节流阀是用来控制产量的部件，可通过调节采气树上的节流阀开关控制流量（图2-22）。

节流阀仅用于控制气体压力和流量的大小，不能用作开关截断气源。

阀杆通过梯形螺纹的传动升降，带动阀针改变通道的截面积实现对流量的控制和调节。手轮顺时针旋转为流量减少，逆时针旋转为流量增大。

3）油管悬挂器

油管悬挂器是支撑油管柱并密封油管和套管之间环形空间的一种装置（图 2-23）。油管悬挂器有两种密封方式：一种是油管悬挂器（带金属或橡胶密封环）与油管连接，利用重力坐入大四通锥体内而密封，这种方式更换速度快，便于操作，故而是中深井、常规井所普遍采用的方式；另一种是采气树底法兰中有螺纹，与油管柱连接而密封。

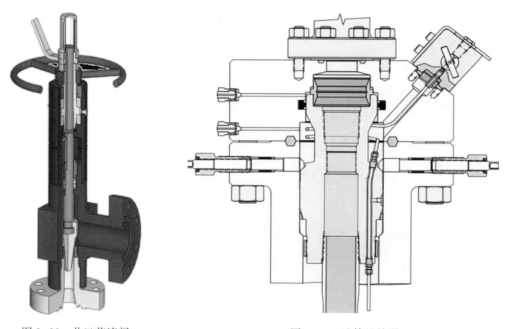

图 2-22　井口节流阀　　　　　　　　　图 2-23　油管悬挂器

二、地面控制系统

地面控制系统又称井口控制柜或井口控制盘，通过与远程控制系统相关联实现对安全阀的远程和就地控制。

1. 结构

地面控制系统主要包括功能泵、高低压先导阀、油箱、调压阀、储能器、易熔塞、压力表、电磁阀、压力传感器和温度传感器，还包括从井口通道针阀处到控制柜的连接管线及压力表。

目前南川页岩气田井场平台使用的是 ALWHCP-35M-2HM-2017132 系列井口控制柜（图 2-24）。该系统为故障安全型设计，内部逻辑可保证安全阀（图 2-25）的开启和关断，具有本地/远程控制 ESD 功能。

2. 技术参数

（1）控制柜数量：单套液动安全阀。

图 2-24　井口控制柜

图 2-25　井口安全阀

（2）控制系统设计压力：5000psi❶。

（3）逻辑控制压力：80~100psi。

（4）环境温度：-20~65℃。

（5）环境湿度：50%~90%。

（6）柜体防护等级：IP56。

（7）驱动类型：手动泵。

（8）材料：柜体采用 304SS，主要元器件为 316SS。

（9）油箱容积：15L。

（10）介质：液压油。

（11）管线压力超低关阀范围：500~1500psi，出厂设定 1160psi。

管线压力超高关阀范围：3500~9000psi，出厂设定 5365psi。

3. 功能特点

（1）本地 ESD：控制面板上配置 ESD 按钮，用于紧急关闭（按下为关闭阀，拉起为开启阀）。

（2）远程 ESD：控制系统内部配置电磁阀，失电关井。

（3）具有系统压力过高自动溢流功能。

（4）具有油箱显示液位功能。

（5）系统回路上设有储能器，具有因温度变化引起的微量补压，并具备驱动执行器全行程开关两次功能，同时系统具有将系统压力（储能器）油压远传至中控室功能。

（6）本地显示系统压力、开启/关闭安全阀控制压力以及地面安全阀先导控制压力。

---

❶　1psi=6894.757Pa。

（7）人工复位：当系统关闭安全阀后，须人工现场复位方能再次开启安全阀。

（8）高低压限压阀自动关闭功能：当生产管线的压力出现超压/欠压时，系统能自动关闭安全阀。

（9）系统具有监控地面安全阀开/关状态功能，并将状态信号远程传输至中控室。

（10）系统配置有易熔塞，当井场周围发生火灾，易熔塞的温度超过120℃时，系统将自动关闭安全阀。

第四节　水合物防治

天然气水合物是在一定压力和温度（高于水的冰点温度）的条件下，天然气中水与烃类气体构成的结晶状的复合物。

天然气水合物是采气过程中经常遇到的一个重要问题。水合物在油管中生成后会降低井口压力，妨碍井下工具的起下，严重时会堵塞油管，影响气井正常生产。

一、天然气水合物的性质

（1）外观：白色结晶固体，类似于松散的冰或致密的雪。

（2）密度：甲烷水合物的密度比水小（密度为922kg/m³）；乙烷及其以上重烃水合物的密度比水大。

（3）水合物结构：水合物是由氢键连接的水分子结构形成的笼形结构，气体分子则在范德华力作用下被包围在晶格中，有Ⅰ型和Ⅱ型两种结构（图2-26）。

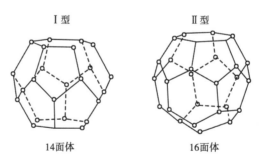

图2-26　气体水合物晶体结构图

二、水合物形成条件

天然气水合物的形成，必须具备以下几个条件：

（1）液态水的存在。

（2）低温。

（3）高压。

（4）H_2S、CO_2的存在，能加快水合物的生成。

每一种密度的天然气，在每一个压力下都有一个对应的水合物生成温度。对同一密度的天然气，压力升高，生成水合物的温度升高；压力相同时，天然气密度越大，生成水合物的温度也就越高；温度相同时，天然气密度越大，生成水合物的压力就越低。

三、水合物防治方法

水合物会堵塞井筒或采气管线，影响气井的正常生产，常用的防治水合物的方法有干燥气体（脱水）、提高气流温度（加热法）、加防冻剂、降压等。

1. 干燥气体（脱水）

天然气中含有水分是生成水合物的内存因素，因此脱除天然气的水分是杜绝水合物生成的根本途径。

2. 提高气流温度（加热法）

提高温度防止生成水合物的实质是把气流温度提高到生成水合物的温度以上，加热方法有蒸汽加热法和水套炉加热法。

3. 加防冻剂

向天然气中加入各种能降低水合物生成温度的天然气水合物抑制剂，降低天然气的露点，防止水合物生成。

（1）防冻剂的种类。

热力学抑制剂有甲醇、乙二醇（EG）、二甘醇（DEG）等。

乙二醇和二甘醇挥发性低，易于与所吸收的水分离，易回收；甲醇易挥发，也可回收，但不经济。普遍使用乙二醇，因为乙二醇价格便宜，性能优良，但乙二醇黏度高，在低温系统流动阻力大。甲醇易挥发，具有刺激性，有毒。但其沸点低，水溶液冰点低，在较低温度时不易冻结，适用于低温场合，防冻效果好，价格便宜。

近年来，国外开发了新型水合物抑制剂（LDHI），即动力学抑制剂与防聚剂。

（2）防冻剂的注入量计算。

贫液指未与湿气接触的新鲜甲醇（乙二醇）或再生后达到浓度要求的甲醇（乙二醇）。甲醇贫液浓度一般选择 100%，乙二醇贫液浓度一般选择 60%~80%。

富液指吸收了湿气水分的甲醇（乙二醇）稀释液。

计算方法有公式法和查图法两种。

公式法：

$$W_R = \frac{100 \times 1.8\Delta t M}{2335 + 1.8\Delta t M} \tag{2-1}$$

式中 W_R——富液浓度,%（质量分数）；

       M——甲醇（乙二醇）分子量；

       Δt——露点降,℃。

对于乙二醇，式（2-1）中的 2335 换成 4000。

查图法：

$$G_d = Q_g(q_1 - q_2)\left(\frac{W_R}{W_L - W_R}\right) \tag{2-2}$$

式中 G_d——甲醇（乙二醇）注量, kg（抑制剂）/d；

       Q_g——产气量, $10^4 m^3/d$；

       W_L——贫液浓度,%（质量分数）；

q_1——上游天然气饱和含水量，$kg/10^4m^3$；

q_2——下游天然气饱和含水量，$kg/10^4m^3$。

四、水合物防治措施

1. 注甲醇防止水合物生成

气田主体采用高压集气、集中注醇方法防止水合物生成。对于个别边远井及形成水合物时间较少的气井，采用流动注醇车井口注醇的方法（图 2-27）。

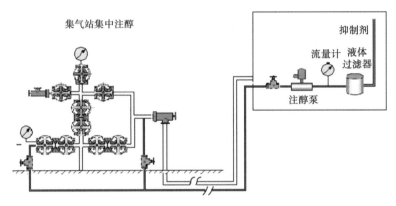

图 2-27　注甲醇防治水合物图

2. 井下节流防止水合物（降压法）生成

目前，南川页岩气田气井普遍使用井下节流防止水合物生成措施。

井下节流工艺是利用井下节流嘴实现井筒降压，利用地温加热，使节流后气流温度基本能恢复到节流前温度。由于大大降低了节流器下游系统的压力，从而减少了水合物生成机会（图 2-28）。

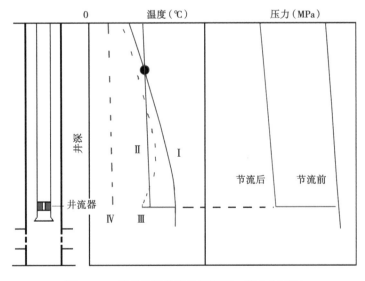

图 2-28　井下节流前后井筒温度、压力剖面图

Ⅰ—节流前井筒流体温度；Ⅱ—节流前水合物生成温度；Ⅲ—节流后井筒流体温度；Ⅳ—节流后水合物生成温度

第五节 气藏动态监测

动态监测是气田开发过程中的一项重要工作。《天然气开发管理纲要》提出明确要求，建立适合气藏特点和开发方式的监测系统，根据不同开发阶段的特点，制订生产动态监测计划。要求针对低渗透气田的特点，结合当前开发的新情况、新问题及未来发展趋势，每年都应提出适宜的动态监测方案，并严格实施，录取合格、准确的气田开发动态资料。通过动态监测，录取气田开发过程中的各项动态资料，为开发部署、方案调整、生产管理及各项科研工作提供第一手资料。

通过动态监测可取得气藏当前地层压力、井底流压、产气剖面、流体分析及试井成果等基础资料。通过应用资料可实现以下目的：

（1）核实产能，制订生产计划，确定气井合理工作制度。

（2）评价气田当前地层压力水平，开展压力系统研究，初步划分流动单元。

（3）根据不稳定试井成果，从动态角度认识气藏储层特征，评价其非均质性。

（4）采用动态法落实气藏、气井控制的动态地质储量，评价储量动用程度。

（5）分析气井产水及气质组分变化规律。

（6）分析气井井下管柱的腐蚀状况及缓蚀剂的防腐效果。

（7）为综合评价气田开发效果，开展攻关研究提供依据。

气藏动态监测内容主要包括压力监测、产能试井、不稳定试井、流体及储层物性监测、工程监测等，具体内容如图 2-29 所示。应针对不同类型气藏开发特点，满足不同开发阶段气藏动态分析的需求；监测井应选择固定井与非固定井相结合的方式，并具有一定代表性（构造部位、储层、产量级别等）、可对比性。气田开发初期监测井点密度和资料录取频率相对较高，开发后期以典型井监测为主。

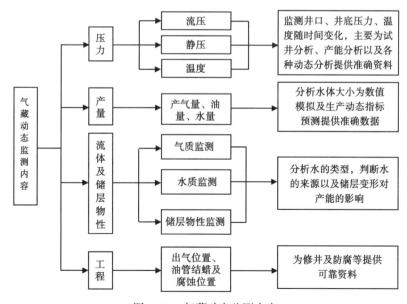

图 2-29 气藏动态监测内容

一、气井试井

气井试井就是通过改变气井的工作制度，同时测量气井的产量、压力及其与时间的关系等资料，用渗透理论来研究气井、气藏的生产性能和动态的一种现场试验方法。它与地质、地球物理方法配合，是认识和合理开发气藏的重要手段，是制订合理的开采制度和开发方案的重要依据。常用的试井方法有产能试井和不稳定试井（图2-30）。

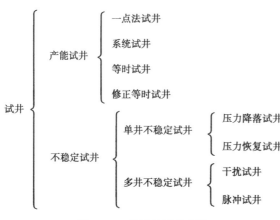

图 2-30 常用的试井方法

通过整理气井试井资料，可达到以下目的：求气井的产气方程和绝对无阻流量，从而了解气井产能等用于气井分析，确定气井合理的工作制度和进行气井动态预测的依据；确定产层的物性参数，如渗透率、流动系数、地层压力等；为气藏动态分析提供基础资料；了解增产措施及一些特殊作业（如酸化、压裂、注水、注气、排水、修井等）的效果。

1. 产能试井

生产能力试井简称产能试井。选择少数具有代表性的气井，开展系统试井、简化修正等时试井（接入生产流程的气井）、修正等时试井、一点法试井，进一步核实气井产能。

1）系统试井

系统试井又称为常压回压试井，也称多点测试，测量气井在多个产量生产的情况下相应的稳定井底流压。该方法具有资料多、信息量大、分析结果可靠的特点。但测试时间长，费用高。

2）修正等时试井

修正等时试井是等时试井的改进，修正等时试井主要应用在气田开采初期，落实新区气井产能，评价气井稳产能力。修正等时试井较适合中、高渗透气井；对于特低渗透、低产井，由于难以设计等时工作制度，故不宜进行修正等时试井，否则误差较大。

修正等时试井是由一组不同的产量（一般为由小到大的四级产量），相等的时间间隔交替开、关井（等时测试），接着以合理产量持续生产至压力稳定（延续测试），利用等时阶段的不稳定测试资料绘制不稳定产能曲线，确定气井二项式系数 B（或指数式 n）；过延续测试的稳定点做不稳定产能曲线的平行线，即得稳定产能曲线，由此确定二项式系数 A（或指数式 C），从而建立气井稳定产能方程，求得无阻流量。最后关井进行压力恢复测试，求取气井产能方程，计算气井无阻流量，求取储层物性参数。

其产量和压力序列如图2-31所示。

3）简化修正等时试井

简化修正等时试井是基于气井修正等时试井理论，在气井正常生产过程中，通过录取等时阶段的产量、流压资料确定了产能方程系数 B 之后，建立 A_t—$\lg t$ 关系曲线（图2-32），

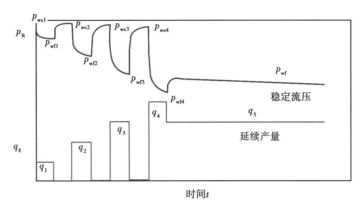

图 2-31　修正等时试井产量和压力序列图

在井筒储集效应基本消失后，均质地层气井的 A_t—$\lg t$ 将是一条直线，在给定气井供气半径（r_e）的条件下，计算所需的有效驱动时间（t_d），即：

$$t_d = 0.02755 \phi \mu c_t r_e^2 / K \qquad (2-3)$$

式中　ϕ——孔隙度；

μ——气体黏度，mPa·s；

c_t——井筒储集系数，m^3/MPa；

K——储层渗透率，D。

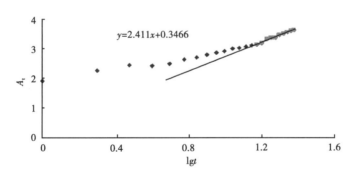

图 2-32　等时阶段 A_t—$\lg t$ 关系曲线图

将计算的 t_d 代入 A_t—$\lg t$ 关系式，便得到二项式系数 A，建立气井产能方程，进而计算无阻流量。

对于非均质气井，难以确定可靠的二项式系数 A，只能在统计分析的基础上进行校正，这无疑存在较大误差。如果气井接入生产流程，只需进行等时不稳定测试，得到二项式系数 B，在此基础上二项式系数 A 很容易根据稳定生产动态资料来确定（图 2-32）。

高压集气流程下的简化修正等时试井优点：仅需 8~10d 的等时阶段测试，减少了延续测试阶段，测试时间大大缩短，成本大幅度降低；气井已经接入流程，既不需要传统试井必备的井房、分离器等设备，又避免了天然气放空浪费，同时保护了环境；利用准确可靠的井口压力折算井底压力，同样可以得到准确可靠的产能方程和无阻流量，进一步降低了测试成本。

$$A_\text{t} = 2.411 \lg t + 0.3466 \tag{2-4}$$

4）一点法测试

一点法测试是测试气井一个工作制度生产至稳定状态，利用获得的地层压力、产量和对应井底流压数据，代入适宜的经验产能公式计算绝对无阻流量。一点法产能公式通式为：

$$q_\text{AOF} = \cfrac{2(1 - \alpha)q_\text{g}}{\alpha\left[\sqrt{1 + 4\left(\cfrac{1 - \alpha}{\alpha^2}\right)\left(\cfrac{p_\text{R}^2 - p_\text{wf}^2}{p_\text{R}^2}\right)} - 1\right]} \tag{2-5}$$

其中：

$$\alpha = A / \left(A + Bq_\text{AOF}\right)$$

显然，影响一点法经验产能公式的主要参数是 α 值，α 值是根据大量多点产能试井（修正等时试井、系统试井）资料来确定的，无疑以气田的多点产能试井结果得到的经验产能公式更适合气田。

一点法测试的优点是缩短测试时间，减少气体放空，节约测试费用，降低资源浪费。

在产建过程中，为了加快施工进度，新井均采用一点法进行试气，初步确定产能。但试气时，测试时间短，探测范围有限，且采用的并非本气田的经验产能公式，故试气得到的绝对无阻流量误差较大，高产井偏高，低产井偏低，中产井误差相对较小。因此，气井投产后，应根据其他多种方法（包括应用本气田一点法经验公式）进一步落实产能。

2. 不稳定试井

不稳定试井是目前最常用的一种试井方法，分为压力恢复试井、压力降落试井和干扰试井等。

1）压力恢复试井

压力恢复试井是气井稳定生产一定时间后瞬时关井，连续监测气井压力随关井时间而变化的一种试井方法。

压力恢复试井的目的是了解气井关井后压力恢复情况，识别储层类型，判断储层边界，求取储层物性参数，加深对储层横向变化规律的认识，同时评价气井增产措施效果。

压力恢复试井利用试井软件对测试数据进行解释，结合地质情况及生产动态选择相适应的解释模型（由井筒、储层和边界组成）。井筒影响主要根据压力恢复早期曲线来确定，其影响因素有井储效应、表皮效应、井底裂缝等；储层特征包括均质、双孔等；边界指外边界条件，包括无限大、封闭边界、定压边界等，可根据压力恢复晚期曲线确定。在理论曲线与实测曲线充分拟合的基础上，进行压力历史拟合检验，并结合地质情况进行综合分析，获得与实际情况相符的储层解释参数。

2）压力降落试井

生产井在关井后达到相对稳定状态后重新开井生产，测量并绘制出井底压力随时间的降落曲线。

压力降落试井的目的是确定那些影响到生产动态的气藏特性，获取地层系数、表皮系数和湍流系数等。

3）干扰试井

在同一气藏内改变一口井的工作状态后，在邻近的一口井中也会出现一个不稳定的压力变化阶段。

在气田开采初期，为研究储层横向连通性，选择干扰试验井组进行干扰试验。其方法是以一口或多口井作为观察井，其周围一口或多口井作为激动井，定期用高精度压力计测试观察井的压力，通过观察井监测压力变化，判断井间是否有干扰现象。随着气田开发规模的扩大，在干扰试验的基础上建立气田观察井网，深入研究井间储层的连通性，观测各区块的地层压力降。

二、流体及储层物性监测

多产层气藏、块状气藏应加强生产剖面监测。重点开发井、多层合采井应在投产初期测生产剖面，每年选择重点井测生产剖面。循环注气开采的凝析气田，应定期对注气井进行注入剖面监测；煤层气藏气井应加强动液面、抽油机示功图及井底流压的监测；疏松砂岩气藏应详细观察、记录气井出砂状况，包括井口取样分析、砂刺气嘴情况、探砂面及冲砂情况。

1. 产出剖面监测

为进一步研究多段射孔水平井各个段层的产气情况，评价用一套管柱长水平段各段的开发效果，评估压裂改造后的各段产出情况。

产气剖面测试的原理是在油（套）管内径不变时流速与产量成正比，通过气体流速来计算产量，仪器测点的气量是其所处位置以下的所有产层气量总和，产层顶部所测气量减去产层底部所测气量就是该产层的气量，依次计算出各产层的产气量。在气井稳定生产时，通过在井筒中测试压力、温度、流体密度、流体流速等参数，来计算各产层产量，确定主要产气层段。

产气剖面测试的主要目的是了解气井分层产量和地层参数；找准出气、液的各个射孔位置，为产层改造提供依据；检查工程措施实施效果；验证地质认识上存在的疑难层段；确定不同流体液面位置。

2. 流体性质监测

流体监测主要针对气井产出流体（气、水）进行监测。

1）气质监测

在气田开发过程中必须不断地对天然气进行分析，监测其成分变化，了解气井气层各段时间的生产状况。气田产出天然气中高含 H_2S 和 CO_2，这两种气体属于酸性气体，溶解在水中易形成酸性水溶液，对气井管串及输气管线具有较强的腐蚀作用。因此，在气体监测过程中除定期进行气质全分析，了解天然气各组分含量的变化外，还加强了对天然气中 H_2S 组分的监测。

气质全分析的监测频率及要求为：气井投产初期测一次，之后每隔半年测一次。常规 H_2S 分析的监测频率及要求为：新投产井在开井后半年以内，每月测一次；连续三次测定误差稳定在 $15mg/m^3$ 内时之后半年测一次，对于产水气井更要加密 H_2S 监测。

2）水质监测

气田开发过程中绝大部分气井生产过程中产水，通过对产出水进行化验分析，确定大部分气井产凝析水，但有部分井产地层水。对产水气井及一些富水区边缘的气井进行连续跟踪监测，定期进行水质全分析，监测各种阴阳离子的含量变化，重点加强对 Cl^- 和总矿化度的监测。

水质监测主要包括水质全分析和常规分析。

水质分析取样要求：取样日期与送检日期之间的间隔禁止超过 3d，否则视为废样；要求取样日期与报表日期填写一致。

水质分析频率及分析要求：新投产井开井 10d 内必须取样，做水质全分析；正常投产井半月取样一次，做氯离子分析。特殊情况通知作业区加密取样。

一般推荐水质全分析一年一次，常规分析一个季度一次。如果产水量突变需加密取样，及时化验分析。

三、工程监测

近年来，油管腐蚀问题一直是油气田生产过程中一个相当棘手的问题，常常会发生油（套）管腐蚀穿孔、挤扁、断落等现象。开展气井油管、套管钢腐蚀的监测是必要的。

1. 油管腐蚀监测

气井的油管腐蚀是通过观察油管表面有无坑蚀及点蚀等腐蚀现象。通过扫描电镜（SEM）观察油管表面有无形成致密的腐蚀产物层。通过能谱检测油管表面腐蚀沉积物，最终确定主要腐蚀产物。

2. 生产套管壁厚检测

电磁探伤测井仪（EMDS-TM-42E）可透过内层钢管探测外层钢管的壁厚和损坏——裂缝、错断、变形、腐蚀、漏失、射孔井段、内外管的厚度等；可在油管内检测油管和套管的厚度、腐蚀、变形破裂等问题，可准确指示井下管柱结构、工具位置和套管以外的铁磁性物质（如套管扶正器、表层套管等）。

3. 采气树壁厚检测

采气树壁厚检测是对采气树腐蚀速率较快的部位进行检测，重点监控采气树各检测点腐蚀速率，是否出现坑蚀、冲击异常腐蚀，敷焊层是否出现脱落（气泡）等异常腐蚀情况，以了解采气树内腔腐蚀状况。

第三章　采气地面集输

本章主要介绍南川页岩气田地面集输工程的原理和工艺流程，包括页岩气田地面集输系统的特点与设计原则，集气站井场平台工艺技术，天然气脱水工艺技术以及相关地面集输管网的工艺技术。

第一节　油气集输基础知识

天然气集输系统是一个联系采气井与用户间的由复杂而庞大的管道及设备组成的采、输、供网络。一般而言，天然气从气井中采出至输送到用户，其基本输送过程（即输送流程）是：气井—气田矿场集输管网—天然气增压及净化—输气干线—城镇或工业区配气管网—用户。

一、矿场集输站的种类和作用

1. 集气站

一般两口井以上的气井用管线接至集气站，在集气站对气体进行节流降压、分离、计量，然后输入集气管线。根据天然气中是否需要回收凝析油，集气站又分为常温集气站和低温集气站两种形式，其中低温集气站较常温集气站复杂得多。

2. 脱水站

从地层采出的天然气，通常处于被水饱和状态。天然气中有液相水存在时，在一定条件下会形成水合物，堵塞管道、设备，影响集输生产的正常进行。另外，对于含 H_2S 和 CO_2 等酸性气体的天然气，由于液相水的存在，会造成设备管道的腐蚀。因此，有必要在矿场建立脱水站脱除天然气中的水分，或采取抑制水合物生成和控制腐蚀的措施。

3. 矿场增压站

增压站分为矿场增压站以及输气干线起点、中间增压站。在气田开发后期，当气井井口压力不能满足生产和输送要求时，就需要设置矿场增压站，将气体增压后输送到天然气处理厂或输气干线。此外，天然气在输气干线流动时，压力不断下降，要保证管输能力不下降就必须在输气干线的一定位置设置增压站，将气体压缩增压到所需的压力。

4. 其他

（1）阴极保护站：为防止和延缓埋在土壤内输气管线的电化学腐蚀，在输气管网上每隔一定的距离设置一个阴极保护站。

（2）阀室：为方便管线检修，减少放空损失，限制管线发生事故后的危害，在集气管线上每隔一定的距离设置线路截断阀室。在集气干线所经地区，可能有用户或可能有纳入该集气干线的气源，则在该集气干线上选择合适的位置，设置预留阀室或阀井，以利于干线在运行条件下与支线沟通。

二、矿场集输站场的一般要求

（1）满足气田开发对集输处理的要求。在气田开发方案和井网布置的基础上，集输管网和站场应统一考虑综合规划分步实施，应做到既满足工艺要求，又符合生产管理集中简化和方便生活。

（2）采用先进适用的技术和设备。

（3）充分利用井场原有场地和设备，并与当地自然条件、交通状况相适应。

（4）集输系统的通过能力用协调平衡。

（5）集输系统的压力应根据气田压力和商品气外输首站的压力要求综合平衡确定。

（6）"三废"的处理和流向应符合环保要求。

（7）产品应符合销售流向要求。

三、页岩气田地面集输系统设计原则

（1）工程设计借鉴和采用国际先进标准。

借鉴国外开发同类气田的经验，开展气田集输工艺设计、材质评选、腐蚀控制等方面的工作。在设计过程中可参考采用 ISO 标准、API 标准和 ASME 标准等。

（2）采用先进的技术工艺保证系统安全、环保、经济集输工艺的选择。

集气站平面布置按 GB 50183《石油天然气工程设计防火规范》执行，站场按五级无人值守油气站场设计。集气站按功能分为辅助生产区、工艺设备区及放空区，辅助生产区主要布置仪控配电间；工艺设备区主要布置计量分离器橇，各设施间防火间距不小于 GB 50183《石油天然气工程设计防火规范》中表 5.2.3 及第 5.2.4 条规定的距离，具体防火间距见表 3-1。

表 3-1　五级集气站防火间距

有防火要求的设施	规范要求（m）
井口与计量分离器橇	5
井口与配电间	15
井口与仪控间	20

（3）采用先进的设备及材料，适应气田的开发需求。

工艺管线管材采用无缝钢管，采用 L245N SMLS PSL2 管材，高压放空管线材质选用 Q345E SMLS PSL2 管材，设备排污出口管线采用柔性高压复合管。

（4）建立完善的紧急截断（ESD）系统。

站场紧急放空通过限流孔板泄放，集气站出口设置紧急截断阀对集气站进行高低压切断保护。

站场出现事故时，通过井口紧急切断阀和集气站紧急截断阀对进出集气站的天然气进行关断，并通过站内设备上的安全阀以及紧急放空阀对站场内天然气进行安全放空。

总之，页岩气田在选择合理的集气工艺方案时，首先应尽可能简化集气工艺，减少站内气体泄漏点；同时还应综合考虑环境保护因素，减少气田内废气、废水排放点，从而达到方便生产管理、提高集输工艺经济效益的目的。

第二节　页岩气田地面集输工艺设计

气井来的天然气经井下节流器节流后，压力控制在 3.5~6.0MPa。温度约 20℃，每口井设置一台气液两相流量计，采用连续计量方式，气液混合物计量后进入分离器，分离的气体经孔板流量计计量后由外输总管进入集气管网；分离出的液体通过旋涡流量计计量后进入采出水收集管网或直接进入站外污水池。站场紧急放空通过限流孔板泄放，集气站出口设置紧急截断阀对集气站进行高低压切断保护。

一、集输管网布置

集输气管线是气田开发的重要组成部分。从气井至集气站分离器入口之间的管线称为采气管线；集气站至气体处理厂（或长输管线站、阀室）之间的管线称为集气支线或集气干线。由集气干线和若干集气支线（采气管线）组合而成的集气单元称为集气管网。

1. 集输管网的作用

（1）为集气站集输提供统一和连续的流动通道。

（2）为天然气进行各种集气站预处理提供条件。

（3）为天然气的集中净化和商品天然气的集中外输提供条件。

2. 集输管网的结构

1）枝状集气管网

枝状集气管网形同树枝，集气干线沿构造长轴方向布置，将集气干线两侧各气井的天然气经集气支线纳入集气干线并输至目的地，各集气支管道的末端与集气站或单井站相连，由此形成如图 3-1 所示的树枝状管道网络。灵活和便于扩展，是这类管网结构的特点。

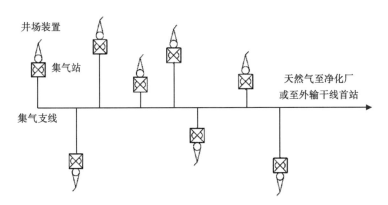

图 3-1　树枝状管道网络结构示意图

2）放射式集气管网

放射式集气管网适宜在气田面积较小、气井相对集中、单井产量低、气体处理可以在产气区的中心部位处设置时采用，也可以作为多井集气流程中的一个基本组成单元（图 3-2）。

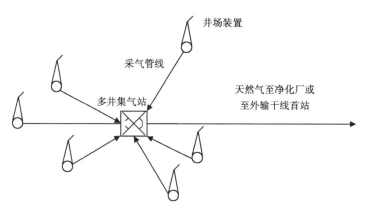

图 3-2　放射状管道网络结构示意图

3）环状式集气管网

集气干线在产气区域首尾相连呈环状，环内和环外的集气站、单井站以最短距离的方式通过集气支线与环状集气干线连接。这种集气干线设置方式的特有优点是各进气点的进气压力差值不大，而且环管内各点处的流动可以正反两个方向进行。

当产气区域面积大，但长轴和短轴方向的尺寸差异小，且产气井大多沿产气区域周边分布时，采用环状结构管网是有利的。

4）组合式集气管网

各种管网结构形式具有各自的优缺点，适用于不同的场合。大部分集输管网采用包括树枝状、放射状和环状结构在内的混合结构形式，尤其前两种结构形式的组合最为常见。

二、集输管网的设置原则

（1）满足气田开发方案对集输管网的要求。

（2）集输管网设置与集气工艺的采用和合理设置集输站场相一致。

（3）集输管网内的天然气总体流向合理，管网中主要管道的安排和具体走向与当地的自然地理环境条件和地方经济发展规范协调。

（4）符合生产安全和环境保护要求。

三、页岩气田地面集输工艺要求

（1）所有设备、阀门、管材及其附件应具有质量证明文件或出厂合格证，并应符合设计要求和产品标准。

（2）管材必须符合 GB/T 9711《石油天然气工业管线输送系统用钢管》中关于无缝钢管的有关要求。

（3）钢管圆度允许偏差不应超过外径允许偏差，钢管的每米弯曲不得大于 1.5mm，全长不超过 5mm。管子表面检查无裂纹、气孔及超过壁厚负偏差的锈蚀或凹陷。

（4）弯头、三通、异径接头和支管台的质量应符合 GB/T 12459《钢制对焊无缝管件》、SY/T 0609《优质钢制对焊管件规范》、GB/T 19326《钢制承插焊、螺纹和对焊支管座》的规定。

（5）法兰及紧固件应符合 HG/T 20592～20635《钢制管法兰、垫片、紧固件》的要求，法兰密封面应光洁，不得有毛刺、径向划痕、砂眼及气孔。

（6）管道弯头的使用应符合工艺设计的要求，应符合工艺要求的角度和曲率半径的弯头。

（7）材料、管道元件等检查不合格，严禁安装使用，并应做好标示和隔离。

（8）工艺系统阀门必须 100%试漏检验合格方可安装，其余阀门抽检。

四、页岩气田地面集输工艺安装标准

1. 集输工艺设备安装标准

（1）所有设备必须待设备到现场核实实物尺寸与设计安装尺寸无误后方可施工。

（2）橇装设备的安装应在供货厂家技术人员的指导下进行。

2. 管道安装标准

（1）管道安装前应具备下列条件：

①与管道有关的土建工程已检验合格，满足安装要求，并已办理交接手续；

②与管道连接的设备已找正合格，固定完毕；

③管道组成件及管道支承件等已检验合格；

④管子、管件、阀门等内部已清理干净，无杂物；

⑤应对管道安装区域内的埋地管道与埋地电缆、给排水管道、地下设施、建筑物预留孔洞位置进行核对。

（2）管道、管道附件、设备等连接时，不得强力组对。

（3）安装前应对阀门、法兰与管道的配合进行检查，对焊法兰与钢管内径不相同时，应按要求开内坡口。内坡口形式及组对尺寸应符合 GB 50540—2009《石油天然气站内工艺管道工程施工规范》中附录 A 的要求。

（4）钢管对接时，错边量应符合表 3-2 的要求。

表 3-2　钢管错边量　　　　　　　　　　单位：mm

管壁厚	内壁错边量	外壁错边量
>10	1.1	2.0～2.5
5～10	$\frac{1}{10}$ 壁厚	1.5～2.0
≤5	0.5	0.5～1.5

（5）异径管直径应与其相连管段一致，错边量不应大于 1.5mm。

（6）管道的组对和安装、管道附件制作和安装应符合 GB 50540—2009《石油天然气站内工艺管道工程施工规范》中第 6.2 节和第 6.4 节的要求。

（7）管沟开挖和回填应符合 GB 50540《石油天然气站内工艺管道工程施工规范》中第 8 章的要求。

3. 阀门安装标准

（1）阀门安装前，应按照设计文件核对其型号，符合产品合格证及试验记录，并检查阀门填料，其压盖螺栓应留有调节余量。

（2）阀门与管道以法兰或螺纹方式连接时，阀门应在关闭状态下安装。以焊接方式连接时，阀门不得关闭，焊缝底层宜采用氩弧焊。

（3）安装后的阀门手轮或手柄不应向下，应视阀门特征及介质流向安装在便于操作和检修的位置上；安全阀应垂直安装。

（4）阀门安装后的操作机构和传动装置应动作灵活，指示准确。

4. 管道焊接

所有焊缝均应以氩弧焊打底。焊接材料应专门存放并做到防潮及油蚀。焊条选用可参考表3-3，但最终选用应以焊接工艺评定为准。

表3-3　焊条选用表

管材	焊条选用
L245N	E4303
Q345E	E5016、E5015

焊接工应做焊接工艺评定，其记录方法、工艺规程制定、试验取样、试验方法以及焊工培训和考核方法必须严格按 NB/T 47014—2011《承压设备焊接工艺评定》的规定执行。焊接工艺报告完成后必须交有关部门审查，待批准后方可按其工艺方法进行现场施工。

管道焊接应采用多层焊接，施焊时层间熔渣应清除干净并进行外观检查，烘干后方可进行下一层焊接。

管线焊接时，应保证每条焊缝连续一次焊完，相邻两层焊道起点位置应错开。焊接引弧应在坡口内进行，严禁在管壁上引弧。

焊接的表面应光滑、平整，无分层、破损、锈、焊渣、油脂、油漆及其他不利于焊接的有害材料。

5. 焊缝检验及验收

（1）焊缝在强度试验和严密性试验之前均须做外观检查和无损探伤检查。外观检查合格后方可进行无损检测。焊缝外观检查应符合 SY 4203—2016《石油天然气建设工程施工质量验收规范　站内工艺管道工程》的要求。

（2）管道焊缝表面质量检查应在焊后及时进行，检查前应清除熔杂、熔渣和飞溅，表面质量不合格不得进行无损探伤。

（3）管道焊缝探伤，宜采用数字式超声波探伤仪。

（4）射线检测应按规范要求进行底片存档，超声波应留下探伤记录，以利于归档。

（5）管道和管道组成件的承插焊焊缝、支管连接焊缝（对接式支管连接焊缝除外）和补强圈焊缝、密封焊缝、支吊架与管道直接焊接的焊缝，以及以上管道上的其他角焊缝应按 SY/T 4109—2013《石油天然气钢质管道无损检测》的要求进行磁粉检测或渗透检测，Ⅰ级合格。

（6）直管与管件对接焊缝，应按 NB/T 47013.3—2015《承压设备无损检测第3部分：超声检测》的要求进行检测，Ⅰ级合格。

集气站管道焊缝检测方式及合格等级见表3-4。

表 3-4　焊缝检测要求

序号	设计压力等级	检测方式	合格等级	执行标准
1	6.3MPa	100%超声波检测	Ⅰ	SY/T 4109—2013
		20%射线抽检	Ⅱ	
2	1.6MPa	100%超声波检测	Ⅰ	SY/T 4109—2013
		10%射线抽检	Ⅲ	
3	1.6MPa（壁厚小于5mm）	20%射线抽检	Ⅲ	SY/T 4109—2013
4	直管与管件对接焊缝	100%超声波检测，射线抽检比率按不同压力等级要求执行	Ⅰ	NB/T 47013.3—2015

管道最终的连头段、穿越站场道路段的对接焊缝进行100%射线及100%超声波检测，超声波检测Ⅰ级合格，射线检测Ⅱ级合格。

6. 防腐保温

地上管线和钢结构、地下管线和管件防腐所需防腐材料技术要求应符合SPE-0100CC01-01《设备、阀外涂层技术规格书》的规定。

加强级三层PE所需防腐材料技术要求应符合SPE-0200CC01-01《三层PE外涂层技术规格书》的规定。

三层PE防腐层补口所需的热收缩补口带材料应符合SPE-0200CC01-03《辐射交联聚乙烯热收缩带（套）技术规格书》的规定。

外购设备由厂家做好内外防腐保温。计量分离器内防腐做法及材料见防腐专业设计文件SPE-0000CC01-01；非标设备及管道的防腐保温做法及材料见防腐专业设计文件SPE-0000CC01。

五、地面集输工艺的优化

1. 优化原则

（1）以经济效益为中心，严格执行国家、行业标准和规范，积极采用成熟的新技术、新工艺，确保生产运行安全可靠。

（2）在工艺技术可行、经济合理、安全可靠、保证产品外输要求的前提下，尽量简化工艺流程，节省工程投资，方便操作和管理。

（3）采用经过实践检验的成熟的工艺方法，在保证安全、可靠的前提下，尽量采用高效节能设备，提高效率，减少一次性投资，降低能耗及运行成本。

（4）占地集约化、流程标准化、设备通用化、单体橇装化，突出安全、环保、高效理念。

2. 集气站地面集输工艺流程优化设计

1）井口流程

天然气从气井采气树出来后，经紧急截断阀后进入集气站，井口采气管线上设置温度和压力检测并远传，与井口紧急截断阀连锁，压力超高或超低时自动切断。

2）集气站流程

气井来的天然气经井下节流器节流后，压力控制在3.5~6.0MPa之间。温度约20℃，每口井设置1台气液两相流量计，采用连续计量方式，气液混合物计量后进入分离器，分离的气体经孔板流量计计量后由外输总管进入集气管网；分离出的液体通过旋涡流量计计量后进入采出水收集管网或直接进入站外污水池。站场紧急放空通过限流孔板泄放，集气站出口设置紧急截断阀对集气站进行高低压切断保护。

站场出现事故时，通过井口紧急切断阀和集气站紧急截断阀对进出集气站的天然气进行关断，并通过站内设备上的安全阀以及紧急放空阀对站场内天然气进行安全放空。

第三节　页岩气田井场平台

页岩气田集气站井场平台主要由站场集输工艺流程、自动控制与泄漏监测以及配套的供电、给排水、消防等系统组成，具有节流、计量与外输功能，并在站场设置收发球筒，实现智能清管。下面从集气站主要功能、工艺流程及站场主要设备等方面对高含硫化氢气田集气站主体功能进行介绍。

一、井场平台概述

1. 站址选择

站址选择主要遵循以下原则：

（1）符合输气管道线路走向，保证输气工艺的合理性及经济性。

（2）社会依托条件好，供电、给排水、生活及交通便利。

（3）与附近工业、企业、仓库、车站及其他公用设施的安全距离应符合 GB 50183—2015《石油天然气工程设计防火规范》的要求。

（4）集约用地，采气平台与集气平台同台建设。

2. 平面布局

集气站与采气井同台建设，与采气平台之间以道路隔开。集气站平面布置按 GB 50183—2015《石油天然气工程设计防火规范》执行，站场按五级无人值守油气站场设计。集气站按功能分为辅助生产区、工艺设备区和放空区，辅助生产区主要布置仪控配电间；工艺设备区主要布置计量分离器橇。

3. 站场功能

气井来的天然气经井下节流器节流后，压力控制在 3.5~6.0MPa 之间。温度约 20℃，每口井设置1台气液两相流量计，采用连续计量方式，气液混合物计量后进入分离器，分离的气体经孔板流量计计量后由外输总管进入集气管网；分离出的液体通过旋涡流量计计量后进入采出水收集管网或直接进入站外污水池。站场紧急放空通过限流孔板泄放，集气站出口设置紧急截断阀对集气站进行高低压切断保护。

站场出现事故时，通过井口紧急切断阀和集气站紧急截断阀对进出集气站的天然气进行关断，并通过站内设备上的安全阀以及紧急放空阀对站场内天然气进行安全放空。

4. 控制系统

集气站场自动控制系统采用以计算机为核心的监控和数据采集（SCADA）系统。该系统在中控室对全气田进行监控。全系统基于 Windows 2003 服务器/客户机系统，利用高速动态缓存采集实时数据，提供报警、显示操作、历史数据采集、报表报告等服务功能。

SCADA 系统分为过程控制系统（PCS）、安全仪表系统（SIS）以及中控室的中心数据处理系统三大部分。

二、集气站井场平台工艺流程

1. 井口流程

天然气从气井采气树（图 3-3）出来后，经紧急截断阀后进入集气站，井口采气管线上设置温度和压力检测并远传，与井口紧急截断阀连锁，压力超高或超低时自动切断。

图 3-3　井口采气树图

2. 集气站流程

（1）常规集气站主要流程为：单井来气→加热炉→计量分离器→集输管网。

气井来的天然气经井口一级节流阀节流后，经过水套炉加热节流后进入计量分离器，分离的气体经孔板流量计计量后由外输总管进入集气管网；分离出的液体通过涡轮流量计计量后进入采出水收集管网或直接进入站外污水池。站场紧急放空通过限流孔板泄放，集气站出口设置紧急截断阀对集气站进行高低压切断保护。

站场出现事故时，通过井口紧急切断阀和集气站紧急截断阀对进出集气站的天然气进行关断，并通过站内设备上的安全阀以及紧急放空阀对站场内天然气进行安全放空。

集气站场分 4 个区布置，由井场区、站场装置区、站控室区和放空火炬区组成。主要设备橇块包括井口加热炉橇块、计量分离器橇块、燃料气调压分配橇块和收发球筒橇块。地面节流集气站场工艺流程，如图 3-4 所示。

（2）井下节流集气站主要流程为：单井来气→计量分离器→集输管网。

气井来的天然气经井下节流器节流后，压力控制在 3.5~6.0MPa 之间。温度约 20℃，每口井设置 1 台气液两相流量计，采用连续计量方式，气液混合物计量后进入分离器，分离的气体经孔板流量计计量后由外输总管进入集气管网；分离出的液体通过旋涡流量计计量后进入采出水收集管网或直接进入站外污水池。站场紧急放空通过限流孔板泄放，集气

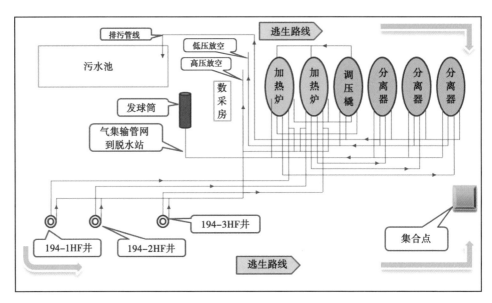

图 3-4　地面节流集气站工艺流程图

站出口设置紧急截断阀对集气站进行高低压切断保护。

　　站场出现事故时，通过井口紧急切断阀和集气站紧急截断阀对进出集气站的天然气进行关断，并通过站内设备上的安全阀以及紧急放空阀对站场内天然气进行安全放空。井下节流集气站场工艺流程如图 3-5 所示。

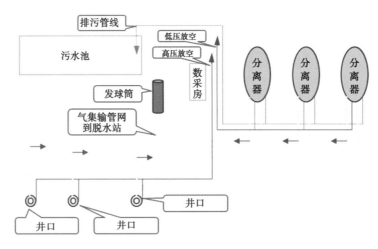

图 3-5　井下节流集气站工艺流程图

3. 集气站辅助工艺流程

集气站辅助流程包括放空系统、燃料气系统和收发球装置流程。

　　（1）放空系统。集气站站场设置安全可靠的事故放空系统，在井口、出站管道设紧急切断阀，当出现事故时可以自动或手动紧急切断。安全阀或放空管线出口汇入放空总管后，输送到站外放空火炬燃烧。

（2）燃料气系统。集气站燃料气系统则负责供应集气站加热炉用气。经调压后达到水套炉所需的燃气压力。

（3）收发球装置系统。收发球装置的作用是用于集、输气干线进行清管作业，收发清管器，接收清管器，清除管道中的污物。

三、管线材质选择

工艺管线管材采用无缝钢管，采用 L245N SMLS PSL2 管材，高压放空管线材质选用 Q345E SMLS PSL2 管材，设备排污出口管线采用柔性高压复合管。

四、常用阀门

页岩气田地面集输工艺使用的阀门包括平板闸阀、球阀、止回阀、截止阀等形式，材质包括镍基、316L 不锈钢、抗硫碳钢等，规格有 DN50、DN80、DN200 等型号。阀门是集气站场使用最多、型号最多的设备，可根据不同的用途分为切断阀类、调节阀类、止回阀类和安全阀类。

切断阀类主要用于切断或接通介质流，主要有闸阀、截止阀和球阀；调节阀类主要用于调节介质的流量、压力等，包括节流阀；止回阀类用于阻止介质倒流，包括各种结构的止回阀；安全阀类用于设备、场站等超压安全保护，包括各种类型的安全阀。

1. 闸阀（闸板阀）

闸阀是利用闸板控制启闭的阀门。闸阀的主要启闭部件是闸板和阀座。闸板与流体流向垂直，改变闸板与阀座相对位置，即可改变通道大小或截断通道。为保证关闭严密，闸板与阀座间需研磨配合。通常在闸板和阀座上镶嵌有耐腐蚀材料（如不锈钢、硬质合金等）制成的密封面。

根据闸阀闸板的结构形式，闸阀可以分为楔式闸阀和平板式闸阀两大类。

根据阀杆的结构，闸阀又分为明杆和暗杆两大类。

明杆闸阀的阀杆的螺纹及螺母不与介质接触，不受介质温度和腐蚀性介质的影响，开启程度可通过阀杆出露长度判别，在天然气生产中得到广泛应用。

暗杆闸阀的螺杆螺纹与介质接触，易受介质温度和介质的腐蚀性影响，开启程度只能按开关圈数确定。但暗杆闸阀的全开高度尺寸小，适用于非腐蚀介质输送的管道和外界环境受限制的场所。

页岩气田使用的闸阀主要为明杆平板闸阀，属于平板闸阀（图 3-6），其主要特点是：在全开状态时，闸板上的开孔使气流通过阀门时几乎没有流态上的改变。同时闸板开孔完全封闭了阀体内腔，使得固体颗粒无法进入阀体。其阀杆的主要运动方式与闸板开孔位置有关，其中碳钢闸阀为上关下开，镍基闸阀为上开下关。

2. 球阀

球阀是利用一个中间开孔的球体作阀芯，依靠旋转球体 90° 来实现阀的开启和关闭。球阀的开孔和连接管道内径可实现一致，主要用于截断和需清管的管道上。球阀按球的结构形式一般可分为浮动球阀和固定球阀阀两类。

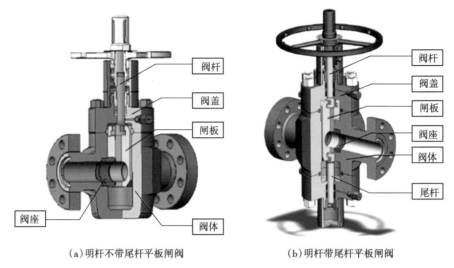

（a）明杆不带尾杆平板闸阀　　　　　　（b）明杆带尾杆平板闸阀

图 3-6　平板闸阀结构示意图

1）浮动球阀（图 3-7）

这种球阀的球体是浮动的，在介质压力作用下，球体能产生一定的位移并压附在出口端的密封圈上，保证出口端密封。

浮动球阀结构简单，密封性能好，但出口端密封处承压高，操作扭矩较大。这种结构广泛用于中低压球阀，适用于 DN≤150mm。浮动球阀结构如图 3-8 所示。

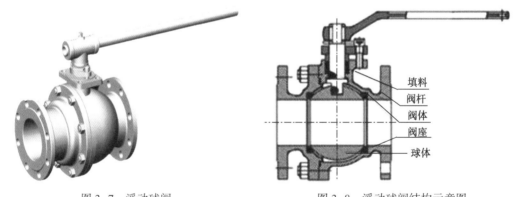

图 3-7　浮动球阀　　　　　　　　图 3-8　浮动球阀结构示意图

2）固定球阀（图 3-9）

这种球阀的球体是固定的，在介质压力作用下，球体不产生位移，通常在与球成一体的上下轴上装有滚动或滑动轴承，操作扭矩较小，适用于高压和大口径阀门。固定球阀结构如图 3-10 所示。

3. 截止阀

截止阀是指启闭件（阀瓣）沿阀座中心线上下移动的阀门，在管道上主要用于截断介质，也可用于切断或调节以及节流。主要优点是密封面间的摩擦力比闸阀小，开启度小，靠阀座和阀瓣之间的接触面密封，易于制造和维修，缺点是流动阻力大，开启和关闭需要

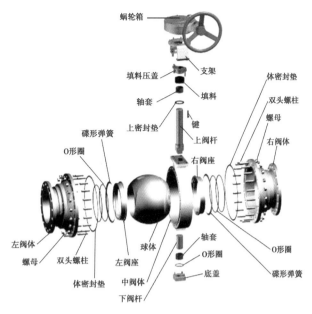

图 3-9 固定球阀   图 3-10 固定球阀结构示意图

的力较大。固定球阀结构如图 3-11 所示。

截止阀按其通道方向又分为直通式、角式和直流式三种。

直通式截止阀安装在呈一直线的管路上，适用于对流体阻力要求不严的场合。

角式截止阀安装在两个垂直相交呈 90°的管路上，流体阻力近于直通式截止阀。

直流式阀杆处于倾斜位置，流体阻力小，但操作不便。

截止阀安装时有明确的方向要求，正确的方向是"低进高出"。

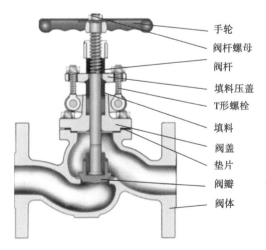

图 3-11 截止阀结构示意图

4. 安全阀

安全阀是安装在管道和容器上用于保护管道和容器安全的阀门。在采气现场常见的安全阀有弹簧式安全阀、先导式安全阀等。

1）弹簧式安全阀（图 3-12）

由弹簧力加载到阀瓣上，载荷随开启高度变化。其优点是轻便、灵敏度高，安装位置不受严格限制，在采气现场普遍采用。

工作原理：安全阀借助外力（杠杆重锤力、弹簧压缩力、介质压力）将阀盘压紧在阀座上，当管道或容器中的压力超过外加到阀盘的作用力时，阀盘被顶开泄压；当管道或容器中的压力恢复到小于外加到阀盘的压力时，外加力又将阀盘压紧在阀座上，安全阀自动关闭。安全阀开启压力的大小由设定的外加力控制，外加压力是由套筒螺栓调节弹簧的压缩程度来控制的，安全阀的开启压力应设定为管道或容器工作压力的 1.05~1.1 倍。弹簧式安全阀结构如图 3-13 所示。

图 3-12　弹簧式安全阀图

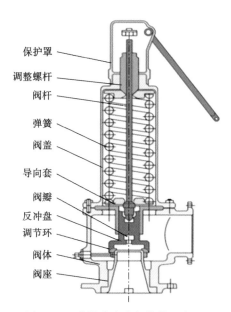

图 3-13　弹簧式安全阀结构示意图

弹簧式安全阀按开启高度又分为微启式安全阀和全启式安全阀。

（1）微启式安全阀。开启高度为阀座喉径的 1/40~1/20，通常做成渐开式（开启高度随压力变化而逐渐变化）。微启式安全阀主要用于排泄量小的液体介质场合。

（2）全启式安全阀。开启高度等于或大于阀座喉径的 1/4，通常做成急开式（阀瓣在开启的某一瞬间突然起跳，达到全开高度）。主要用于气体、蒸汽介质和泄放量大的场合。

弹簧式安全阀按阀体构造可分为全封闭式、封闭式和敞开式。

（1）全封闭式：排放时介质不会向外泄漏而全部通过排泄管排放。

（2）封闭式：排放时，介质一部分通过排泄管排放，另一部分从阀盖与阀杆的配合处向外泄漏。

（3）敞开式：排放时，介质不通过排泄管，直接由阀瓣处排放。普光气田主要使用的是弹簧式安全阀，其中酸气流程使用的是全开式，加注药剂及酸液流程使用的是微启示。

2）先导式安全阀（图 3-14）

先导式安全阀由主阀和导阀组成。介质压力和弹簧压力同时加载于主阀瓣上，超压时导阀阀瓣首先开启，导致加到主阀阀瓣上的介质压力被泄掉，主阀开启。当压力降至安全压力时，导阀阀瓣在弹簧力的作用下导阀关闭，主阀充气，在介质压力和弹簧压力的作用下推动活塞下行，使主阀关闭。先导式安全阀是近几年引进的一种新型阀门，主要用于大口径和高压场合。先导式安全阀结构如图3-15所示。

图3-14 先导式安全阀图

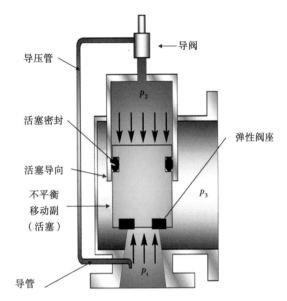

图3-15 先导式安全阀结构示意图

p_1—系统压力；p_2—整定压力；p_3—净作用力

5. 止回阀

止回阀是指依靠介质本身流动而自动开、闭阀瓣，用来防止介质倒流的阀门。止回阀根据其结构可分为升降式止回阀、旋启式止回阀、碟式止回阀和管道式止回阀。

（1）升降式止回阀：阀瓣沿着阀体垂直中心线滑动的止回阀，升降式止回阀只能安装在水平管道上，在高压小口径止回阀上阀瓣可采用圆球。升降式止回阀的阀体形状与截止阀一样（可与截止阀通用），因此它的流体阻力系数较大。阀瓣上部和阀盖下部加工有导向套筒，阀瓣导向筒可在阀盖导向筒内自由升降，当介质顺流时，阀瓣靠介质推力开启；当介质停流时，阀瓣靠自垂降落在阀座上，起阻止介质逆流作用。

升降式止回阀有直通式蝶式止回阀和立式升降式止回阀两种：直通式蝶式止回阀介质进出口通道方向与阀座通道方向垂直；立式升降式止回阀，其介质进出口通道方向与阀座通道方向相同，其流动阻力较直通式小，如图3-16所示。

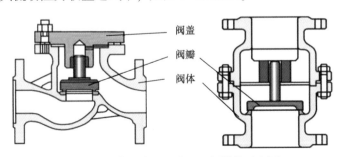

图3-16 直通式和立式止回阀结构示意图

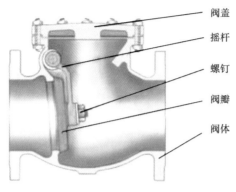

阀盖
摇杆
螺钉
阀瓣
阀体

图 3-17 旋启式止回阀结构示意图

（2）旋启式止回阀：阀瓣围绕阀座外的销轴旋转的止回阀。旋启式止回阀应用较为普遍。旋启式止回阀结构如图 3-17 所示。

（3）碟式止回阀：阀瓣围绕阀座内的销轴旋转的止回阀。碟式止回阀结构简单，只能安装在水平管道上，密封性较差。

（4）管道式止回阀：阀瓣沿着阀体中心线滑动的阀门。管道式止回阀是新出现的一种阀门，体积小，重量较轻，加工工艺性好，是止回阀的发展方向之一。但流体阻力系数比旋启式止回阀略大。

五、日常管理

1. 生产管理制度

（1）集气站严格遵循《集气站井场平台安全管理规定》及相应的 HSE 管理制度。

（2）集气站在试运、生产和检修时必须严格按照操作规程执行。

2. 生产管理要点

（1）上岗操作人员，必须经岗位培训考核合格后，持证上岗。

（2）所有进站人员，劳保服装要穿戴整齐，将手机等非防爆电子用品关闭，将火种存放到站场指定点，禁止穿戴化纤衣物、钉子鞋人员进入站场。

（3）严格遵守巡回检查制度，按照规定的站场巡回检查路线、检查部位、检查内容及检查时间进行巡回检查，并认真做好相关记录，及时处理或上报设备设施存在的异常情况和存在的安全隐患。

（4）重要设备设施、重点区域要设置相应的防毒、防火、防爆等安全警示标志、消防用品存放点标识、事故应急疏散通道标识、风向标等，禁止随意挪动或取消。

（5）站场电视监视系统，必须监视到井口区、工艺设备区、站控室等整个操作区、大门口等位置。

（6）严禁工作人员擅离岗位或做与工作无关的事情。

（7）严禁在未开展风险评价、识别危险点源、采取有效防范措施以及无监护人及雷雨等恶劣气象条件下进行各种作业。

3. 巡回检查制度

（1）为保证生产的持续运转，值班人员必须认真按巡回检查路线检查点检查，做到"三定"（定点、定人、定时），掌握运行状况，及时准确录取资料，确保岗位检查点正常。

（2）根据各岗位检查内容认真检查，特别要对设备工作状况、安全部位、生产参数及应注意的事项等进行检查。

（3）值班干部和安全员应随时抽查和监督各岗位工作人员对巡回检查制度执行情况，查看有无不安全因素。

（4）如发现不安全因素，必须及时处理后才能离开，如本人处理不了的，应及时上报，并守在现场直至处理人员到来，并配合处理。

（5）巡回检查应按各岗位职责所辖范围进行检查，并认真填写检查（点检）记录，对玩忽职守造成事故者，视情节轻重给予经济处罚直至追究刑事责任。

（6）巡回检查线路。

①常规集气站：

值班房→采气井口→管汇台→分离器→加热炉→孔板流量计→污水池。

②井下节流集气站：

值班房→采气井口→管汇台→分离器→加热炉→孔板流量计→污水池。

4. 岗位交接班制度

（1）为保证生产的持续运转，接班人提前半小时到岗，同交班人员按巡回检查路线进行交接，岗位人员必须把岗位运行状况向接班人交代清楚，并严格执行交接制度。

（2）岗位人员应按规定的值班轮班表上班，如接班人员没有按时接班，交班人员应报告给站长，并继续值班一直到接班人员到班，并且和接班人员办完交接手续后，方能下班。

交接班要实行面对面交接，主要内容有：

①本班生产任务完成情况；

②工作质量和资料录取情况；

③在用设备运转及备用设备状况；

④工具、仪器仪表，药品是否齐全完好；

⑤安全生产情况及措施；

⑥下一班生产准备情况；

⑦上级批示及注意事项；

⑧岗位练兵情况；

⑨消防器材及设施使用保管情况；

⑩工业卫生清洁等。

（3）交接班人员要在交接记录本上签名；交接班手续完毕后，接班人员正式担负起岗位运行的全部责任。

（4）交接人员应按照岗位职责要求做好本职工作，接班人有权要求立即进行整改，整改完以后再进行交接。

5. 门卫管理制度

为保证采气现场作业的安全顺利进行和入场人员人身安全，制定采气现场门卫管理制度：

（1）值班门卫认真负责、坚守岗位，对现场实行封闭管理，值班时禁止擅离岗位。

（2）工作人员进入井场需在门卫处填写（外来人员入场登记表）。如非本队工作人员，应指引其接受现场 QHSE 监督进行的入场安全教育，熟悉井场相关作业和风险后方可进入井场。

（3）非工作人员不得进入井场，若因特殊原因确需进场，必须由本队人员陪同进场。

（4）值班门卫需检查确认进入井场人员佩戴好劳保用品，并向入场人员提出遵守和执行现场安全管理制度要求。

（5）需要进入井场的车辆必须登记车牌号码，进入现场车辆需安装好尾气阻火帽，并按要求停放在指定位置。

（6）值班门卫要做好防火防盗工作，遇到紧急情况，应立即通知现场带班干部或报警。

6. 事故应急预案

（1）应建立完善高压天然气泄漏、火灾、爆炸、人员中毒等突发事故的应急处置方案。

（2）站场人员应熟悉所有应急处置程序，明确职责；经常检查各逃生路线的可通行情况。

（3）每月组织站场人员对应急处置程序进行培训和演练，并不断修改完善应急处置程序，提高应急处置能力。

7. 设备设施及安全附件的维护检测

（1）站场的设备、管道投产后应按照规定进行腐蚀检测和监测，并根据检测和监测结果制订调整防腐或生产措施。

（2）压力容器应由有检测资质的单位按《压力容器安全技术监察规程》定期进行检测，并在其出具检测合格报告有效期内运行。严禁检测不合格及安全附件缺失或不全的压力容器运行。

（3）消防设施及容器、管道的防雷、防静电装置经消防监督部门检查合格，并确保其完整、齐全、有效使用，做到定期检验。每年雨季前，安全管理部门应对站场防雷、防静电装置及电器系统进行一次全面检查，并做好记录。禁止随意挪用消防设施，防止容器、管道的防雷、防静电装置受到损坏。

（4）安全阀每年一校且在调校期内使用，并加以铅封；其根部阀及出口阀要全开，并加以铅封。安全阀开启后，应当检查其密封情况，并且进行记录。如果运行中发现安全阀不正常（泄漏或其他故障）时，必须及时进行检修或更换。

（5）仪器仪表应经检定合格后使用，并按照规定定期检定。压力表、温度计、液位计朝向要便于观察，应标志上下线，贴有检验标签，按规定加以铅封。

（6）电气、自动控制系统要定期检查，并按照相关规定进行校验或标定等。

（7）设备检修前，检修单位应制订检修方案，检修方案中要有安全篇章，详细分析可能存在的危险危害因素并做出风险评价，制订相应的风险削减措施和应急处置预案。

（8）进入站场检修人员必须按规定着装。

（9）进入受限空间检修作业，首先应考虑防毒、通风，进入时应携带使用便携式气体检测仪、正压式空气呼吸器，提前准备救援措施工具。作业时至少两人在场，一人进行作业，一人监护。

第四节　页岩气田脱水站

一、脱水站概况

东胜脱水站位于南川区水江镇古城村 5 社，建于 2017 年 9 月，目前承担着平桥南区块页岩气井 8 个集气站的输气、脱水、计量、外输等任务。

平桥南区块页岩气井采出的天然气在集气站加热、脱水后通过输气管网进脱水站，脱水站进计量分离器进行气液分离和计量气、水；气液分离器出来的气进入精脱水装置进行吸附处理，潮湿天然气经前置过滤器分离掉游离态水分，进入吸附塔利用分子筛除去天然气中水蒸气，输出洁净干燥的成品天然气；成品天然气汇入计量管经过超声波流计量，计量后的天然气直接外销；数据采集房将各页岩气井、集气站及脱水站的生产数据及影像资料进行汇总，传输给项目部生产指挥中心。

本站安装了周界防越、视频监控、门禁人脸指纹识别系统、数据采集系统等其他系统；实现了生产工艺数据自动采集、生产现场远程监控、异常情况自动连锁报警等功能。

二、脱水站工艺流程

脱水站按流程顺序分 8 个区布置，主要由进站阀组区、收球筒区、分离计量区（1#、2#、3#计量分离器）、天然气脱水区（1#、2#、3#、4#分子筛）、计量阀组区、外销阀组区、污水罐区和放空火炬区组成（图3-18）。脱水站工艺流程如图3-19所示。

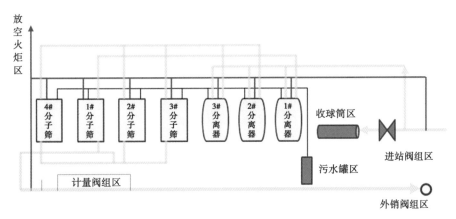

图 3-18 脱水站工艺管线走向图

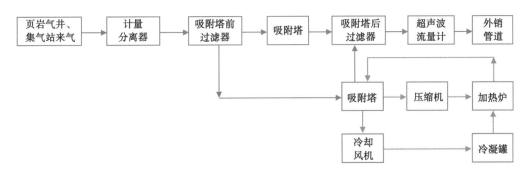

图 3-19 脱水站工艺流程示意图

三、脱水站主要设备及功能

截至 2018 年，东胜脱水站的天然气处理设备包括高压配电房 1 套、柴油发电机组 1 台、计量分离器 3 台、天然气脱水装置 4 套、通管接球筒 2 套、污水罐 1 套、超声波流量计 2 套。三甘醇脱水装置正在设计施工中。

下面简要介绍脱水站主要设备及功能。

1. 计量分离器（图 3-20）

从气井中开采出来的天然气常带有一部分液体（水和凝析油）和固体杂质（如岩屑粉尘）等。这些杂质不仅腐蚀管道、设备、仪表，而且还堵塞阀门、管线影响正常生产。因此，脱除气体中液体和固体杂质，满足现场计量外输需求尤为重要。

图 3-20　计量分离器图

2. 分子筛脱水橇（图 3-21）

分子筛是一种具有立方晶格的硅铝酸盐化合物，主要由硅铝通过氧桥连接组成空旷的骨架结构，在结构中有很多孔径均匀的孔道和排列整齐、内表面积很大的空穴。此外，还含有电价较低而离子半径较大的金属离子和化合态的水。由于水分子在加热后连续地失

图 3-21　分子筛脱水橇图

去，但晶体骨架结构不变，形成了许多大小相同的空腔，空腔又有许多直径相同的微孔相连，这些微小的孔穴直径大小均匀，能把比孔道直径小的分子吸附到孔穴内部，而把比孔道大的分子排斥在外，因而能把形状直径大小不同的分子、极性程度不同的分子、沸点不同的分子、饱和程度不同的分子分离开来，即具有"筛分"分子的作用，故称为分子筛。

分子筛吸湿能力极强，用于气体的纯化处理，保存时应避免直接暴露在空气中。存放时间较长并已经吸湿的分子筛使用前应进行再生。分子筛忌油和液态水。使用时应尽量避免与油及液态水接触。工业生产中干燥处理的气体有空气、氢气、氧气、氮气、氩气等。两只吸附干燥器并联，一只工作，另一只可以进行再生处理。相互交替工作和再生，以保证设备连续运行。干燥器在常温下工作，在加温至 350℃ 下充气再生。

分子筛（图 3-22）吸附特性：

（1）低分压或低浓度下的吸附。在相对湿度为 30% 时分子筛的吸水量比硅

图 3-22　分子筛图

胶和活性氧化铝都高。随着相对湿度的降低，分子筛的优越性越发显著，而硅胶、活性氧化铝随着相对湿度的增加，吸附量不断增加，在相对湿度很低时，它们的吸附量很少。

（2）高温吸附。分子筛是唯一可用的高温吸附剂。在 100℃ 和相对湿度为 1.3% 时，分子筛可吸附 15%（质量分数）的水分，比相同条件下活性氧化铝的吸水量大 10 倍；而比硅胶大 20 倍以上。因此在较高的温度下，分子筛仍能吸附相当数量的水分，而活性氧化铝，特别是硅胶，大大丧失了吸附能力。

（3）高速吸附。分子筛对水等极性分子在分压或浓度很低时的吸附速率要远远超过硅胶、活性氧化铝。虽然在相对湿度很高时，硅胶的平衡吸水量要高于分子筛，但随着吸附质线速度的提高，硅胶的吸水率越来越不如分子筛。

四、脱水站日常管理

脱水站是易燃易爆场所，为确保站场安全生产，南川页岩气项目部制定了严格的管理制度，具体如下：

（1）站场工艺设备实行每天常规巡检、每月例行检查、季度维护保养制度。

站场每天常规巡检包括站内主要流程及运行设备，同站场日常巡检相结合，按照巡检路线做整体检查，主要查看：站内主要流程及运行设备是否存在明显的事故隐患；设备运行情况、参数是否正常，是否有异常声响；是否存在明显的"跑、冒、滴、漏"现象；调压阀、电液控制阀的阀位情况；压力容器投运情况。

（2）工艺设备操作、维护人员在现场工作时必须保证防护用具穿戴齐全，在操作、维护时必须确保自身和其他人员的安全。

（3）设备操作和维护前必须进行风险分析，根据风险分析的结果和采取有效的控制措

施后，方可进行现场操作。

（4）操作人员必须按照工艺设备操作规程的要求来正确使用设备，做到"四懂，三会"，即"懂设备结构、懂性能、懂原理、懂用途"和"会使用、会保养、会排除故障"。

（5）进入站场严禁吸烟，关闭手机，拒带火种。

（6）进入站场必须严格遵守华东油气分公司南川页岩气项目部各项规章制度。

（7）严格执行门禁管理，闲杂人员不得进入井场，外来观摩、学习及其他人员未经值班干部人员同意不得进入站场。

（8）外来观摩、学习等人员到站场应对其进行必要的安全讲解，签字登记后，方可进入工作区域。

第五节 页岩气田管网

一、管网计算

集气管线工艺计算软件采用英国 ESI 公司推出的 PIPELINE STUDIO FOR GAS（2.1版）软件进行模拟计算。计算公式为：

$$q_v = 1051 \times \left\{ \frac{\left[p_1^2 - p_2^2 (1 + \alpha \Delta h) \right] d^5}{\lambda Z \Delta T L \left[1 + \dfrac{\alpha}{2L} \sum_{i=1}^{n} (h_i + h_{i-1}) L_i \right]} \right\}^{0.5}$$

式中 q_v——气体（$p_0 = 0.101325\text{MPa}$，$T_0 = 293\text{K}$）的流量，m^3/d；

p_1、p_2——输气管道计算管段起点压力和终点压力（绝压），MPa；

d——输气管道内直径，cm；

Z——气体压缩因子；

Δ——气体的相对密度；

T——输气管道内气体的平均温度，K；

L——输气管道计算段长度，km；

λ——水力摩阻系数；

α——系数，m^{-1}，$\alpha = 2g\Delta / (R_a Z T)$；

R_a——空气的气体常数，在标准状况下，$R_a = 287.1\text{m}^2 / (s^2 \cdot K)$；

Δh——输气管道计算段终点对计算段起点的标高差，m；

n——输气管道沿线计算管段数，计算管段是沿输气管道走向从起点开始，当其相对高差不大于 200m 时划作一个计算管段；

h_i、h_{i-1}——各计算管段终点和对该段起点的标高差，m；

L_i——各计算管段长度，km。

其中，水力摩阻系数采用 Colebrrok 公式计算：

$$\frac{1}{\sqrt{\lambda}} = -2.0 \lg \left(\frac{k}{3.71d} + \frac{2.51}{Re\sqrt{\lambda}} \right)$$

式中　λ——水力摩阻系数；

　　　k——管内壁绝对粗糙度，m；

　　　d——管内径，m；

　　　Re——雷诺数。

二、管网的布置和敷设原则

1. 集输管网布置原则

（1）遵守"安全第一"的原则。

（2）尽量取直以缩短建设长度，尽量不破坏原有地貌和设施。

（3）宜与其他同类性质的管道、通信线路同沟敷设。

（4）宜选择有利地形敷设，避开地质条件不良地段。

2. 管道敷设

管道的敷设方式随地形、地貌的变化表现出多样性，一般地段按普通方式执行，特殊地段需要采用特殊方法和相应的保护措施。

1）一般地段敷设方式

除一些"V"字形河谷、冲沟采用直接跨越的方式外，全线其他管段均以沟埋方式敷设，各段集气管线和燃料气返输管线都是同沟敷设。

2）特殊地段敷设方式

（1）冲沟地段。普光气田集输管道在冲沟地段采用跨越方式跨过冲沟，即管道从钢结构桁架上通过冲沟。跨越工程是指从天然或人工障碍物上部架空通过的建设工程。

（2）陡坡地段。为防止陡坡地段雨水冲刷管沟，设计在管沟内每隔适当距离设置截水墙，采用浆砌石砌筑，同时做好导水排水措施。

（3）冲刷严重地段。受地形限制，线路局部沿山间谷地河床埋设，河床分布有砂卵石、巨石、大漂石的，也有基岩裸露的，雨季时山间谷地河道内水流量大、流速快、冲刷严重，水害威胁管线的安全，为了防止管道周围水土流失，造成管道架空，对冲刷严重段管线应埋入最大冲刷深度之下或采用现浇细石混凝土的方式防护。

（4）隧道。以任何方式修建，最终使用于地表以下的条形建筑物，其内部空洞净空断面在 $2m^2$ 以上者均为隧道。管线隧道穿越克服了高程和地形障碍，降低了管线施工难度，具有管道敷设位置稳定、安全可靠、落差小、距离短、弯头弯管小、管线安装容易、征租地少、无须水工保护、减少对植被的破坏、生产管理容易等优点。

（5）管道穿越。穿越工程是指从天然或人工障碍物下部通过的建设工程，包括河流冲沟穿越、公路穿越、铁路穿越等。管道穿越均采用大开挖方式，套管选用钢筋混凝土套管。大开挖即挖沟埋设，具有造价低、施工简单，不受地质、地形影响的优点。

3）管道转角

管道水平及竖向转弯，根据具体情况分别采用弹性敷设、冷弯弯管和热煨弯头来处理。

三、附属工程

1. 线路标志

按 SY/T 6064—2017《油气管道线路标识设置技术规范》，管道沿线设置永久的地面标志，线路标志包括线路、里程桩、转角桩穿（跨）越桩、交叉桩、结构桩、设施桩和警示牌等。

（1）里程桩：表示该桩至路线起点的距离，一般每千米处设一个里程桩。

（2）转角桩：管线在水平方向或纵向采用弯头处，在水平方向一次转角大于5°的弯管或弹性敷设处设转角桩；转角桩上要标明管线里程、转角角度。

（3）穿（跨）越桩：表示管道干线穿（跨）越铁路、公路、河渠处管道主要变化参数的设施。

管线穿越大中型河流、高等级公路的两侧均设置穿越桩；穿越桩上应标明管线名称、穿越类型、铁路公路或河流的名称及穿越长度，有套管的应注明套管的长度、规格和材质。

（4）交叉桩：表示管道干线与其他建筑物发生交叉位置及相对关系参数的设施。

管线与其他地下建（构）筑物（如其他管道、电缆、坑道等）交叉时，应在交叉处设置相应的交叉桩；交叉桩上应注明线路里程、交叉物的名称、与交叉物的关系。

（5）结构桩：表示管道干线管体或防护结构发生变化位置与变化特征的设施。

对于长距离管道段壁厚或防腐层结构发生变化的位置设结构桩；结构桩上要标明线路里程，并注明在桩前和桩后管道外防护层的材料或管道壁厚。

（6）设施桩：当为固定墩时，设施桩应标记管道名称、里程位置、尺寸、形式；当为牺牲阳极时，设施桩应标记管道名称、类型、数量及位置。

（7）警示牌的设置。在下列位置应设置警示牌：

①易发生或多次发生危及管道安全行为的区域；

②管道靠近人口集中居住区、工业建设地段等需加强管道安全保护的地方；

③穿跨通航河流处。

2. 固定墩

一般管道沿线需在下列地点加设固定墩：

（1）埋地管道的出土端。

（2）竖面上起伏较大、稳定性保证不了的地段。

（3）热力补偿段。

（4）大高差的底部。

3. 水工保护

由于油气长输管道工程施工过程中常常要穿越不同的地理环境，且常会遇到自然边坡或管道建设形成的人工边坡，这些边坡因坡度较大或地表水、地下水活动等因素的影响可能会发生崩塌、滑坡等灾害，危及管道运行安全，破坏环境。因此需要对管道采取必要的水工保护措施以保证管道安全，同时有效保护环境，避免水土流失。

为保证管道安全及管道附近地表或地基的稳定，防止由于洪水、重力作用、风蚀、地震、人为改变地貌的活动给管道造成破坏，对于管道所经河流堤岸、陡坡、山前冲积扇纵坡地带以及冲刷剧烈的季节小河、山区谷地，采用护坡、截水墙、挡土墙、堡坎等措施进行防护。

（1）护坡。护坡指的是为防止边坡受冲刷，在坡面上所做的各种铺砌和栽植的统称。护坡的主要作用一是具有抗风化及抗冲刷的坡面保护，该保护并不承受侧向土压力；二是提供抗滑力。护坡分为植物护坡和工程护坡。

坡度小于45°的梯田、陡坎、山坡采用护坡结构进行防护。

根据地形、地质情况，可采用干砌片石、草袋素土、浆砌石拱形骨架、植物防护等护坡形式：

①浆砌石护坡：管线在横坡或纵坡敷设时，在坡度为25°≤α≤45°的石方段坡脚防护时采用。

②草袋素土护坡：在岸坡坡度为25°≤α≤45°的沟岸，易于受雨水侵蚀的土质沟坡，不适用于长期浸水或周期性浸水。

③浆砌石拱形骨架护坡：在路旁或人口聚居地的土质或沙土质坡面，易于受雨水侵蚀的边坡，坡度不陡于45°的边坡，边坡较高、防护范围较大的坡面，采用拱形骨架护坡。用浆砌石在坡面做成拱形格，在拱形格内种植草皮。

④种草护坡：对坡比小于45°、土层较薄的沙质或土质坡面，采取种草护坡工程。并选用生长快的低矮匍匐型草种。根据不同的坡面情况，一般土质坡面采用直接播种法；密实的土质边坡上采用坑植法；在风沙坡地，应先设沙障固定流沙，再播种草籽。

（2）截水墙。为防止陡坡地段雨水冲刷，集输管道每隔适当距离设置截水墙。

（3）挡土墙。挡土墙指的是为防止路基填土或山坡岩土坍塌而修筑的、承受土体侧压力的墙式构造物，主要用来支承路基填土或山坡土体，防止填土或土体变形失稳。结构形式分为直立式、倾斜式和台阶式。

坡度大于45°的陡坎、坡脚防护采用挡土墙结构防护。

根据材料情况，可选用重力式挡土墙或草袋素土挡土墙等。

①重力式挡土墙：适用于有石料的地区，可采用浆砌片石砌筑，片石的极限抗压强度不得小于30MPa。

②浆砌石挡土墙：适用于坡角α≥45°的管线坡地、有地下水出露砂层的坡脚、河沟护岸，防止边坡土壤下滑。

③草袋素土挡土墙：在岸坡陡于45°的沟岸坡脚，下部遭受水流冲刷的概率较小、洪水冲击力较弱的地段。

（4）堡坎。堡坎就是在河道、交通线、城镇建筑的保护河岸或边坡的石料砌筑物，稳定土石边坡起挡土墙的作用，有的地方称为"驳坎"。

四、吹扫、试压

1. 吹扫试压前的要求

（1）管道系统安装完毕后，在投入生产前必须进行吹扫和试压，清除管道内部的杂物和检查管道及焊缝的质量。

（2）检查、核对已安装的管道、设备、管件、阀门等，并必须符合设计文件要求。

（3）埋地管道应在回填后进行强度和严密性试验；架空管道应在管道支架安装完毕并检验合格后进行强度和严密性试验。

（4）试压用的压力表必须经过校验合格，并且有铅封。其精度等级不得低于1.5级，量程范围为最大试验压力的1.5~2倍。试压用的温度计分度值应不小于1℃。

（5）制订吹扫试压方案时，应采取有效的安全措施，并应经业主和监理审批后实施。

（6）吹扫前，系统中节流装置孔板必须取出，调节阀、节流阀必须拆除，用短节、弯头代替。

（7）水压试验时，在系统的最高点安装放气阀，在系统的最低点安装泄水阀。

（8）试压前，应将压力等级不同的管道按不同的试验压力分别试压，与管道连接的设备和阀门厂家要求决定是否整体试压，试压时仪器仪表应和管道设备有效隔开。

（9）每一个试压系统至少安装两块压力表，分别置于试压段高点和低点。

2. 管道吹扫

管线和容器在安装前必须清洗干净，安装完毕后须对其中的铁屑、焊渣等垢物清洗、吹扫干净。管线安装完毕后，在试压前应用气体进行吹扫，当吹扫出的气体无铁锈、尘土、焊渣、水等污物时为合格，吹扫气体在管道内流速应大于20m/s。吹扫前，系统中调压阀、流量计等必须先拆除，用短节、弯头代替。管道吹扫来的污物不得进入设备，设备吹扫出的污物也不能进入管道。吹扫合格后应及时封堵。

3. 容器、管道试压

（1）设备、容器的试压按制造图的要求进行。管线试压按照 GB 50540《石油天然气站内工艺管道工程施工规范》中的有关规定执行。

（2）管道强度试验及严密性试验应以洁净水为试验介质，当环境温度低于5℃时，应有防冻措施。试压前的准备工作应按照 GB 50540《石油天然气站内工艺管道工程施工规范》中的有关规定执行。

（3）站内工艺管道强度试验压力为设计压力的1.5倍。液压试验时，应平稳缓慢、分阶段升压，升压速度不大于0.1MPa/min，升压次数应符合表3-5的规定。依次升到各个阶段压力时，应稳压30min，经检查无泄漏即可继续升压。

表 3-5　强度试验升压次数

试验压力 p（MPa）	升压次数	各阶段试验压力百分数
p≤1.6	1	100%
1.6<p≤2.5	2	50%，100%
2.5<p<10	3	30%，60%，100%

（4）升至强度试验压力值后稳压4h，在稳压时间内管道目测无变形、无渗漏，压降不大于1%试验压力为合格。

（5）强度试验合格后，降压到设计压力，进行严密性试验，稳压时间不小于24h，在稳压时间内应严格检查，压降不大于1%试验压力为合格。

（6）试压中有泄漏时，不得带压修理。缺陷修补后应重新试压，直至合格。

（7）试压合格后，先排尽管道内的试压用水，再用0.6~0.8MPa压力的空气进行扫线，以使管内干燥无杂物。

（8）严密性试验可结合试车工作一并进行。

4. 置换

（1）在施工完毕后，投产前进行置换作业。

（2）置换时，应先用惰性气体置换工艺管道及设备内空气，再用天然气置换惰性气体，置换管道末端天然气含量不应小于80%。置换过程中的混合气体应集中放空，置换管道末端应配备气体含量检测设备，当置换管道末端放空管口气体含氧量不大于2%时，即可认为置换合格。

五、工艺管道防腐

为保证管道的长期安全运行，抑制土壤电化学腐蚀，对站内外管道采取防腐措施：对站内非标设备、管道及其他钢结构均采用涂层防腐；对于厂家供货的设备、阀门和地上热煨弯管等外防腐涂层在出厂前由厂家按SPE-0100CC01-01《设备、阀外涂层技术规格书》，埋地热煨弯管按SPE-0300CC01-02《热煨弯管外涂层技术规格书》的要求完成；对于集气站进出站管线的绝缘接头，采用地极保护器防护。

（1）涂层结构。

①站内管径不小于DN50mm的埋地管线采用加强级3PE防腐，补口采用无溶剂环氧涂料+热收缩带防腐。其施工按照站外管线补口要求施工；埋地热煨弯管按SPE-0300CC01-02《热煨弯管外涂层技术规格书》要求执行（无溶剂环氧涂料干膜厚度≥1mm+聚丙烯胶带）。管径小于DN50的管线，穿路套管采用无溶剂液体环氧涂料防腐，干膜厚度不小于600μm。

②地上其他非保温工艺管线、设备以及钢结构外表面采用如下涂层结构。

底层：环氧富锌底漆2道，干膜厚度不小于80μm。

中间层：环氧云铁中间漆1道，干膜厚度不小于60μm。

面层：丙烯酸聚氨酯面漆2道，干膜厚度不小于90μm。

总干膜厚度不小于230μm。

③分离器内表面。

底层：环氧玻璃鳞片底漆2道，干膜厚度不小于120μm。

面层：环氧玻璃鳞片面漆4道，干膜厚度不小于240μm。

总干膜厚度不小于360μm。

（2）管线保温处理。

①管线的保温管壳用18#镀锌铁丝捆扎，每块保温材料至少捆扎两道。

②镀锌铁皮搭接缝采用抽芯铆钉连接，钉与钉之间的间距为200mm。

③保护层应固定牢固、接缝严密，环向接缝与纵向接缝相互垂直成整齐的直线，且无翻边、豁口、翘缝、明显的凹坑等缺陷。

（3）阴极保护。

每种金属浸在一定的介质中都有一定的电位，称为该金属的腐蚀电位（自然电位），腐蚀电位可表示金属失去电子的相对难易程度。腐蚀电位越负越容易失去电子，失去电子的部位称为阳极区，得到电子的部位称为阴极区。阳极区由于失去电子（如铁原子失去电子而变成铁离子溶入土壤）受到腐蚀，而阴极区得到电子受到保护。

目前，站场管道阴极保护的方式主要有牺牲阳极法和强制电流法（外加电流法）。

牺牲阳极法：将被保护金属和一种电位更负的金属或合金（即牺牲阳极）相连，使被保护体阴极极化以降低腐蚀速率的方法。

强制电流法（外加电流法）：将被保护金属与外加电源负极相连，辅助阳极接到电源正极，由外部电源提供保护电流，以降低腐蚀速率的方法。其方式有恒电位、恒电流等。

六、管道巡护管理

及时了解发现天然气管线、穿跨越、桁架、悬索、隧道等工程在气田开发生产过程中所出现的问题、隐患，加强安全管理，做到问题及时上报、解决，进行有痕管理，保证气田安全、平稳运行。

1. 巡护要点

（1）重点巡护管道是否漏气（主要查看管道上方农作物是否有变化）、管道穿越处是否存在坍塌下陷、管道附属设施是否完好、是否存在异常工农关系等情况。

（2）必须准确掌握管道中心线两侧5m范围内现状，对管道两侧200m范围内大型建构筑物建设、清淤、定向钻施工能及时发现。

（3）发现危及管道安全行为时，立即制止并电话汇报；200m范围内有危及管道安全迹象时，按照"五四三"工作法进行处理；发现管道附属设施出现损毁时第一时间上报；工农关系紧张时，在保证自身安全的前提下，及时电话汇报、等待指令。

（4）巡护工作中必须携带完整工具包、巡检仪、可燃气体报警仪等；工具包内物品老化损毁及时上报更新。

（5）交接班清楚详尽，接班人次日对照交班表现场核实后签字，有疑问要及时反馈信息。

2. 工作标准

（1）巡线员岗位职责。

①巡线员必须熟悉所巡查的管道及附属设备的位置、技术参数、状态、燃气走向。

②检查天然气管线及附属设施是否泄漏，敷土是否完好，有无塌陷或开挖取土的现象。管线安全距离内是否有违章建筑施工及其他市政工程；有无违章用气、破坏燃气设施的现象。

③管网巡线人员还应对天然气管道相邻的地裂带、电力电缆、热力、人防沟道部位进行检查，对地裂缝附属伸缩节每周要测量、记录它的伸缩尺寸变化情况，并与原尺寸进行对比、分析。

④管网巡线人员应检查阀井及井内外设施是否完整，阀门、伸缩节、外露管道有无生锈、变形、缺少手轮、手柄、出现裂纹、开启标志不清、压力表失效等情况。

⑤每隔半年要检查埋地管道的防腐和阴极保护情况。

⑥对于管道及附属设备存在的安全隐患要及时上报，及时处理。

⑦检查阀门管道要严格按安全操作规程操作，阀井内严禁吸烟，不准穿带钉鞋下井；检查阀门管道是否漏气，只能采取用肥皂水涂刷或用仪器检测；在阀门井内进行带气作业（如更换阀门、伸缩节）时必须将阀门井井盖打开；作业完毕后，阀井盖必须盖好，以免行人坠落。

⑧认真做好巡检记录。

（2）巡线人员应该做到"十清"。

①管线设计基本情况（规格、设计输气量、压力等）清；

②管线材质情况清；

③管线走向清；

④管线埋深清；

⑤管线腐蚀情况清；

⑥阀室基本情况（位置、内部设施）清；

⑦阴极保护测试桩位置清；

⑧管线穿越、跨越（公路、铁路、河流）情况清；

⑨管线周围地形、地貌清；

⑩管线占压情况清。

3. 注意事项

（1）巡线人员在巡线过程中要保持通信畅通，便于联系，发生突发事故能及时汇报，能及时掌握上级的新指令。

（2）巡线人员应两人以上结伴巡线，不准单独行动，以防发生人身伤害。

（3）巡线人员巡线时遇雷雨天气要迅速关闭手机，禁止在高大建筑物下、大树下避雨，防止雷击。

（4）夏季巡线变动应避开高温时段，并带足饮用水及配发的防暑用品，以防止中暑。

（5）严禁跨越、行走无防护装置的跨河管道，以防摔伤。

（6）巡线人员在巡线途中严禁下河洗澡，以防发生溺水事故。

（7）巡线人员要按要求穿戴劳保服装，以防蚊虫叮咬及荆棘。

（8）巡线人员巡线时必须穿防滑胶鞋，执竹棒或木棒以防滑摔、防狗或毒蛇咬伤。

（9）巡线人员巡线时要查看巡线道路上是否有电线，以防触电。

（10）巡线人员巡线时遇土石松动处应绕行，以防砸伤。

（11）巡线人员在巡线过程中遇村民时语言要和气，不随意摘拿村民种植的水果，防止造成工农纠纷，影响单位形象。

（12）巡线人员巡线过程中严禁搭乘非巡线用的其他任何交通工具（渡河所乘船只除外），以防发生交通事故。

第四章　采气橇装设备与设施

南川页岩气田采气站场主要有计量分离器橇块、加热炉橇块、燃气调压橇、天然气脱水橇块、燃气发电机、收（发）球筒等种设备设施。本章主要从设备设施的结构原理及操作维护进行详细阐述。

第一节　计量分离器橇块

计量分离器橇块是针对油气井计量而设计的油气处理设备。此设备是可实现气液分离，同时集气液计量、自动排液、安全泄放为一体的油气处理装置。该装置设计技术先进、可靠、实用，而且工作效率高，运行平稳，占地面积小，操作十分方便。本橇块适用于气液分离的单井计量（4-1）。

图 4-1　计量分离器橇块图

一、主要性能参数

分离器的主要性能参数见表4-1。

表 4-1　分离器的主要性能参数

分离器的设计压力（MPa）	6.3
分离器的工作压力（MPa）	5.7
分离器介质	天然气

腐蚀裕量（mm）	3.0
分离器设计温度（℃）	80
分离器工作温度（℃）	−20~50
安全阀整定压力（MPa）	6.27
液相计量（m³/d）	0~100
气相计量（10⁴m³/d）	3~35
分离要求	液滴≤100μm，固体颗粒≤10μm
装置外形尺寸（长×宽×高）（mm×mm×mm）	5810×2000×2550
供电电源	220V，50Hz

橇块与外界管线的连接均采用法兰连接，法兰符合 HG/T 20592—2009《钢制管法兰（PN 案例）》标准，选用 WN-RF 型。接口口径：进气口 DN100mm，出气口 DN100mm，安全阀/放空口 DN50mm，排污口 DN50mm。

二、工作原理

计量分离器是利用气液密度不同，在一个突然扩大的容器中，流速降低后，在主流体与预分离元件碰撞后转向的过程中气相中细微的液滴在重力作用下沉降而与气体进行初步分离，然后经过内置的波纹聚结板组对气体夹带的少量液滴进行聚结、分离，最后在出口设置丝网捕雾装置，对气体中的液滴再次进行聚结分离，使得最后出气为干燥、洁净气体。

橇块采用分离及计量一体化设计，计量范围大，气液分离效果好，分离及计量稳定。外形结构紧凑，易于运输和安装；安全可靠，易于管理。该套装置主要由分离器、工艺配管、计量装置组成，气井产出气经过水套加热炉加热两级节流降压处理后进入本装置，经过分离器气液分离，分离出的天然气经过孔板流量计计量后输出；沉降后液体经过涡轮流量计计量后，由天然气疏水阀自动排放。

三、结构及组成

橇块主要由分离器、工艺配管和计量装置组成。

分离器由主筒体、进（出）口、放空口、压力表接口、分离元件（捕雾器）、放水口、集液包、排污口、液位计接口等组成。计量装置分为气体计量装置与液体计量装置，气体计量装置由孔板流量计、差压变送器、温度变送器、压力变送器以及积算仪（站控计量系统）组成；液体计量装置由疏水阀、旋涡流量计等部分组成。本装置自带设备安全放空和排污系统。排污系统以疏水阀自动控制排污。

原料气经分离器二次分离之后到达出气口，进入出气管线。

天然气可以通过气液分离器放空口管线直接放空，当进气管线压力达到或高于安全阀的开启压力时，天然气由分离器安全阀接口进入放空管线放空。

排污管线主通道主要起自动排液和液体计量的作用，次通道主要起排尽以及排除固体杂质的作用，以保证疏水阀正常运行。

该系统管路上的阀门、仪表见表4-2。

表 4-2　系统阀门及仪表

序号	名称	规格	数量	备注
1	闸阀	DN100mm，PN63MPa	3	
2	闸阀	DN50mm，PN63MPa	4	
3	闸阀	DN40mm，PN63MPa	1	
4	安全阀	DN40mm/DN50mm，PN63MPa	1	整定压力：6.27MPa
5	高级孔板阀	DN100mm，PN63MPa	1	
6	阀套式排污阀	DN50mm，PN63MPa	1	
7	旋涡流量计	DN40mm，PN63MPa	1	
8	节流截止放空阀	DN40mm，PN63MPa	1	
9	差压变送器	$0 \sim 100$kPa	1	
10	压力变送器	$0 \sim 10$MPa	1	
11	温度变送器	$0 \sim 100$℃	1	
12	压力表	$0 \sim 10$MPa	2	
13	安全阀	DN25mm/DN32mm，PN16MPa	1	
14	截止阀	DN25mm，PN16MPa	2	
15	液位计	DN25mm，PN16MPa，长度 $L=500$mm	1	远传
16	天然气疏水阀	DN50mm，PN63MPa	1	$Q=5\mathrm{m}^3/\mathrm{h}$
17	五阀组		1	
18	针阀	J23W-160P，DN15mm	3	
19	针阀	J23W-160P，NPT½in	2	带堵头
20	双阀组	JJM1-160P	2	带放空

四、自动检测与控制系统

计量分离器橇块的自动检测和控制系统的主要功能是检测，采集信号后，由接线箱对信号汇总并上传至站控系统，对相关数据进行积算及报警。该检测系统由高精度的检测仪表、防爆接线箱构成。检测仪表包括压力变送器、差压（流量）变送器、温度变送器、液位变送器、差压（液位）变送器等。

每台仪表的信号均连接到防爆接线箱内的信号分配端子上，集中传输到站控室内的控制系统上。接线箱除了完成仪表信号的转换与传输外，同时也要完成变送器供电。

五、分离器启停操作

1. 投运行前检查

（1）检查确认放空阀关闭，安全阀根部阀开启，分离器安全附件齐全完好。

（2）检查确认电源线、信号线连接完好。

（3）检查确认疏水阀自动控制排污流程切换正常，手动排污阀关闭。

（4）检查确认计量仪表处于完好备用状态（关闭差压变送器五阀组的高低压侧取压阀，打开平衡阀）。

（5）检查确认各法兰、管线连接牢固可靠。

2. 操作步骤

（1）正常启运。

①缓慢打开分离器出口阀；

②缓慢打开分离器进口阀；

③打开差压变送器五阀组的高低压取压阀，然后关闭三阀组平衡阀计量；

④复核、验漏；

⑤变更设备运行牌及阀门开关指示牌。

（2）正常停运。

①关闭分离器进、出口阀；

②打开分离器手动排污阀，利用分离器内的压力，将分离器内的液体混合物压出排污管线；待液位降到较低时继续吹扫，并将污水排至污水池，关闭排污阀；

③打开放空阀泄压，并用氮气或空气将设备内气全部置换，经检测确认合格后，分离器停运。

六、设备巡查与维护

（1）巡查。

①计量分离器橇块运行中应做好巡查、记录工作；

②巡查内容为计量分离器液位、压力、安全附件是否正常工作；

③检查供气管线及放空管线是否有泄漏；

④定期检查和校对压力表、液位计和安全阀，确保其在校验有效期内；

⑤检查计量分离系统各附件和阀门是否完好，若有损坏应及时更换。

（2）安全附件检验。

①安全阀每年校验一次，压力表应每半年校验一次，送到指定地点校验；

②校验安全阀、压力表前需要备用一个同类型、已校验好的安全阀、压力表；

③拆卸压力表时，关闭压力表前压力表截止阀，严禁未关闭阀门作业，拆卸后安装备用压力表。

第二节 水套加热炉橇块

水套加热炉橇块是为满足油气田特殊需要而设计的一种专用加热设备，主要用于油气集输系统过程中，将原油、天然气加热到工艺要求的温度，以便进行输送、沉降、分离、脱水和初加工。它是油气输送系统中应用广泛的专用设备，具有品种多、配置多样、结构紧凑、功能齐全、适用范围广等特点，是理想的加热设备（图4-2）。

图 4-2　水套加热炉橇块图

一、主要性能参数

（1）水套加热炉的主要设计参数见表 4-3。

表 4-3　水套加热炉主要设计参数

设计参数	原料气管程	自耗气预热管程	壳程	烟火管
设计压力（MPa）	42	6.3	常压	常压
工作压力（MPa）	35	5.5	常压	常压
设计温度（℃）	95	95	95	350
工作温度（℃）	80	80	85	260
介质	天然气	天然气	软化水	烟气
腐蚀裕量（mm）	3	1	1	2
处理量（m³/h）	2×5000	200~700	—	40~50（耗气）
换热面积（m²）	9.5×4	0.4	—	30
额定功率（kW）	400	热效率（%）		86
外形尺寸（mm×mm×mm）	8500×2400×3700（不含烟囱）			

（2）水套加热炉主要公共工程数据。

燃料：天然气 0.4~0.5MPa；

供电：220V（AC）50Hz；

停电状态下由 UPS 供电 220V（AC）；

中间载热介质：软化水。

（3）水套加热炉主要接口参数。

原料气盘管进/出口：DN65mm，PN70MPa；

燃料气预热管线进/出口：DN50mm，PN6.3MPa；

补水管线进口：DN25mm，PN1.6MPa；

烟气排放口（烟囱）：DN350mm；

壳体排污口：DN50mm，PN1.6MPa；

烟室排污口：DN25mm，PN1.6MPa；

燃烧机供气管线：DN25mm，PN1.6MPa。

二、工作原理及结构

水套加热炉是以水作为传热介质的间接加热设备。

水套加热炉由筒体、烟火管、气盘管及其他附件构成（图4-3）。气盘管和进出筒体处用密封圈密封，松紧由填料压盖调节。水套加热炉通过水箱给炉内加水，炉内压力（壳程压力）为常压。水套加热炉筒体上焊有温度计插孔，装有水位计，以控制水套加热炉运行。水套加热炉筒体靠鞍式支座支撑，筒体上敷设耐火材料保温。

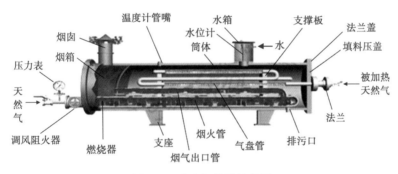

图4-3 水套加热炉结构图

在水套加热炉的筒体中，装设了火筒、烟管、加热盘管等部件，它们占据了筒体的一部分空间，其余的空间装的是水，燃料在火筒中燃烧后，产生的热能以辐射、对流等形式将热量传给水套中的水，使水的温度升高，并部分汽化，水及其蒸汽再将热量传递给加热盘管中的天然气，使天然气获得热量，温度升高，降低天然气及其附带杂质的黏度。

水套加热炉的加热原理是天然气燃烧器喷出的高温火焰直接加热烟火管，高温烟气向后流动，经烟气出口管进入烟箱，然后经烟囱排入大气。但烟火管和烟气出口附近的水受热后因密度减小而上升，与加热盘管接触传热后温度下降，又因密度增加而下沉，又被加热后上升，如此往复循环，以加热盘管内的天然气，达到提高天然气流温度的目的（图4-4）。水套加热炉橇含两组加热盘管，可同时对两个井口来气进行加热。但要注意水套加热炉禁止超压使用，即气盘管内的天然气不能超过允许工作压力。

水套加热炉橇块是以水套加热炉为主体的整体式天然气加热、测温测压、燃料气供应装置。加热盘管外接形式为BX153钢圈法兰、螺栓连接。水套加热炉上设有水位计、温度

图 4-4　加热炉传热示意图

计、补水箱、烟气取样口、排污口等。水套加热炉外包岩棉保温材料并包有镀锌钢板。与水套加热炉相连的管线包括加热进口管线、自耗气预热管线、燃料气进气管线、水系统、系统阀门及仪表。

（1）加热进出管线。

本设备是二级节流，其主要的工作流程为：原料气（35MPa）由进气口进气经测温测压套后进入水套加热炉进行加热，加热后气体经测温套测温后经节流阀节流减压后（16MPa、20℃）进入二级节流进口，经测温测压后水套加热炉进行二次加热，气体经测温套测温后经节流阀节流减压后（5.5MPa、20℃）由出气口输出。

（2）自耗气预热管线及燃料气进气管线。

原料气来源为分离器分离之后的干燥气体（5.5MPa），加热后经燃气调压装置节流后（0.5MPa）经由管道过滤器、流量计、减压阀、计量装置后进入燃烧器燃烧为水套炉提供热源。

（3）水系统。

水套加热炉用水由液位计控制，当水少于液位计高度的 1/3 时，应及时由注水口注水，以保证水套加热炉的正常运行，本设备上采用手动加水方式。

（4）系统阀门及仪表。

该系统管路上的阀门、仪表见表 4-4。

表 4-4　水套加热炉系统管路的阀门及仪表

序号	名称	规格型号	数量	备注
1	压力变送器	0~50MPa	2	加热盘管
2	压力表	0~20MPa	2	加热盘管
3	压力变送器	0~10MPa	2	加热盘管
4	温度变送器	−20~100℃	2	加热盘管
5	双金属温度计	−20~100℃	8	加热盘管
6	井口平板闸阀	DN65mm，PN70MPa	4	加热盘管
7	可调式节流阀	DN65mm，PN70MPa	4	加热盘管
8	测温测压套	DN65mm，PN70MPa	6	加热盘管
9	测温套	DN65mm，PN70MPa	4	加热盘管
10	针阀	DN15mm，PN60MPa	6	加热盘管
11	二阀组	DN15mm，PN60MPa	6	加热盘管
12	温度变送器	0~100℃	2	炉体
13	磁翻板液位计	DN25mm，PN1.6MPa，长度 $L=1000$mm	1	炉体
14	双金属温度计	0~100℃	1	炉体

序号	名称	规格型号	数量	备注
15	温度控制仪	T12	1	炉体
16	截止阀	DN25mm，PN1.6MPa	2	液位计
17	截止阀	DN50mm，PN1.6MPa	1	排污
18	闸阀	DN25mm，PN1.6MPa	1	补水
19	温度变送器	0~300℃	1	烟气温度检测
20	球阀	DN20mm，PN1.6MPa	1	烟气取样
21	球阀	DN25mm，PN1.6MPa	1	烟室排污
22	截止阀	DN50mm，PN6.3MPa	2	燃料加热盘管
23	球阀	DN25mm，PN1.6MPa	2	燃料气供气管线
24	篮式过滤器	DN25mm，PN1.6MPa	1	燃料气供气管线
25	旋进旋涡气体流量计	0~50m³/h，DN25mm，PN1.6MPa	1	燃料气供气管线
26	压力表	0~1.6MPa	1	燃料气供气管线
27	减压阀	0~50m³/h，DN25mm，PN1.6MPa	1	燃料气供气管线
28	压力变送器	0~0.1MPa	1	燃料气供气管线
29	压力表	0~0.1MPa	1	燃料气供气管线
30	截止阀	DN25mm，PN1.6MPa	4	燃料气供气管线
31	球阀	DN40mm，PN1.6MPa	1	燃料气供气管线
32	电磁阀	DN25mm，PN1.6MPa	1	燃料气供气管线
33	电磁阀	DN20mm，PN1.6MPa	1	燃料气供气管线
34	截止阀	DN25mm，PN1.6MPa	1	燃料气供气管线
35	截止阀	DN20mm，PN1.6MPa	1	燃料气供气管线
36	针阀	DN6mm，PN4.0MPa	3	燃料气供气管线
37	双阀组	DN6mm，PN4.0MPa	3	燃料气供气管线
38	燃烧器	400KW-TH-YT50	1	
39	紫外线火焰检测		1	燃烧机配套
40	流量调节阀	HT12 PG	1	燃料气供气管线
41	PLC控制系统		1	

三、自动检测与控制系统

水套加热炉橇块的自动检测和控制系统，是以PLC为核心，采用高精度的检测仪表、电磁控制阀门等组成。仪表种类包括压力变送器、流量变送器、差压（液位）变送器等。

每台仪表的信号均连接到PLC控制箱内的信号分配端子上，集中显示在PLC显示面板上，并采用RS485方式传输到室内的控制系统上。电控柜除了完成仪表信号的转换与传输外，同时也要完成为变送器及其他用电设备的供电。

水套加热炉控制系统具有故障连锁报警（切断燃烧器）功能。水套加热炉还设置有如下报警点并且在报警时关断燃烧器：

（1）水浴液位低报警。

（2）水浴温度高报警。

（3）燃料压力低报警。

（4）火焰故障报警。

（5）排烟温度高报警。

水套加热炉还具备远程紧急停炉、信号上传功能。水套加热炉接收远程紧急停炉信号，在紧急情况下实现远程停炉；水套加热炉可把重要的状态、参数上传给控制中心，水套加热炉 PLC 通过 RS485 通信口与中心控制室进行通信，所有信号采用 MODBUS-RTU 通信协议，把如下信号上传至中心控制室：

（1）水套加热炉运行状态。

（2）水浴温度。

（3）水浴液位。

（4）排烟温度。

（5）被加热介质温度、压力。

水套加热炉控制系统主要用于页岩气田采气站，通过燃烧器对水套加热炉内水浴进行加热，保持水浴温度的恒定，从而保证盘管内输出气体的温度满足要求。

控制系统采用西门子 S7-300PLC 作为控制核心，TP1200 触摸屏作为显示及控制窗口，通过现场传感器信号对燃料气进行调节，从而控制水浴温度，并把采集到的各类数据进行监控、处理及远传。

1. 控制系统

（1）水套加热炉控制部分主要设备。

①岳阳通海负压式燃烧机 1 台，包含紫外线火焰检测装置，高能点火装置（两者均安装于防爆控制箱内），手动及远程控制等。

②主火电磁阀（AC220V）。

③母火电磁阀（AC220V）。

④水套加热炉控制信号，外部 13 路模拟量输入：

a. 井站来气一组进水套加热炉前温度信号（4~20mA）。

b. 井站来气一组进水套加热炉前压力信号（4~20mA）。

c. 一组水套加热炉加热气二级节流后温度信号（4~20mA）。

d. 一组水套加热炉加热气二级节流后压力信号（4~20mA）。

e. 井站来气二组进水套加热炉前温度信号（4~20mA）。

f. 井站来气二组进水套加热炉前压力信号（4~20mA）。

g. 二组水套加热炉加热气二级节流后温度信号（4~20mA）。

h. 二组水套加热炉加热气二级节流后压力信号（4~20mA）。

i. 水浴温度信号（4~20mA）。

j. 水套加热炉的液位高度（4~20mA）。

k. 燃料气流量计信号（4~20mA 瞬时标况）。

l. 燃气压力（4~20mA）。

m. 烟道温度（4~20mA）。

⑤ESD 水浴温度外部输出 1 路（4~20mA）。

⑥燃烧机点火开关量输入 1 路。

⑦火焰检测信号 PLC 输入 1 路。

（2）防爆控制柜。

①总功率：不大于 10kW，满足 Exd II BT4 防爆要求。

②现场防爆控制柜（图 4-5）主要为现场的各个设备提供供电电源及保护，并控制现场设备的运行：

a. 防爆控制柜配置有一个进线浪涌保护器，为防爆柜提供防雷保护。

b. 根据系统设备功率，总进线断路器为西门子 3RV 3P，为系统提供电源控制及保护功能。

c. 防爆控制柜设置有手动/自动控制旋钮，用户可根据现场的实际需要进行选择。

d. 系统设置一个紧急停止按钮，当发生危急情况时，按下急停，可立即使燃气系统断气，保证系统、现场人身及设备的安全。

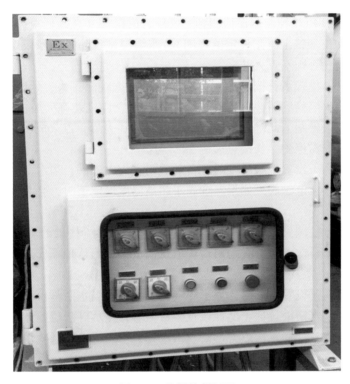

图 4-5　防爆控制柜图

e. PLC 采用西门子公司 S7-300 可编程控制器及相应模块，并进行冗余设计，即两个 CPU、两个电源和两个通信模块，大大提高系统运行的稳定性。

f. PLC 的硬件结构采用模块化设计，具有扩展性。PLC 具有数据采集、逻辑、存储、控制、数学运算等功能。

g. 防爆控制柜内配置有两个西门子 SITOP 10A 直流电源及电源冗余模块，为系统的控制器、仪表及 I/O 点提供稳定可靠的 DC24V 电源。

h. 双 CPU（控制器）与同步模块实现主备无扰切换，当主 CPU 出现故障时，备用控制器及时启动，掌握 I/O 控制权，保证系统继续稳定运行。

i. 防爆控制柜内模拟量输入模块，开关量输入端采用防浪涌设计，使用英国 MTL 产品，确保控制器及模拟量输入模块的安全。

j. 通过 CP34X 模块使系统具有 RS-485 串行通信能力，并支持 MODBUSRTU 通信协议，能把 PLC 采集的温度、压力、液位与流量等实时数据上传至上位机。

k. 在 PLC 防爆控制柜上安装了一台液晶触摸屏（12in❶），打开控制柜上小门，即可对触摸屏进行触摸操作，主要用于参数的实时显示、查询与设置、故障报警及查看运行状态等。

l. 防爆控制柜上的开关旋钮部分有安装安全锁，操作时需打开玻璃门盖，平常上锁，防止不相关人员的误操作。

m. 触摸屏选用西门子精智面板 TP1200 触摸屏。分辨率达 1280×800。

2. 工艺流程操作

（1）工艺流程说明。

①水套加热炉的 PLC 控制器在检测到燃气压力值正常（在高低报警设定值之间）、水浴液位正常（在水浴液位上下限设定值之间）、水浴温度没超过上限设定值的情况下，可以按下点火键点火，否则不点火并报警。

②在手动或自动模式下长按点火按钮，燃烧机点火线圈打火，延时 2s 后控制系统打开母火电磁阀，当火焰检测器检测到信号后（显示屏燃烧机处有火焰标志），松开点火按钮，系统打开主火电磁阀，此时燃烧机观察口可以看到火焰，点火成功；否则，点火失败并火焰故障报警。如需停炉，长按点火键 2s 即可。

③当水浴温度高于设置上限温度时，自动关闭主火电磁阀；当水浴温度低于设置下限温度时，自动开启主火电磁阀。如果温度高于超高温度设定值时，会关断主母火电磁阀并报警。

④当火焰传感器检测到长明火熄灭后，关断主母火电磁阀切断气源，同时在现场显示屏上进行报警，如要再次点火，必须由现场值班人员人工确认现场安全，按复位键后才能点火。

⑤当水浴液位高于设置上限时，显示屏液位高报警；当水浴液位低于设置下限时，显示屏液位低报警；当水浴液位低于低低设置报警值时，显示屏液位超低报警并关闭主母火电磁阀切断气源停火，如要再次点火，必须由现场值班人员人工确认液位正常，按复位键后才能点火。

⑥主母火电磁阀设置有就地紧急截断与远程紧急截断功能。紧急截断时，快速关断主母火电磁阀切断气源。

⑦手动与自动模式都由现场操作人员在满足点火条件下，通过控制柜点火按钮点火，不同之处在于自动模式下，如遇条件不满足时停火，当条件满足后延迟 5min 左右才能自动点火。

⑧本地与远程模式的区别体现在就地点火或可远程点火的区别。就地点火就是直接按控制柜上的按钮点火，远程点火是通过上位机点火。

（2）操作顺序。

①检查系统设备状况是否符合生产运行条件，若存在安全隐患，请排除后再生产。

②检查控制柜到现场设备的动力电缆及控制电缆是否接好。

③首先将控制箱的总电源接通，然后再接通其他电源。

---

❶ 1in＝25.4mm。

④将旋钮打到手动或自动、本地或远程，选择手动或自动模式。手动运行时需选择本地，按下点火按钮，启动点火程序；自动时可选择本地或远程，在触摸屏上设置水浴温度及各参数，PLC控制器根据实际测量值与设定值对比，自动判断是否点火。

⑤监控画面如图4-6所示。监控画面主要显示现场温度、压力、液位、流量等信息，并显示燃烧器当前点火状态。

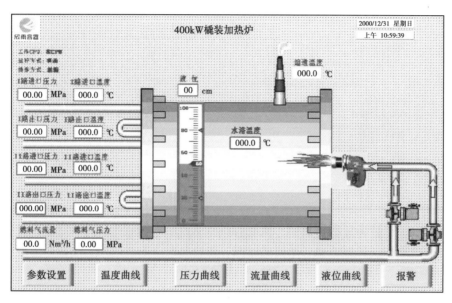

图4-6　监控画面图

⑥参数设置如图4-7所示。

参数设置					
名称	数据	单位	名称	数据	单位
水浴温度超高报警值	000.0	℃	流量校对	000.0	m³/h
水浴温度控制上限值	000.0	℃	水浴温度校对	000.0	℃
水浴温度控制下限值	000.0	℃	Ⅰ路进口压力校对	000.0	MPa
液位上限报警值	000	cm	Ⅰ路进口温度校对	000.0	℃
液位下限报警值	000	cm	Ⅰ路出口压力校对	000.0	MPa
液位低低报警值	000	cm	Ⅰ路出口温度校对	000.0	℃
燃料气压力高报警值	0.000	MPa	Ⅱ路进口压力校对	000.0	MPa
燃料气压力低报警值	0.000	MPa	Ⅱ路进口温度校对	000.0	℃
液位校对	000.0	mm	Ⅱ路出口压力校对	000.0	MPa
烟道温度校对	000.0	℃	Ⅱ路出口温度校对	000.0	MPa
通信地址	00		燃料气压力校对	000.0	MPa
通信协议	9600.N.8.1				

监控画面　温度曲线　压力曲线　流量曲线　液位曲线　报警

图4-7　参数设置图

参数设置画面主要用于设置水浴温度控制值，水浴温度、水浴液位、燃气压力等上下限报警值，以及 MODBUS 从机地址各实际测量值的校对值。

⑦报警画面如图 4-8 所示。

图 4-8　报警画面图

报警画面主要用于显示系统故障、参数异常等信息，如水浴温度异常、燃气压力异常、液位异常及点火故障等，并可查看一定时间内的异常记录。

3. 系统常见故障解决

（1）断路器故障。当系统出现断电或部分线路不工作的故障时，可检查相应的断路器开关是否跳闸，查清原因后，恢复接通即可。

（2）点火故障。在点火过程中，当系统长时间检测不到火焰后，会自动切断燃气进行保护，并进行报警。根据报警信息查明无法点火原因，无法点火的原因主要有燃气压力低、液位极低、燃烧机故障等。

（3）液位极低或极高。首先检查磁翻板液位计是否正常，通过顶端观察口检查水位是否异常。

（4）触摸屏数据出现"######"字样。原因为通信线掉落，或传感器断线，或控制器异常，请主要检查通信线及传感器接线是否松动。

4. 注意事项

（1）系统运行前需确保现场设备完好。

（2）系统运行时，系统参数设置需在允许范围内调节，严禁超出系统安全范围。

（3）系统检修时，若需拆除通信线，需先将电源切断，再进行操作。请勿带电插拔。

（4）用户需更改工艺时，需与生产单位联系，请勿擅自改动工艺。

（5）验收后交付用户的程序及资料，需进行妥善保存，并进行备份，以免丢失。

（6）进行触摸屏操作时，点击屏幕的时间需保持 1s 以上，以免操作无效。

四、加热炉启停操作

1. 投运前准备

（1）检查确认炉体附件及各管线的阀门、管件、仪器、仪表齐全、完好。

（2）检查确认加热炉液位计液位在 1/2~2/3 之间。

（3）检查确认各个静密封点、连接处无泄漏。

（4）检查确认烟道风门完好，全开风门通风 5min 以上。

（5）检查确认站场供电正常。

（6）将控制箱的总电源接通，然后再接通其他电源。

（7）按调压橇操作规程，调整好各级压力，保证供给燃料气调压前气压表压力为 0.3~0.5MPa，调压后压力为 50~80kPa（0.05~0.08MPa），气流通道的母火、主火燃气阀关闭。

（8）检查显示屏各项参数是否正常。

2. 操作步骤

（1）水套加热炉启运操作。

①手动模式。

a. 将控制柜旋钮打到手动、本地。

b. 打开母火、主火燃气阀，长按点火按钮，燃烧机点火线圈打火，延时 2s 后控制系统打开母火电磁阀。当火焰检测器检测到信号后（显示屏燃烧机处有火焰标志），松开点火按钮，系统打开主火电磁阀，此时燃烧机观察口可以看到火焰，点火成功，否则点火失败并火焰故障报警。

②自动模式。

a. 将控制柜旋钮打到自动、本地：操作方法同上；不同在于自动模式下，如遇条件不满足时停火，当条件满足后延迟 5min 左右才能自动点火（重复以上操作）。

b. 将控制柜旋钮打到自动、远程：在上位机上按点火按钮。

③主火燃烧后，缓慢打开烟道风门至 3/5，调整主火燃气阀，要先小火预热 5min 以上，然后调节阀门加大炉火。

④调火。

a. 根据需要加热的气体量控制炉火大小，并根据风向调整挡风板。

b. 通过逐步调节使水套加热炉火势适当，火焰呈橙红色时，燃烧正常。

⑤待加热炉水温不低于 70℃时，即可实施开井；开井后观察监控画面，查看温度、压力、液位、流量、燃烧器当前点火状态是否正常。

（2）水套加热炉停运操作。

①关闭燃烧器。

②关闭燃料气供应系统。

③待加热炉温度降到接近环境温度时，关闭被加热介质进、出口阀。

④关闭系统电源。

⑤长期或低温环境停炉，水套加热炉必须进行放水处理。

（3）水套加热炉紧急停运操作。

①关闭系统电源。

②关闭燃料气供应系统。

③关闭燃烧器。

④待水套加热炉温度降到接近环境温度时，关闭被加热介质进、出口阀。

3. 注意事项

（1）点火前将烟道风门关闭 4/5，大风天气烟道风门全部关闭。

（2）水套加热炉炉体在常压状态下运行。

（3）盘管工作压力不得超过 35MPa。

（4）停运时要使进口阀稍有开度，以防盘管压力升高，待水套加热炉炉温与环境温度一致时，方可将进口阀关闭。

（5）除需要紧急停炉外，遇到下列情况之一时也应紧急停炉：

①炉内水位低于最低水位线。

②火嘴或烟管发生穿孔或破裂。

③防爆门或烟箱密封失严，大量烟气外冒。

④就地或控制仪表中有一失灵者。

⑤控制柜器件及辅机出现故障，不能保证安全运行。

⑥不能在线处理的故障。

五、维护与保养

1. 水套加热炉维护与保养

（1）站场值班人员每天对各仪表及阀门（天然气出口温度设定值，进、出口阀状态）进行巡检，保证使用状况良好，发现问题及时上报。

（2）每季度对水套加热炉进行排污检查，是否有污物。

（3）水套加热炉投运一年后，应对炉体进行全面检验，根据检验情况决定下次检验时间，原则上每 2~3 年进行全面检验一次。

（4）每年对盘管腐蚀情况至少进行一次监测，特别是弯头部位厚度。

（5）每年对加热炉燃料气系统、燃烧器至少进行一次全面的检查维修。

（6）检查壳体液位高度，保证液位处于正常水平。

（7）检修水套加热炉时，应从水套加热炉上拆下燃烧器，对其进行单独检修。

（8）对因燃烧而损坏的耐火层应予以及时修补。

（9）防爆门和检查孔等处的密封垫片如有损坏，应及时更换。

2. 燃烧器的维护与保养

（1）燃烧器的表面应时常保持洁净。

（2）每月一次清洁燃烧器风机通道及控制电路部分的灰尘，以保证正常的燃烧效率。

（3）检查燃烧器与控制系统的连线是否完好无损，如有问题应及时解决。

（4）检查供气压力及流量是否正常。

六、故障与处理

常见故障与排除方法见表 4-5。

表 4-5　常见故障与排除方法

序号	故障现象	原因	排除方法
1	烟囱冒黑烟	风门开度小，空气量不足	调节风门开度
		燃料气含油、水分过多	排出分离器所集油水或重新分析燃料气成分
2	被加热介质温度下降	中间载体温度下降	检查中间载体有无泄漏
		燃料气或空气流量不足	调节燃料气阀门和风门的开度
		被加热介质流量增多	调节原料气管线阀门开度
		原料气管线损坏泄漏	检查原料气管线是否损坏及泄漏，并更换
3	燃烧器点不着火	点火系统损坏	检修或更换点火装置
		燃料气管线内有空气	重新进行天然气置换
		配风量太大	调节风门开度
		燃气量太小	调节燃料气阀门
		燃料气系统波动过大	调整、检修稳压阀
4	燃烧器回火	炉膛压降过大	检查炉膛，使压降减少
		燃气压力过小	加大燃气压力
		供风量不足	调节风门开度
5	炉温过低	燃料气出口压力过度波动，导致空气配比失调	调节燃料气系统压力和调压阀出口压力
		设备运行时间过长，导致管道积灰	停车检查烟管，并清除烟垢
		被加热介质流速过快	调节原料气管

第三节　燃气调压橇

燃气调压橇是石油集输场站中的重要设备之一，在井口气处理过程为加热炉提供燃料气，是保证加热炉正常运行的重要设备（图4-9）。

燃气调压橇主要由燃气分液包、工艺管线和阀门等组成。

一、工作原理

燃气调压橇主要由分液罐和调压阀等通过管道连接，并配有压力表、压力变送器、安全切断阀等。燃气调压橇主要起到降低燃气压力的作用，并通过分液罐分离掉降压后的液体，让燃气降到低压备用。

燃气调压橇气体通过进气口进入，然后依次通过球阀、安全切断阀、监控调压阀、工作调压阀和球阀，再进入分液罐，在分液罐中稳压和分离液体后，再通过出气管线输出。在调压时使用的是两条管线，采用一用一备原则，紧急切断阀能够在减压阀失效的时候保证燃气的紧急切断。调压橇设有压力表和压力变送器，能时时检测调压中气体压力，并设有安全阀，保证超压时能有效泄压，保证设备安全。

图 4-9　燃气调压橇图

二、结构及参数

1. 结构

橇块主要由分液包、工艺配管和减压装置组成。

原料气来自分离器分离后气体，经水套加热炉预热到 50℃左右，经橇边法兰、压力表、球阀、安全切断阀、监控调压阀、工作调压阀、球阀、压力表、压力变送器后进入分液包，该系统采用一用一备结构，当一条管路出现故障时，安全切断阀会紧急切断，且根据发出阀位反馈信号至接线箱后传输至站控室，提示操作人员对其进行线路的更换和检修、复位等操作。

原料气压力由 5.7MPa 减压至 0.4MPa，紧急切断阀的动作压力为 0.6MPa，监控调压阀后压力为 0.5MPa，工作调压阀后压力为 0.4MPa，紧急切断阀及监控调压阀的回气取压口在工作调压阀之后。

工艺管线上设置压力表、压力变送器等元件检测系统压力，及时上传管路压力的变化，保证系统的正常运行，如图 4-10 所示。

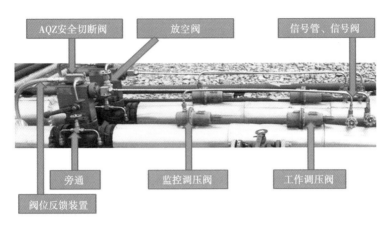

图4-10　压力控制系统图

2. 参数

燃气调压橇工艺参数见表4-6。

表4-6　燃气调压橇工艺参数表

橇块	名称	单位	仪表参数
燃气分液包	设计压力	MPa	6.3
	工作压力	MPa	0.4
	设计温度	℃	70
	工作温度	℃	-20~50
燃气调压	工作调压阀	MPa	0.4
	监控调压阀	MPa	0.5
安全切断阀	切断压力	MPa	0.6
安全阀	整定压力	MPa	0.68

三、自动检测与控制系统

燃气调压橇的自动检测和控制系统的主要功能是检测，采集信号后，由接线箱对信号汇总并上传至站控系统，对相关数据进行处理及报警，该检测系统由高精度的检测仪表、防爆接线箱构成，检测仪表种类包括压力变送器、液位变送器以及安全切断阀的阀位反馈装置等。

每台仪表的信号均连接到防爆接线箱内的信号分配端子上，集中传输到站控室内的控制系统上。接线箱除了完成仪表信号的转换与传输外，同时也要完成变送器及电伴热的供电。

四、燃气调压橇启停操作

1. 操作前准备

（1）检查确认阀门开关状态：放空阀、排污阀关闭，备用调压路上下游球阀关闭，进调压橇系统控制阀关闭；安全阀根部阀、压力表的截止阀打开。

（2）检查确认电源线、信号线连接牢固，显示正常。

（3）检查确认启用路调压流程安全切断阀处于投运状态。

2. 启运操作

（1）缓慢打开分液包出口阀。

（2）缓慢打开水套加热炉加热燃气进、出口阀。

（3）缓慢打开启用路调压流程上下游球阀。

（4）复核、验漏。

（5）更换设备运行牌及阀门开关指示牌。

3. 停运操作

（1）关闭装置进、出口阀。

（2）排污。

（3）复核、验漏。

（4）更换设备运行牌及阀门开关指示牌。

五、设备维护保养

（1）定期检查调压器出口压力是否满足工作要求，如有不正常预兆，需立即检查维护。

（2）定期检查调压器关闭压力，如关闭压力过高或漏气，应检查调压器皮膜是否老化或破损并清洗调压器阀口。

（3）定期检查切断阀的切断压力。如切断压力过低，则应检查弹簧是否失去应有强度或折断并重新调整切断阀；如切断压力过高或漏气，则应检查切断阀皮膜是否老化或破损。定期检查切断阀的关闭特性，如果切断后关闭不严，则应检查并清洗切断阀阀口。

（4）安全阀每一年定期送检一次，以保证阀工作自如，确保压力释放和安全性能，其中安全阀起跳必须重新校验。

（5）定期更换调压器及切断阀皮膜，周期应视燃气质量而定。

（6）设备表面应无尘土、掉漆、杂物堵塞等情况。

（7）设备内各检测仪表完好，如压力表等不得发生失灵情况。

第四节　收（发）球筒

本节主要介绍南川页岩气田站场管道清管用的收发球筒的快开盲板，从其工艺原理、结构材质到运行操作及设备维护保养等方面进行系统阐述。

快速开关盲板（以下简称快开盲板）是用于压力管道或压力容器的圆形开口上并能实现快速开启和关闭的一种机械装置，一般由筒体法兰、头盖、勾圈或卡箍、密封圈、安全连锁机构、开闭机构、转臂及短节（需要时）等部件构成。它是清管装置的关键部件，清管器的装入、取出和球筒的密封均由它来实现。一般采用专用扳手驱动。

按筒体法兰、勾圈或卡箍、头盖之间的连接形式，快开盲板分为牙嵌型、卡箍型和插扣型3种基本结构。

目前，南川页岩气田站场使用的是卡箍型快开盲板，如图4-11所示。

图 4-11　卡箍型快开盲板

一、结构及工艺原理

1. 工艺原理

发球时，关闭收发球筒的上下游阀门，打开快开盲板，把清管器装入收发球筒后关闭快开盲板，导通流程使清管器前后产生压差推动清管器在管道中移动进行清管、涂膜；收球时，待清管器进入收发球筒后，倒换流程并关闭收发球筒的上下游阀门，打开快开盲板取出清管器后再关闭快开盲板。

2. 结构

快开盲板主要由端法兰、胀圈、头盖、门轴总成、机械自锁结构等构成。

卧式卡箍型快开盲板的主要原理是通过转动丝杠，让三瓣锁紧环逐渐变大或变小，使锁紧环的内径大于或压实盲板盖的外径，完成卧式卡箍型快开盲板的开与关。卧式卡箍型快开盲板主要由盲板盖、盲板座、卡箍组成，采用 O 形密封圈密封，通过开启关闭锁紧机构、回转机构等实现开启、关闭动作，盲板上安装的安全连锁机构能够保证零压开启。通过旋转丝杠开启、关闭锁紧机构，使平移螺母快速带动三瓣卡箍向两侧张开或反向合拢，使三瓣卡箍离开或靠近盲板盖、盲板座，从而实现盲板的开启或锁紧功能；回转机构支撑盲板盖以回转铰接轴为轴心向一侧回转开启，开启方式可以通过选择门轴的安放位置左旋或右旋开启；安全连锁机构对关闭到位的盲板进行定位锁紧，盲板锁紧后方能升压运行，盲板内压力降为零（表压）才能打开安全连锁机构进而开启盲板。

卧式卡箍型快开盲板结构如图 4-12 所示。

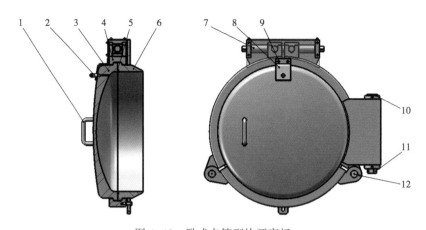

图 4-12　卧式卡箍型快开盲板

1—拉手；2—安全锁紧阀；3—盲板盖；4—卡箍；5—O 形密封圈；6—盲板座；7—开关丝杠；
8—安全卡板；9—安全定位销；10—回转铰接轴；11—调整螺母；12—销轴

　　卧式卡箍型快开盲板回转机构、安全连锁机构和开启关闭锁紧机构如图 4-13 至图 4-15所示。

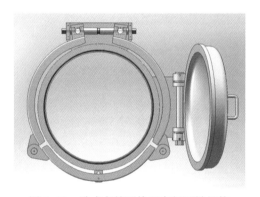

图 4-13　卧式卡箍型快开盲板回转机构

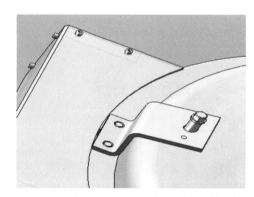

图 4-14　卧式卡箍型快开盲板安全连锁机构

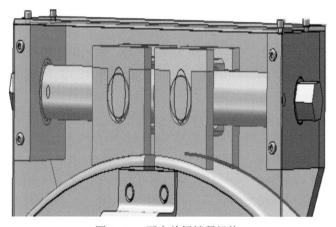

图 4-15　开启关闭锁紧机构

二、快开盲板操作

1. 打开盲板

（1）检查容器进、出口阀是否完全关闭。

（2）打开放空阀进行放空，观察容器压力表泄压为零。

（3）当设备内可能存在 FeS 粉或泥沙时，通过设备或管道上的压力表放气阀向设备内注入约 10%设备容积的洁净水，进行湿式作业，湿式作业后的容器干燥合格后方可重新投运。

（4）缓慢拧松安全锁紧阀，检查容器内是否有压力，待设备内无天然气逸出时，再完全拧下安全锁紧阀。

（5）取下安全卡板。

（6）按开关丝杠处的标示方向转动开关丝杠，直至卡箍内缘与盲板盖外缘完全分开。

（7）拉动盲板盖上的拉手，向一侧打开盲板盖。

2. 关闭盲板

（1）清洁盲板密封面、密封槽、O 形密封圈及卡箍内的污物，并涂抹防锈油脂，再安装上 O 形密封圈。

（2）拉动盲板盖上的拉手，关闭盲板盖，使盲板盖与盲板座外缘完全重合，若盲板盖与盲板座有少量错边，可以通过调节调整螺母及调整螺栓，使盲板座与盲板盖外缘完全重合。

（3）按支座处的标示方向转动开关丝杠，锁紧卡箍。

（4）装好安全卡板，使安全卡板完全扣在安全定位销上。

（5）检查安全锁紧阀上的 O 形密封圈是否完好。

（6）安装安全锁紧阀并拧紧，至此盲板完全关闭。

3. 操作要点

（1）操作前应对盲板运行状态、外观及连接部件进行检查。检查内容包括：

①对盲板的主要承压件（如盲板盖、筒体外表面）进行检查，看是否腐蚀或有变形；

②确认接盲板所在容器各部位仪表完好；

③确认接盲板所在容器各阀门完好，开关灵活，阀门开关位置正确；

④确认接盲板所在容器各连接部位不存在跑、冒、滴、漏现象。

（2）盲板的开关丝杠、铰接轴、销轴等转动装置必须定期涂（注）润滑油，保持润滑。上述部位每 3 个月加注润滑油（脂）一次；铰接轴、丝杠用黄甘油润滑，销轴从注油孔处用机油润滑。

（3）保持盲板外表面油漆完整光洁。

（4）定期对盲板的主要承压件盲板盖、盲板座、卡箍、铰接轴、丝杠等部位进行检查，若发现有变形、严重腐蚀或裂纹，要及时查找原因，并妥善处理。

（5）盲板的传动机构、丝杠锁紧装置必须经常涂油，防止生锈。外表必须经常保持完整光洁。

4. 安全注意事项

（1）盲板盖开启前必须先开放空阀，待收（发）球筒内压力降至零后，方可进行开启盲板的操作，防止出现天然气喷出伤人事件。

（2）每次使用后，应对密封胶圈及密封槽进行清洗、检查并涂抹适量密封脂，以防密封性能降低。

（3）本设备禁止带压开启，盲板开启前应必须检查并确认设备内的压力已经完全释放，即设备上的压力指示装置指数为零。

（4）盲板维护后必须进行外漏检测，如发现盲板存在外漏，则重新进行清理、维护。

5. 应急事故预防与处置

（1）盲板维护后外漏的应急处理。如果对盲板进行正常维护后发现盲板存在外漏，按照操作规程重新清理密封槽、密封面、O形密封圈等部位，清理干净后，再安装上密封圈，重新升压验漏。

（2）因操作不当发生盲板突然打开造成人员意外伤亡时，应立即拨打"120"急救电话，并组织现场急救，将伤者抬离现场，确保员工及时接受救治。

（3）打开盲板时一旦出现硫化亚铁自燃，可注水冷却，提高冷却速度，隔绝空气。如硫化亚铁自燃已产生高温，应尽可能使用蒸汽扑救，防止设备因高温急冷产生退火或热应力不均而变形开裂。

第五节　分子筛脱水橇块

分子筛脱水橇FWD型天然气干燥器，依据吸附原理利用多孔性固体干燥剂对气体混合物中极性水分子的选择，将水分从气体中分离出来，从而达到脱水的目的，获得低露点的干燥天然气。

采用双罐结构，其中一个干燥罐吸附时，天然气中的水分被吸附到干燥剂表面，另一个罐同时解吸再生，吸附与解吸以循环的方式交替进行，连续输出洁净干燥的气体。

干燥剂解吸采用敞开式循环电加热再生方式，最大限度地减少了再生气消耗量。

一、工作原理

FWD型天然气干燥器工作原理如图4-16所示。

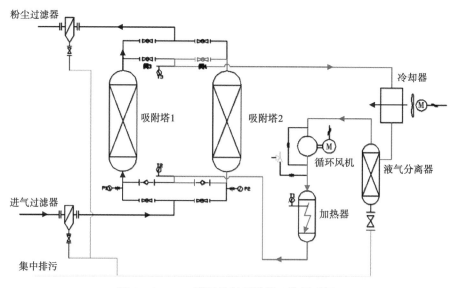

图 4-16　FWD型天然气干燥器工作原理图

如图 4-16 所示，吸附塔 1 和吸附塔 2 交替进行干燥和再生，以达到不间断生产连续供气的目的。

1. 再生流程（再生回路）

在吸附塔 1 进行干燥的同时，在阀体的控制下，加热器、吸附塔 2、冷却器、分离过滤器和再生压缩机形成闭式再生回路。回路中气体由再生压缩机加压鼓动流至加热器，在加热器的作用下，温度迅速升高，将热量带到吸附塔 2，使塔内的分子筛温度升高到一定程度，析出已被吸附的水分，由流动的高温干燥气体带走至冷却器，温度急速降至 40℃ 左右，其中的水汽凝结成水，由分离器分离，从排污阀中排出。如此循环往复一定时间，饱和吸水的分子筛被活化再生，再次具备吸附水分的能力。

2. 干燥流程（干燥回路）

当天然气进入干燥器后，首先在前置过滤器中进行过滤，然后通过阀门的控制再进入吸附塔 1 内，天然气中的水分被塔内分子筛吸附后成为干燥的成品气，由后面的后置过滤器精滤后由输出管道输出，实现干燥功能。

二、结构

FWD 型微热再生天然气干燥器主要由吸附塔（塔 1 和塔 2）、切换阀（阀 1、阀 2、阀 3、阀 4）、再生压缩机、加热器、冷却器、分离器、控制系统、前后置过滤器等构成。

以塔 1 工作为例，阀 1、阀 2、阀 3 和阀 4 按要求操作，天然气通过前置过滤器、阀 1 进入塔 1（分子筛床层），塔 1 开始工作。分子筛将天然气中的水分吸附分离，干燥后的天然气通过切换阀 2、后置过滤器到达用气点。

塔 1 开始工作后，将分离器排污阀、排液阀打开，排除分离器中的水。然后，启动干燥器的再生压缩机、加热器，塔 2 开始再生。再生气体在再生压缩机的推动下，经过加热器被加热，再通过阀 4、塔 2 分子筛床层，将分子筛床层中的水分驱除。然后，含有大量水分且温度较高的再生气体进入冷却器冷却，冷却后的再生气体通过阀 3，进入分离器分离水分再经过分离过滤器、再生压缩机、加热器、塔 2 进行循环再生，当再生完成后，未被加热的循环再生气体使塔 2 冷却。塔 1 工作到设定的周期后，压缩机停止工作。将阀 1、阀 2、阀 3 和阀 4 严格按要求切换到塔 2 工作状态，天然气通过阀 1 进入塔 2 干燥。启动干燥器，再生压缩机、加热器通电工作。启动 CNG 压缩机，塔 2 开始工作。

三、控制系统

1. 控制原理

本控制系统采用 PLC 控制器，随时对采集的温度信号进行集中分析、控制。控制器主要对再生气进塔前的温度（加热温度）、出塔后的温度（再生温度）及加热管表面温度（监控温度）进行实时监控。

加热温度、再生温度和壳体温度均在现场显示和直接在现场观察，也可在系统触摸屏上观察（监控温度位于加热器内部）。

2. 各控制元件功能

（1）加热温度：显示加热器出口处再生气体的温度。在加热器通电工作的情况下，温度控制器自动控制再生气体温度在 150~230℃ 之间。

（2）再生温度：显示再生气体通过分子筛床层后的温度。此温度最低为环境温度、最高为120℃。

（3）监控温度：显示加热器中加热管表面温度。在加热器工作的情况下，此温度不应超过250℃。

（4）开机按钮（绿色按钮）：控制开机，启动再生压缩机、冷却风机、加热器等。

（5）停止按钮（红色按钮）：控制停机。

（6）急停按钮：遇到紧急情况时按下，系统自动停机并报警。

（7）再生循环风机电动机或冷却风扇电动机出现过流保护时，系统将出现故障报警。故障原因必须查明，排除后才能重新启动，投入运行。

四、天然气脱水开机操作

1. 开机操作

（1）以塔1工作、塔2再生为例。阀1、阀2、阀3和阀4的阀位状态为"⊥"，必须严格按图4-17所示状态执行。

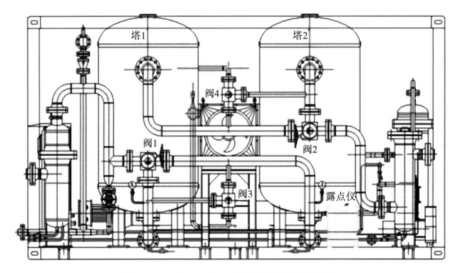

图4-17　塔1工作、塔2再生时阀门状态

（2）转动再生压缩机的皮带，应无卡滞现象。

（3）QF以及再生压缩机、冷却风机、主加热器、副加热器、人机界面（触摸屏）的开关QF1至QF5全部拨至ON状态。

（4）准备就绪后，点击"启动按钮"，启动干燥器，干燥器进入塔1工作、塔2再生状态。再生压缩机工作正常后，再启动CNG压缩机。

2. 手动切换

（1）塔1工作到设定的周期后，先停止CNG压缩机，然后手动将阀1、阀2、阀3和阀4的阀位状态严格按照图4-18所示切换到位，切换到塔2工作，塔1再生。

（2）准备就绪后，再启动干燥器，再生压缩机、加热器等将通电工作。塔2开始工作，塔1再生开始。再生压缩机工作正常后，再启动CNG压缩机。

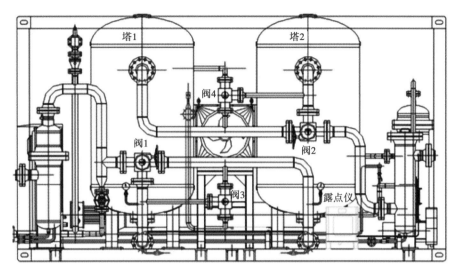

图4-18 塔2工作、塔1再生时阀门的状态

五、触摸屏操作

本设备为低压半自动。

进入触摸屏后默认"流程"图为主界面；依次设有流程、状态、趋势、报警、设置、调试、消音、用户八大功能选项。

1. 流程功能（图4-19）

点击"流程"显示出干燥器实际运行状态。同时可以实时显示再生过程中的监控温度、加热温度和再生温度。在"流程"功能中点击右下角处"启动"按键，设备将启动；也可以通过控制柜上的绿色"启动"按键进行控制，两种启动方式均可以。当按下"启动"后主画面中的再生压缩机（再生循环风机）、冷却风机、加热器按设的定逻辑顺序启动，并且主、副加热器变为紫红色显示在该部件处及正常运行；如发生异常，会显示报警并且会拉响报警器。

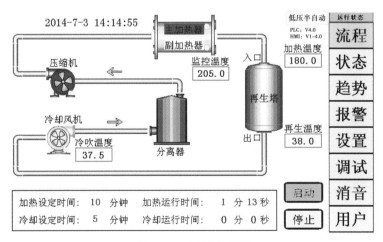

图4-19 流程功能图

主要显示：

（1）干燥器运行中、停机中状态（右上角）。

（2）主、副加热器状态（处于加热状态时背景色变成红色）。

（3）监控、加热、再生、冷吹温度（若没有，则表示该地区无须该功能）以及露点（需要显示露点值才会显示）在对应温度框内显示。

（4）压缩机（循环风机）、冷却风机工作状态（工作时风叶转动，否则风叶不转动）。

（5）触摸屏下方显示有相关时间的设定值以及再生加热、冷却运行时间和进度条。

2. 状态功能（图 4-20）

点击"状态"可以观察到干燥器电气元件的工作状态。标识变为绿色时表示其 PLC 的对应点输入输出。

图 4-20　状态功能图

3. 设置功能

（1）时间参数设置：是对加热时间、冷却时间的设置（图 4-21）。

主要显示设置的加热时间和冷却时间。以上参数可根据实际工况修改。

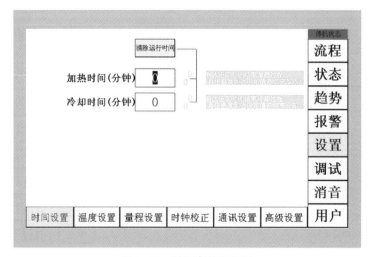

图 4-21　时间参数设置图

（2）温度参数设置：单击下方"温度设置"，在此界面可对相关温度控制点参数进行设置（4-22）。

图4-22 温度参数设置图

主要显示主副加热保护温度、结束加热过程温度、结束冷却过程温度、主加热停止加热温度、主加热回差、副加热停止加热温度、副加热回差、冷却风机启动温度和冷却风机回差。

左边显示实时监控、加热、再生，作为比对参考。

图4-22所示界面中的设置值为出厂默认值，可根据实际工况修改。

（3）其他参数设置：除时间设置和温度设置外，设置功能还有量程设置、时钟校正、通讯设置、高级设置这4个子选项。

①量程设置：对干燥器的温度传感器进行量程上下限设置（图4-23）。

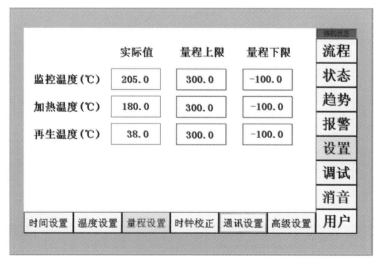

图4-23 量程设置图

主要显示：监控温度上下限设置（默认上限 300；默认下限-100）、加热温度上下限设置（默认上限 300；默认下限-100）、再生温度上下限设置（默认上限 300；默认下限-100）、冷吹温度上下限设置（默认上限 300；默认下限-100）（若有才可设置）及露点上下限设置（默认上限 20；默认下限-100）（需要露点才显示）。

传感器量程若与默认值不一致时，可对量程上下限进行设置。

②时钟校正：对触摸屏显示时间进行设置（图 4-24）。

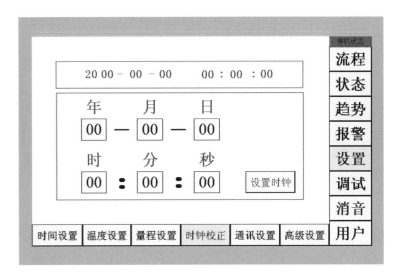

图 4-24　时钟校正图

点击方框修改数字，然后点击"设置时钟"确认即可修改成功。

主要是校正系统时间，在查询时方便记录准确的运行时间段或出现故障的具体时间等。

③通信设置：一般情况无须更改，如要修改需联系公司编程人员（图 4-25）。

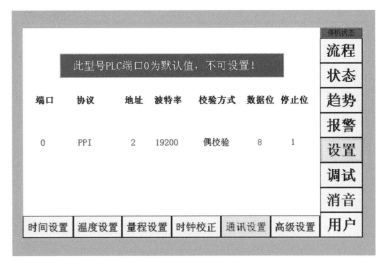

图 4-25　通讯设置图

④高级设置：该功能可以设定是否使用主加热或副加热、露点等功能（图4-26）。

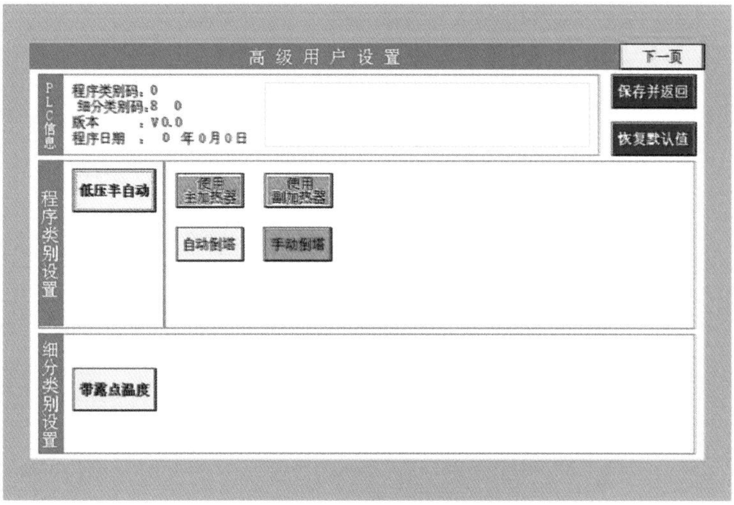

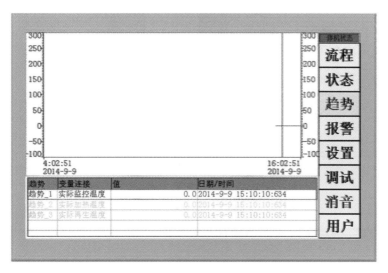

图4-26　高级设置图

主要显示：是否使用主加热（变绿代表使用，未变绿代表不使用）、是否使用副加热（变绿代表使用，未变绿代表不使用）以及是否检测露点（变绿代表使用，未变绿代表不使用）。

一般情况无须修改，如要修改需及时联系公司相关人员。

4. 趋势功能

点击"趋势"可以观察采集到的监控温度、加热温度、再生温度和露点（需要有露点时才显示）的曲线分析图，判断再生过程温度是否正常，还可以随时抽取某个时段的温度情况（图4-27）。

图4-27　趋势功能设置图

再次点击"趋势"可以看到图 4-28 所示界面，可以清楚明了地看到最近几次的温度情况。

最近 5 次再生参数一览		
次别	结束加热	结束冷却
最近一次	☐时间先到 ☐温度先到 结束加热时再生温度:120.0	☐时间先到 ☑温度先到 结束冷却时再生温度: 40.0
前2次	☐时间先到 ☐温度先到 结束加热时再生温度:120.0	☐时间先到 ☑温度先到 结束冷却时再生温度: 40.0
前3次	☐时间先到 ☐温度先到 结束加热时再生温度:120.0	☐时间先到 ☑温度先到 结束冷却时再生温度: 40.0
前4次	☐时间先到 ☐温度先到 结束加热时再生温度:120.0	☐时间先到 ☑温度先到 结束冷却时再生温度: 40.0
前5次	☐时间先到 ☐温度先到 结束加热时再生温度:120.0	☐时间先到 ☑温度先到 结束冷却时再生温度: 40.0

图 4-28　趋势功能查看图

5. 调试功能

点击"调试"后需要输入用户名及密码（图 4-29）。

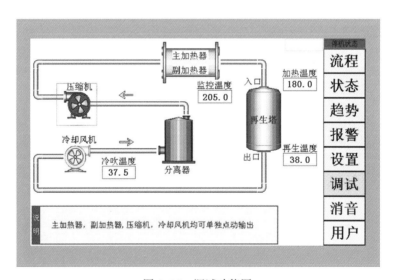

图 4-29　调试功能图

该功能在设备停止运行状态下才能操作，然后可以对再生压缩机、冷却风机、主加热器和副加热器单独启动控制，检查其运行是否正常。

6. 报警功能

点击"报警"可以显示出报警记录，以便于诊断和故障的排除，方便操作和售后工作；当出现故障时声光报警器会启动，点击"报警"会显示出故障原因，点击"消音"，报警器停止报警，检查故障原因，排除故障后方可重新运行（图4-30）。

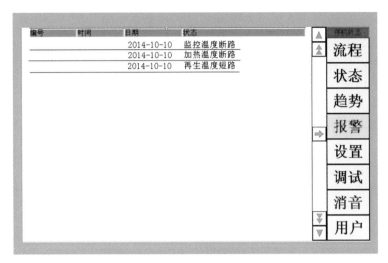

图4-30　报警功能图

主要显示：报警时间和报警事件；报警数量（界面左上角三角感叹号图形，点击也可进入"报警"选项），报警解除并确认后该标识才能消除。

7. 消音功能

当出现报警时，按下"消音"键可消音。

8. 关机

（1）FWD型天然气干燥器（手动型）控制系统无记忆功能，如中途停机，再次开机时，将重新开始计时运行。

例如，当再生设定时间为8h，到5h时如停机，再次启动时，再生将从0时开始计时，再持续8h后结束。

（2）如停机时间超过12h，需关闭控制箱的总电源开关，并关闭干燥器前、后阀门。

六、运行及保养

（1）干燥器运行中应每60min进行一次巡查、记录。

①检查再生压缩机的润滑油位是否在规定的范围内，油位应处在油标尺两刻度之间。

②记录数据项见干燥器运行记录表。如有异常，必须及时汇报、处理。

（加热温度不大于230℃；再生温度不大于120℃；监控温度不大于250℃）。

③检查各管线连接是否牢固，无漏气现象。

（2）过滤器的使用及维护。

①开机或停机时，应缓慢地升高或降低压力，避免由于压力的突然变化而导致滤芯损坏。

②前、后置过滤器进出口的压差达到0.1MPa时，应清洗或更换滤芯；建议一年以上在没有压差时，也需要打开前、后置过滤器检查或吹扫滤芯。

③更换滤芯时，滤芯上的O形圈应装入壳体卡座内，以免气体泄漏影响气体质量。

④用户须定时排污，以免液体积聚过多，影响脱水效果。排污间隔时间与进气口气体的含水量有关，用户应根据实际情况决定，推荐每小时一次。

注：分离器内水位过高，不仅会影响干燥器的脱水效果，还会对再生压缩机造成损害，影响其使用寿命。

⑤每次停机时应将过滤器内部残液排放干净。若停用时间超过一周，应采取延长排污时间的办法将其内部吹干，之后关闭排污阀。

（3）干燥器的前置过滤器和再生压缩机前的分离器，推荐每小时排污一次。

（4）分离器内设有滤芯，当滤芯堵塞时，应更换滤芯；无特别情况时，一年以上需检查。

（5）再生循环风机运行及保养。

①使用分离器下部的手动排污阀泄压，在无负荷状态下点动第一只接触器，核实旋转方向。

②试运行 0.5h，确定声音、振动、温度、电流表读数（不可超过铭牌所规定的额定值）以及压力表的读数均无异常后，方可投入使用。

③日常保养：机组运行过程中应注意观察机壳、轴承温度、声音、振动和电流情况，并观察主、副加热器电流有无异常，如出现异常应停车检查。

④年度保养：再生循环风机年度保养的详细内容可参见再生压缩机使用说明书。

注：建议再生循环风机机油再生运行 200h 更换一次。

（6）冷却器使用及维护。

如冷却器出口温度不低于 60℃ 或使用时间超过两年，应对冷却器内、外表面进行清洗。

（7）吸附剂使用。

吸附剂使用一年后或无法脱水，须进行更换。新购入的干燥器以及更换了吸附剂的干燥器在使用一年后，吸附剂会有所下沉。此时应旋开吸附塔上部的填料口螺帽，加入吸附剂将干燥塔填实。

警告：添加吸附剂时一定要在停机后进行，且必须将吸附塔内的压力卸放至零后，方可松开填料口螺帽进行加料。严禁带压操作！

（8）压力容器及附件的使用、管理及维护必须按相关国家标准执行。

（9）电器部分的使用及维护。

应定期（6 个月）对电器部分各元件的电气特性进行检查，如加热器的绝缘性、功率阻值。现场防爆电气部分维修时，必须按 GB 3836.1—2010《爆炸性环境第 1 部分：设备通用要求》和 GB 3836.2—2010《爆炸性环境第 2 部分：由隔爆外壳"d"保护的设备》标准执行。

（10）运行中如遇到一般问题、故障，按照表 4-6 进行处理。

七、故障与处理

一般故障现象、原因及排除方法见表 4-7。

表 4-7　故障与排除

故障现象	原因及排除方法
再生循环系统 压差过高	(1) 再生回路，阀 3、阀 4 的阀位状态未完全达到要求； (2) 干燥过程，阀 1、阀 2 的阀位状态未完全达到要求
加热器无温度 温度偏低	(1) 接触器损坏：更换相同型号的接触器； (2) 热电阻损坏：更换损坏热电阻； (3) 加热管损坏过多：更换相同型号的加热器
加热温度超高，监控 温度过高	(1) 再生循环风机工作不正常：检查、修理或更换再生循环风机； (2) 冷却器风扇电动机故障：检查风扇电动机和控制系统； (3) 热电阻损坏：更换热电阻
出气露点偏高	(1) 吸附剂未干燥好； (2) 吸附剂中毒或被污染：更换吸附剂； (3) 进气温度过高：干燥器前增设冷却器； (4) 进气夹带冷凝水：在干燥器前增设液气分离器
排出气体 含尘量过大	(1) 塔体内出口滤网损坏：更换相同型号的滤网； (2) 后置过滤器滤芯破损：更换相同型号的滤芯
干燥器压力降过大	(1) 前置过滤器滤芯堵塞：清洗或更换相同型号的滤芯； (2) 后置过滤器滤芯堵塞：清洗或更换相同型号的滤芯； (3) 吸附剂破碎严重：更换吸附剂； (4) 塔内过滤网堵塞：清洗过滤网
无干燥气体流出	塔进、出气阀（阀 1、阀 2）未按要求关闭
报警，冷却风机、再生循环风机、加热器不工作	再生循环风机电动机或冷却器风扇电动机出现过流保护时，系统将出现故障报警。必须待故障原因查明、排除后，才能重新启动，投入运行
再生循环风机故障	若非程序问题，可参阅再生循环风机的相关使用说明书

第六节　三甘醇脱水橇块

一、工艺流程

天然气在集气站场内经过滤分离后送入橇装脱水装置，先经吸收塔底重力分离段进一步脱除游离水，然后自下而上在吸收塔泡罩塔盘上与塔顶部进入的浓度约为 99.5%（质量分数）TEG 贫液逆流接触，天然气中的饱和水被脱除。脱水后的干气经捕雾网后从塔顶排出，经干气—贫液换热器换热后稳压出装置，进入输气干管。

TEG 富液从吸收塔的集液箱抽出，经能量回收泵降压后至三甘醇缓冲罐一段换热管加热后去闪蒸罐闪蒸，闪蒸出溶解在溶液中的天然气、轻烃以及能量回收泵补充能量所投入的天然气。然后先后进入 TEG 活性炭过滤器和机械过滤器，过滤掉溶液系统中的杂质和降解产物。此后富液经精馏柱顶换热盘管换热后进入 TEG 缓冲罐二段换热管加热，经富液精馏柱去重沸器提浓再生。再生后的 TEG 贫液进入三甘醇缓冲罐换热，三甘醇贫液冷却后再通过大气冷却器进一步冷却，经能量回收泵送至干气—贫液换热器，冷却后进入吸收塔顶部，完成 TEG 的吸收再生循环过程。

闪蒸罐顶排出的闪蒸气经计量后，进入燃料气分液罐稳压，当压力超高时，多余的天然气放空至火炬；当压力不足时，由干气自动补充。稳压后的闪蒸气用作重沸器燃料气。

汽提气及仪表用气采用净化后的干天然气。由干气主管引出一股天然气，通过减压阀减压后一部分作为燃料气的补充气，另一部分进入仪表风罐稳压，然后分别至重沸器作汽提气和供仪表各用气点用，如图 4-31 所示。

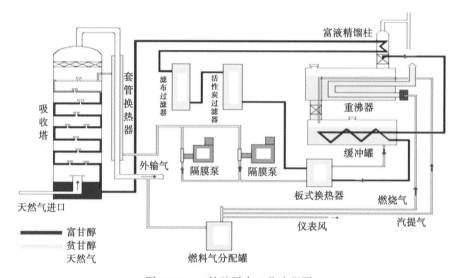

图 4-31　三甘醇脱水工艺流程图

（1）天然气走向：集气站来气→旋流分离器→过滤分离器→吸收塔脱水干气外输。

（2）三甘醇走向如图 4-32 所示。

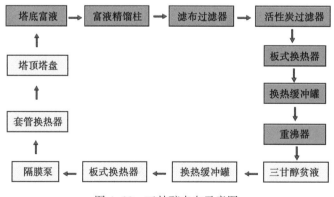

图 4-32　三甘醇走向示意图

二、脱水橇开车操作

1. 操作前准备

（1）劳保用品穿戴整齐。

穿戴标准配置的劳保用品；安全帽帽壳、帽箍、顶带完好，后箍、下颚带调整松紧合适、固定可靠，女员工头发盘于帽内；工衣袖口、领口扎紧；工鞋大小合适，鞋带绑扎松紧合适不落地。

（2）工具、用具准备。

准备橡胶管、活动扳手、阀门扳手等。

（3）操作前的检查和确认。

①对设备、管线、控制仪表、法兰等进行检查，确保其畅通、完好。

②对系统进行吹扫、置换，吹扫速度不小于 5m/s，去除管线和设备内的焊渣、泥沙等污物。吹扫过程中按高、中、低压逐级逐段进行吹扫，吹扫过程中注意仪表、器具保护，防止污物进入损坏仪表。

③对系统分高、中、低压进行严密性和强度试压，对泄漏处及时进行紧固。

④按正常开车程序对脱水橇用 3% 的 Na_2CO_3 溶液进行碱洗（先进行冷循环，后进行热循环），以清除管线、设备内的油污、铁锈，然后退液。退液前保持脱水塔要有 0.2~0.4MPa 的压力，退液过程中要反复进行，确保退液干净。注意碱洗的过程中取样化验分析溶液的 pH 值、油含量、浊度。

⑤用清水对脱水橇反复清洗，确保清洗后的溶液 pH 值约为 7。

2. 操作步骤

（1）系统建液位。

①关闭隔膜柱塞泵的进出口阀。

②通过连接器先向重沸器加入三甘醇，观察重沸器和缓冲罐的玻璃板液位计，当缓冲罐中出现液位时，再向缓冲罐内加入三甘醇直至充满液位。向重沸器加液的过程中，需打开排气孔以便充满溶液。

（2）系统建压。

①缓慢将气体引进吸收塔，气体引入吸收塔前关掉所有与塔相连的管线、阀门，检查是否有泄漏的地方，当吸收塔的压力达到 2.0MPa 后关闭吸收塔的进、出口阀。

②缓慢打开从吸收塔干净化气管线至燃料气储罐的阀门，并利用 Fisher630 减压阀将燃料气罐的压力控制在 0.317~0.620MPa 之间。

③缓慢打开仪表供风管路阀门，调节仪表供风压力，使仪表供风压力达到 20~25psi。

（3）系统建循环。

①调节好隔膜柱塞泵的冲次和冲程，启动隔膜柱塞泵。

②待贫液出口排空阀有液体出来后，打开贫液进塔阀门，关闭贫液出口排空阀门。

③当三甘醇开始流动后，检查调节吸收塔、分离器上的液位控制阀，以获得稳定的液位和稳定的流速。

④当循环正常后，通过缓冲罐向系统补充三甘醇，直至重沸器、缓冲罐液位正常。

（4）系统设置。

①设置高温控制器的温度为204℃（远高于系统的温度），必要时强行向上推动3PGM导向器的复位按钮，确保仪表供风气路畅通，高温控制的调节阀打开，母火有气。

②调节Fisher 627减压阀，将供给火嘴的燃料气压力调至50kPa左右。

③设置火焰探测器的温度高于500℃，打开炉膛盖和观察孔，把点火器放入母火火嘴处，打开母火气源，点母火。

④温度控制器由低往高慢慢调整温度，使设置温度高于重沸器的温度，打开主火调节阀，最终设置重沸器的温度为195~200℃。

⑤火着后开主火阀门，主火着后盖上炉盖，注意调整风门，使燃料气燃烧充分，以获得一个长形的、滚动的末端稍带黄色的火焰；若火没有点着，立即关掉主母火阀门，过20min后方可再点。冬天使用时，三甘醇在循环前最好先加热。

⑥当重沸器的温度升高后，对隔膜柱塞泵的冲程和冲次做必要的调整。

⑦当一个稳定、良好的操作建立起来后，检查缓冲罐上的液位是否平稳不动。

⑧随着装置操作的持续运行，检查分离器液位控制装置的工作情况，确保它们处于良好的排液状态。

（5）系统进气。

①等重沸器的温度达到理想的操作温度后，才能让原料气流经装置。当重沸器达到理想的温度且泵的流量也达到规定值时，可以慢慢打开原料气进口阀，让气体流经装置。必须十分小心地进行这一步操作，以免把三甘醇溶液吹出塔盘，引起拦液或大量三甘醇溶液被带出装置。在让气体流过装置前必须建立三甘醇循环过程。

②打开汽提气的出口阀门，调节汽提气调节阀，每立方米TEG再生所需的最小汽提气量为15m³。

③进气生产后，化验人员应立即取样分析，操作人员应随时调整TEG的循环量，确保产品气水露点合格。

3. 操作要点和质量标准

（1）系统试压时严密性试压压力为其工作压力。强度试压时若用水进行试压，压力为其工作压力的1.25倍；若用天然气试压，压力为其工作压力的1.15倍。密切监视进塔气体的温度、压力以及吸收塔底三甘醇液位。

（2）密切监视滤布过滤器、活性炭过滤器前后压差，当压差接近0.1MPa时立即更换滤芯。

（3）密切监视再生釜温度、重沸器换热缓冲罐液位。

（4）每2h分析一次贫富甘醇含水量及干气水露点。

（5）发生停电，三甘醇泵不能运转时，立即关闭吸收塔底三甘醇出液阀。短时间停电时天然气仍可通过吸收塔外输；长时间停电时，天然气不进吸收塔，从过滤分离器直接输到外输汇管，停脱水橇主母火。

（6）当外输气水露点不达标时，可使用汽提气或增加汽提气量直至外输气水露点达标为止。

（7）系统运行时重沸器换热缓冲罐顶部孔盖不得随意打开，否则空气由此处进入罐内，三甘醇长期与氧接触会氧化生成有机酸，颜色变深，降低吸收能力并具有腐蚀性。

（8）富液精馏柱内部所放置的填料应周期性地进行更换，以避免回压作用于再沸器。

（9）开车时慢慢增加气体流率，以防拦液，引起三甘醇损失增加。

（10）停车后，如果温度有较大的下降，应将重沸器的温度升至操作温度后，方可开始循环。

（11）如果游离的液体进入三甘醇系统，装置将不能正常操作。

（12）重沸器中的母火不要开得太大，否则在低循环率时，有引起过热的可能性。

（13）进入吸收塔原料气温度不宜低于10℃（若低于10℃，三甘醇会变稠），高于40℃（入口气温度超过48℃将导致三甘醇的损失增大）。

4. 安全注意事项

（1）严禁正对阀门操作，否则易造成人身伤害。

（2）开关阀门时动作轻缓。

三、脱水橇停车操作

1. 操作前准备

（1）劳保用品穿戴整齐。

穿戴标准配置的劳保用品；安全帽帽壳、帽箍、顶带完好，后箍、下颚带调整松紧合适、固定可靠，女员工头发盘于帽内；工衣袖口、领口扎紧；工鞋大小合适，鞋带绑扎松紧合适不落地。

（2）工具、用具准备。

准备活动扳手、阀门扳手等。

（3）操作前的检查和确认。

①确认采气井站气井全部关井。

②查看相关参数是否在正常范围内运行，如有异常应及时进行调整。

2. 操作步骤

（1）正常停车操作。

①关掉吸收塔的天然气进、出口阀。

②系统继续运行30min后，取样化验贫、富液的浓度，若贫、富液的浓度相等时，说明原来的富液已全部变成了贫液，此时可以停主、母火。

③系统继续运行15min，以防重沸器内局部受热，TEG分解。

④停泵，关掉泵进出口贫、富液管线的阀门。

⑤停汽提气，关闭汽提气控制阀。

⑥若临时停车，不必卸掉吸收塔的压力；若长期停车，不仅要卸掉塔内压力，还要对隔膜柱塞泵卸压。

（2）紧急停车操作。

①当出现仪表风故障、火灾等故障时，应考虑紧急停车。

②仪表风压力过低时本装置应紧急停车。

③吸收塔的进出天然气被切断后，停供汽提气，溶液继续循环，在循环过程中逐渐降低燃料气量，最终停供燃料气。

④溶液降温至65℃后，停运溶液循环泵。

⑤与调度室尽快取得联系，通知关闭脱水装置上游采气井站。

⑥紧急停车后，立即分析事故原因，采取相应措施排除故障，尽快恢复生产。

⑦详细做好相应的记录。

3. 操作要点和质量标准

（1）先关脱水装置上游采气井站，再进行脱水装置停车。

（2）停止进气后，观察各液位，防止超高。

（3）三甘醇温度降至65℃以下时，才能停止循环泵。

（4）进站管线压力超高时，立即放空泄压。

（5）若临时停车，不必卸掉吸收塔的压力；若长期停车，不仅要卸掉塔内压力，还要对隔膜柱塞泵卸压。

4. 安全注意事项

（1）严禁正对阀门操作，否则易造成人身伤害。

（2）开关阀门时动作轻缓。

四、重沸器燃烧器点火操作

1. 操作前准备

（1）劳保用品穿戴整齐。

穿戴标准配置的劳保用品；安全帽帽壳、帽箍、顶带完好，后箍、下颚带调整松紧合适、固定可靠，女员工头发盘于帽内；工衣袖口、领口扎紧；工鞋大小合适，鞋带绑扎松紧合适不落地。

（2）工具、用具准备。

准备活动扳手、点火器、棉纱等。

（3）操作前的检查和确认。

①检查重沸器顶、炉壁及炉膛是否完好。

②检查通风挡板是否灵活好用，开启度要适宜。

③检查三甘醇液位情况，缓冲罐内三甘醇至液位计的2/3。

④检查燃料气控制阀、压力表、安全阀、温度控制器、火嘴、火焰探测器是否良好。

⑤检查主母火供气管线是否完好。

⑥准备好点火器。

2. 操作步骤

（1）设定高温控制器的温度为204℃（远高于系统的温度），必要时强行向上推动3PGM导向器的复位按钮，确保仪表供风气路畅通，高温控制的调节阀打开，母火有气。

（2）调节Fisher627减压阀，将供给火嘴的燃料气压力调至50kPa左右。

（3）打开母火气源，点母火。

（4）打开主火调节阀。

（5）火着后开主火阀门，主火着后盖上炉盖，注意调整风门，使燃料气燃烧充分，以获得一个长形的、滚动的末端稍带黄色的火焰；若火没有点着，立即关掉主母火阀门，过20min后方可再点。冬天三甘醇在循环前最好先加热。

3. 操作要点和质量标准

（1）设置火焰探测器的温度高于500℃，打开炉膛盖和观察孔，把点火器放入母火火嘴处，打开母火气源，点母火。

（2）温度控制器由低往高慢慢调整温度，使设置温度高于重沸器的温度，打开主火调节阀，最终设置重沸器的温度为 195～200℃。

4. 安全注意事项

（1）先点火，后开气。

（2）严禁正对阀门操作，否则易造成人身伤害。

（3）若重沸器一次点火不成功，应间隔 3～5min 后再次点火，并检查排除点火系统上的故障。

五、更换过滤分离器滤芯操作

1. 操作前准备

（1）劳保用品穿戴整齐。

穿戴标准配置的劳保用品；安全帽帽壳、帽箍、顶带完好，后箍、下颚带调整松紧合适、固定可靠，女员工头发盘于帽内；工衣袖口、领口扎紧；工鞋大小合适，鞋带绑扎松紧合适不落地。

（2）工具、用具准备。

准备同型号滤芯、活动扳手、管钳、验漏液等。

（3）操作前的检查和确认。

①当分离器进出口压差达到 0.1MPa 时，就需要更换合格的滤芯。

②将所需的工具、用具及滤芯搬至分离器附近。

③切换流程，使过滤分离器处于跨越状态。

④将过滤分离器内油水排入污油罐，打开手动放空阀将压力泄至零。

2. 操作步骤

（1）打开封头盖。

（2）卸掉滤芯固定螺栓和垫板，取出需要换出的滤芯。

（3）用水对分离器前后腔进行彻底清洗，再用空气吹干。

（4）安装滤芯。

（5）关闭封头盖，紧固封头盖上的螺栓。

（6）检查。

①缓慢打开分离器进口阀，对封头连接处验漏。

②观察差压计上数值，若数值小于 0.1MPa 时表示更换正确；若数值不小于 0.1MPa，需对内部滤芯进行检查。

3. 操作要点和质量标准

（1）按照排污操作规程进行排污，放净分离器内的压力直至压力表读数为零后方可操作。

（2）安装滤芯时轻拿轻放，保持滤芯清洁。

（3）要保护好所有密封面，密封面要干净。

（4）定期检查密封件，如损坏或老化则更换。

（5）连续工作 6 个月或一年，应更换过滤器内的滤芯。

4. 安全注意事项

（1）打开封头前未放空，天然气喷出易造成人员中毒、窒息。

（2）拆卸、安装滤芯时操作过猛，易造成滤芯破损或人员伤害。

（3）涉及高处作业时，易造成人员摔伤。

（4）进入受限空间，易发生人员中毒、窒息或爆炸事故。

六、加三甘醇操作

1. 操作前准备

（1）劳保用品穿戴整齐。

穿戴标准配置的劳保用品；安全帽帽壳、帽箍、顶带完好，后箍、下颚带调整松紧合适、固定可靠，女员工头发盘于帽内；工衣袖口、领口扎紧；工鞋大小合适，鞋带绑扎松紧合适不落地。

（2）工具、用具准备。

准备三甘醇、阀门扳手、橡胶管等。

（3）操作前的检查和确认。

①检查隔膜计量泵运转正常。

②将需加注的三甘醇桶移至三甘醇加注口附近。

2. 操作步骤

（1）用橡胶管将桶装三甘醇引至泵的进口阀，关闭换热器贫液出口阀及贫液进塔控制阀。

（2）开启三甘醇充装阀、三甘醇泵进口阀、出口阀及重沸器醇液充装阀旁通。

（3）关闭活性炭过滤出口阀及旁通阀，微微打开进泵滤芯堵丝，排除吸入管道的气体，待管内有三甘醇流出时拧紧堵丝。

（4）启动隔膜计量泵，慢慢调节重沸器醇液充装旁通阀，使泵出口背压达到 0.3MPa 以上，将三甘醇泵入富液精馏柱、燃烧罐以及换热罐，观察换热罐液位计液位，当液位达到 1/3 时，打开贫液进塔控制阀，关闭重沸器醇液充装旁通阀。

（5）给吸收塔内充液，当吸收塔液位计液位达到 1/2 时，开启吸收塔富液出口阀，调节吸收塔液位控制阀，使吸收塔的液位稳定在 1/2 处，关闭滤布过滤器旁通阀，开启滤布过滤器及活性炭过滤器进、出口阀，打开板式换热器贫液出口阀，关闭甘醇充装吸收阀。

3. 操作要点和质量标准

操作工艺阀门时，应遵循"先开后关"原则，即先使工艺流程保持畅通，防止憋压或抽空。

4. 安全注意事项

（1）补充三甘醇过程中，防止设备、管线憋压或抽空。

（2）手动操作阀门时，应站立于阀杆侧面操作，防止人员伤害。

七、凝液罐操作

1. 操作前准备

（1）劳保用品穿戴整齐。

穿戴标准配置的劳保用品；安全帽帽壳、帽箍、顶带完好，后箍、下颚带调整松紧合适、固定可靠，女员工头发盘于帽内；工衣袖口、领口扎紧；工鞋大小合适，鞋带绑扎松紧合适不落地。

（2）工具、用具准备。

准备活动扳手、管钳、阀门开关扳手等。

（3）操作前的检查和确认。

①检查凝液罐液位达到规定排液格数。

②阀门齐全完好、开关灵活。

2. 操作步骤

（1）正常接收进液。

①凝液罐进液时，高低压脱水橇凝液排液阀、凝液罐来液进口阀、凝液罐呼吸阀及安全阀根部阀保持常开。

②凝液罐手动放空阀、加压阀、排液阀处于关闭状态。

（2）凝液罐排污。

①当凝液罐内液位达到80~100格时需进行排液操作。

②关闭凝液罐来液进口阀、凝液罐呼吸阀。

③打开凝液罐排液阀。

④缓慢打开凝液罐加压阀，开始加压，控制凝液罐压力在0.5MPa以内。

⑤当排液罐液位降到20格时应关闭加压阀。

⑥关闭凝液罐排液阀。

⑦打开放空阀放空。

⑧打开呼吸阀、进液阀，正常接收进液。

3. 操作要点和质量标准

（1）在进行排污操作时，严禁超压运行，排液时注意压力变化情况，注意液位情况。

（2）冬季应加密排液次数，每次排液后，应对液位计进行一次排液，防止死液位冻堵液位计。

（3）在进行脱水橇维修时，要注意关闭相对应的排液阀，避免凝液外漏。

4. 安全注意事项

（1）手动操作阀门时，应站立于阀杆侧面操作，防止人身伤害。

（2）开关阀门时动作轻缓。

八、隔膜计量泵操作

1. 操作前准备

（1）劳保用品穿戴整齐。

穿戴标准配置的劳保用品；安全帽帽壳、帽箍、顶带完好，后箍、下颚带调整松紧合适、固定可靠，女员工头发盘于帽内；工衣袖口、领口扎紧；工鞋大小合适，鞋带绑扎松紧合适不落地。

（2）工具、用具准备。

准备橡胶管、活动扳手、管钳等。

（3）操作前的检查和确认。

①检查确认泵内油质、油量符合要求。

②检查确认进出料管路上的焊缝、连接处螺栓、密封面性能完好，检查泵的吸入、排出管道畅通。

③检查柱塞无卡阻现象。

④检查确认管线上阀门开关到位。

2. 操作步骤

（1）泵的启动。

①确认减速箱内机油、活塞托架箱内的变压器油液位在1/2处。

②打开泵的进、出口阀门以及进塔阀门。

③按泵的启动按钮启泵。

④根据需要旋转流量调节手轮调节流量。

（2）泵的切换。

①按正常程序启动备用泵。

②当备用泵运行正常后，调节好流量和行程。

③按停泵按钮，停运原运行泵。

④关闭原运行泵的进、出口管道阀门。

（3）泵的停运。

①按停泵按钮，电动机停止运行。

②关闭进、出口阀门。

3. 操作要点和质量标准

（1）长期（5d以上）停用，再启动时一定要从"0"行程启动，无负荷运转至少5min，使各摩擦部件得到足够润滑，观察无异常后，再把行程调到所需位置。

（2）临时（1d以内）停用，可在任意行程下启动。

（3）正常运行中，传动箱体内油温不得超过65℃。

（4）润滑油应6个月更换一次，彻底清除原来的油，更换新油。

4. 安全注意事项

禁止在出口阀关闭情况下启动泵，防止将隔膜片鼓坏或发生其他危险。

第五章　站场生产作业

站场生产作业是实现企业经营目标，有效利用生产资源，对生产作业过程进行组织、计划、控制，生产出满足社会需要、市场需求的产品。它主要包括资料录取、日常操作及设备设施的维护与保养等内容。

第一节　资　料　录　取

录取气井资料是采气井站的主要工作之一。采气第一手资料是气井和气田动态分析的基础。因此，每一个采气工都要熟悉气井资料的录取内容和要求。

一、生产数据录取

1. 操作前准备

（1）劳保用品穿戴整齐。

穿戴标准配置的劳保用品；安全帽帽壳、帽箍、顶带完好，后箍、下颚带调整松紧合适、固定可靠，女员工头发盘于帽内；工衣袖口、领口扎紧；工鞋大小合适，鞋带绑扎松紧合适不落地。

（2）工具、用具准备。

准备联网计算机、防爆手机、棉纱、纸笔、便携式可燃气体报警仪。

（3）操作前的检查和确认。

①防爆手机电量充足，信号完好，显示正常，操作灵敏。

②便携式可燃气体报警仪显示正常，操作灵敏，无故障报警。

2. 操作步骤

（1）进场：按指定巡检路线进场，逐一到各处取压点、取温点、录取流量点录取各项生产数据，并输入智能巡检仪中。

（2）检查：检查压力表、温度计、流量计等计量设备参数；对比生产数据，发现异常及时上报。

（3）记录：填写生产记录，记录巡检人、巡检时间及概况。

（4）数据上传：打开联网计算机录入各项生产数据，并上传至数据库。

3. 操作要点和质量标准

（1）注意不同压力表、温度计、流量计等计量设备的计量单位及精确度，正确合理地读取数值。

（2）严格按照巡检路线逐一录取。

4. 安全注意事项

（1）严格按照巡检路线进场，严禁翻越、钻爬、倚坐管线或设施。

（2）发现异常及时汇报，严禁擅自在无人监护情况下自行处理。

二、站场巡检

1. 操作前准备

（1）劳保用品穿戴整齐。

穿戴标准配置的劳保用品；安全帽帽壳、帽箍、顶带完好，后箍、下颚带调整松紧合适、固定可靠，女员工头发盘于帽内；工衣袖口、领口扎紧；工鞋大小合适，鞋带绑扎松紧合适不落地。

（2）工具、用具准备。

准备联网计算机、防爆手机、棉纱、纸笔、便携式可燃气体报警仪。

（3）操作前的检查和确认。

①联网计算机完好，显示正常。

②防爆手机电量充足，信号完好，操作灵敏。

③便携式可燃气体报警仪，显示正常，操作灵敏，无故障报警。

2. 操作步骤

（1）进场：站场人员定时按巡检路线对站场进行一次巡检作业，巡检路线如图 5-1 和图 5-2 所示。

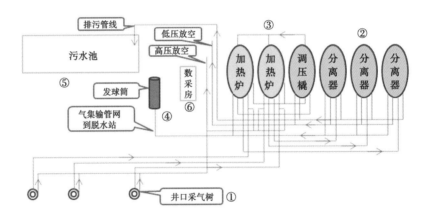

图 5-1　井场平台巡回检查路线图

巡加检查路线：①井口采气树区 ⟶ ②计量分离器区 ⟶ ③加热炉区 ⟶

⑥数采房 ⟵ ⑤污水池 ⟵ ④外输区 ⟵

（2）检查内容：检查站场关键要害装置工作正常，各安全附件完好；检查计量设备运行正常，各运行参数准确；检查站场阀门渗漏情况；检查站场分离器液位情况；检查站场其他设施完好情况。

（3）检查要求：站场设备运行正常，各类阀门开关正确。

（4）分析汇报：对各风险点源部位仔细地观察分析，发现问题及时排除和整改，不能处理的应及时汇报。

（5）录入上传：将关键要害装置及设备运行情况录入联网计算机，点击上传至数据库。

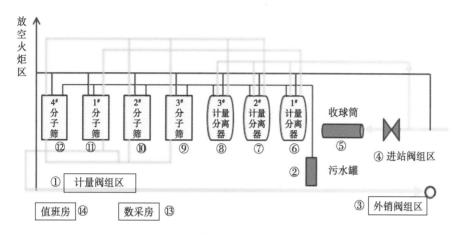

图 5-2　脱水站巡回检查路线图

巡回检查路线：①计量阀组区→②污水罐→③外销阀组区→④进站阀组区→⑤收球筒→⑥1#计量分离器→
⑦2#计量分离器→⑧3#计量分离器→⑨3#分子筛→⑩2#分子筛→⑪1#分子筛→
⑫4#分子筛→⑬数采房→⑭值班房

3. 操作要点和质量标准

巡回检查中，应严格按照巡检路线逐一检查，禁止漏检。

4. 安全注意事项

（1）严格按照巡检路线进场，严禁翻越、钻爬、倚坐管线或设施。

（2）发现异常及时汇报，严禁擅自在无人监护情况下自行处理。

三、生产报表填写

1. 操作前准备

（1）工具、用具准备。

准备记录本、笔、生产报表。

（2）操作前的检查和确认。

打开联网计算机，确认生产信息管理系统运行正常。

2. 操作步骤

（1）参数记录：将压力、温度、流量及其他参数填入报表。

（2）生产调度记录：将排污量、调度指令、生产情况等有关资料数据填入报表。

（3）核算数据：将所填数据进行核算，确保各项参数无误。

（4）上传：通过生产信息系统点击上传至上级数据库。

3. 操作要点和质量标准

（1）对需上报的各个参数及气井气量进行核算和对比，确保数据准确。

（2）按规定时间及要求，及时上报生产报表。

四、气田水取样

1. 操作前准备

（1）劳保用品穿戴整齐。

穿戴标准配置的劳保用品；安全帽帽壳、帽箍、顶带完好，后箍、下颚带调整松紧合适、固定可靠，女员工头发盘于帽内；工衣袖口、领口扎紧；工鞋大小合适，鞋带绑扎松紧合适不落地。

（2）工具、用具准备。

准备取样瓶、活动扳手、棉纱、蜡、记录标签等。

（3）操作前的检查和确认。

工具用具清洁，齐全完好。

2. 操作步骤

（1）取样前用欲取的水样将取样瓶清洗 2~3 次。

（2）在取样点直接取水样。

（3）盖好瓶塞。

（4）用蜡封好瓶口。

（5）贴好标签。

3. 操作要点和质量标准

（1）瓶塞必须严密不漏，使用内塞外盖最好。

（2）水样面至瓶口应留 20~50mm 高度空间。

（3）取样瓶容积在 2000mL 左右。

（4）水样标签内容包括：取样气田、井号、地点、部位、水样名称、产气（水）层位、井深、取样人、取样日期等。

4. 安全注意事项

（1）劳保用品穿戴不齐全，易造成人身伤害。

（2）取水样时站上风口操作，站位不当易发生天然气中毒事故。

（3）取样阀操作时要轻缓，以防水样溅出伤人、污染环境。

（4）含硫化氢气体作业时，操作前要佩戴正压式空气呼吸器。

五、天然气取样

1. 操作前准备

（1）劳保用品穿戴整齐。

穿戴标准配置的劳保用品；安全帽帽壳、帽箍、顶带完好，后箍、下颚带调整松紧合适、固定可靠，女员工头发盘于帽内；工衣袖口、领口扎紧；工鞋大小合适，鞋带绑扎松紧合适不落地。

（2）工具、用具准备。

准备气样瓶、取样接头、活动扳手、棉纱、记录标签等。

（3）操作前的检查和确认。

气样瓶设施齐全，控制阀灵活完好。

2. 操作步骤

（1）安装气样瓶，关闭气样瓶出口阀，开启气样瓶进口阀，微开取样控制阀，验漏。

（2）全开气样瓶出口阀，排除气样瓶中空气。

（3）关气样瓶出口阀，全开取样控制阀向气样瓶充气。

（4）关取样控制阀，关气样瓶进口阀。

（5）缓慢卸下气样瓶。

（6）贴标签。

3. 操作要点和质量标准

（1）安装气样瓶后必须严密不漏。

（2）气样瓶取样后必须严密不漏。

（3）气样标签内容包括：井号、井段、层位、取样条件、取样人、取样日期、分析要求等。

（4）气体置换时间不得少于 2min。

（5）取样时，向气样瓶内充气不得少于 2min。

4. 安全注意事项

（1）取样人员未释放静电，易发生天然气火灾、爆炸事故。

（2）打开取样阀时，严禁正对取样口，否则气流刺出易造成人员伤害。

（3）进行含硫化氢气体作业时，操作前要佩戴正压式空气呼吸器。

六、滴定气田水氯离子含量

1. 操作前准备

（1）劳保用品穿戴整齐。

穿戴标准配置的劳保用品；安全帽帽壳、帽箍、顶带完好，后箍、下颚带调整松紧合适、固定可靠，女员工头发盘于帽内；工衣袖口、领口扎紧；工鞋大小合适，鞋带绑扎松紧合适不落地。

（2）工具、用具准备。

①药品：硝酸银标准溶液、铬酸钾指示剂、碳酸钠或碳酸氢钠溶液、稀硫酸溶液、蒸馏水、酚酞指示剂。

②仪器：棕色滴定管、滴定管架、量杯、烧杯、刻度吸量管、玻璃漏斗、玻璃棒、滤纸、pH 试纸、洗耳球等。

③化验器材一套。

（3）操作前的检查和确认。

①药品、仪器齐全完好。

②取水样不少于 500mL。

2. 操作步骤

（1）吸取一定量的过滤水样置于三角烧瓶内。

（2）用试纸测定水样的 pH 值，并使水样呈中性。

（3）在中性水样中加入 3~5 滴铬酸钾作终点指示剂。

（4）用硝酸银溶液滴定，边滴定边摇动水样，滴定到水样出现砖红色为止，计量消耗硝酸银量。

（5）计算气田水氯离子含量：

$$M = \frac{N_1 V_1}{V} \times 35.5 \times 10^3$$

式中　M——氯离子含量，mg/L；

　　　N_1——硝酸银浓度，mol/L；

　　　V_1——硝酸银耗量，mL；

　　　V——水样量，mL。

（6）做好工作记录。

3. 操作要点和质量标准

（1）烧杯、刻度吸量管、漏斗、玻璃棒等清洗干净后，用蒸馏水冲洗 2 次。

（2）过滤水样不超过漏斗的 2/3。

（3）刻度吸量管先用已过滤过的水样清洗内壁 1 次。

（4）水样呈中性（pH=7），若 pH<7 时，加入碳酸钠或碳酸氢钠溶液，若 pH>7 则加稀硫酸，使水样达到中性为止。

（5）滴定时缓慢摇动水样，滴定速度控制在每秒 3~4 滴。

（6）读取数值时，视线应与吸量管内液体凹液面最低处相平。

（7）氯离子含量：0~1000mg/L，误差在 35mg/L 以下；1000~10000mg/L，误差在 90mg/L 以下；10000~50000mg/L，误差在 180mg/L 以下。

4. 安全注意事项

（1）操作过程防止药品飞溅损害皮肤。

（2）操作时动作应轻缓，防止仪器破损伤人。

七、资料异常解析

（1）气井正常生产时地层水氯离子含量上升，产气量（Q_g）下降。

【原因】

①井口压力和气井产水量变化不大，可能是地层出边水或底水的预兆。

②井口压力和气井产水量有波动，是地层出边、底水的显示。

③气井气量下降幅度大，井底流压（p_{wf}）下降，产水量增加，出边、底水。

【处理方法】

气井取水样进行分析，以确定是否有地层水，若出地层水则控制气井井口压力和产量等。

【知识拓展】

①气井产水的类别：油气层水，包括边水、底水、层间水；非气层水，包括凝析水、钻井液析出水、作业水、外来水（上层水和下层水）。

②划分气井出水的三个阶段：在预兆阶段，气井产水的氯离子含量上升，由几十上升到几千、几万毫克/升，井口压力、气产量、水产量无明显变化；在显示阶段，水量开始上升，井口压力、气产量波动，即将出水；在出水阶段，气井出水增多，井口压力、产气量大幅度下降。

（2）井口流程状态保持不变，油压突然下降，套压下降不明显。

【原因】

①边（底）水已窜入油管内，水的密度比气的密度比大（此时产气量下降，差压下降，氯离子含量上升，产水量上升）。

②油压测压压力表损坏。

【处理方法】

①取水样滴定氯离子含量，根据矿化度含量研究治水措施。

②校核、更换油压测压压力表。

【知识拓展】

试分析：一口出水气井，发现其套压变化不大，油压不断下降，气水产量也不断下降的原因及处理措施？

分析处理：说明控制气量太小，当前气量无法带液，造成井筒积液。应开大气量，达到正常带液生产气量。若水还带不出来，就考虑用气举、化排等排水措施将水举出地面，恢复气井正常生产。

（3）气井产气量下降，油压、套压下降。

【原因】

①井底坍塌造成堵塞，造成产气量、压力下降。

②井内积液多，当前生产制度无法有效排出积液。

③连通好的邻井投产或加大气量，造成气井产量、压力同时下降。

【处理方法】

①检查分离器砂量增加与否，判断井底坍塌状况。

②采取措施（气举排液、泡排等）排出井内积液，制定合理的生产制度靠自身产能带液生产。

③了解邻井情况，确定合理的生产制度。

【知识拓展】

带水产气井管理：

①要控制合理压差进行采气，压差过大或过小都不适宜。

②生产稳定时禁止随意改变产量。

③一般不宜关井，要连续生产，避免过多地激动气井。

④关井后压力必须恢复到较高时才能开井。

⑤如果生产中出现带水不好的现象，要及时采取排水措施。

（4）气井在生产过程中，不论产气量大小、油管生产或套管生产，油压、套压都基本一致。

【原因】

①井口采气树油、套压阀门同时打开（或未下油管）。

②井口采气树测压压力表有误。

③井内油管在离井口不远处断落于井内或油管破裂。

④井口油管柱螺纹及锥塞密封不严，窜漏。

【处理方法】

①检查井口采气树流程，正确疏导流程。

②检查压力表，若有误更换压力表。

③通过油管内下入测试仪器，判断油管下落位置，修井捞油管。

④气举时通过油管内下入测试仪器，判断窜漏位置，解除窜漏。

【知识拓展】

①气井正常生产时，各种生产参数的变化规律：地层压力>井底流压>套压>油压>计量前分离器压力>流量计静压>输气压力；其油压、套压、产气量是随时间缓慢下降的曲线，反映出气井的自然递减规律；水量、氯离子含量基本稳定。如果气井参数变化不符合规律，就表示气井产生了异常。

②气井油管生产时，套压略大于油压或套压大于油压几兆帕：套压略大于油压，说明油管中流动损失不大，井筒中流体能稳定生产，是正常生产情况。如果套压大于油压几兆帕，说明油管中流动损失很大，排液能量不足，举升不正常，积液较多，液体不能全部带出来。

（5）井口流程状态保持不变，未动（操）作，油压、套压均上升。

【原因】

①气井井底附近污物、积液带出，渗透性改善（产气量上升）。

②井下带出污物在节流阀或输气管中形成堵塞（产气量下降）。

③下游气量减少，系统压力升高，引起产量下降，使油压、套压上升。

④井口或站内节流装置等位置处发生水合物堵塞。

⑤连通好的邻井关井或减小产气量。

【处理方法】

①检查差压是否增加，若产气量上升，说明渗透性变好。

②检查差压是否下降，若产气量下降，则对生产管线或节流装置依次对比前后压力进行查堵，对堵塞情况进行解堵。

③查看计量，看下游用气量是否下降。

④检查流程，依次对比流程前后压力，找出堵塞位置，解除水合物堵塞。

⑤了解邻井生产情况。

（6）气井关井后，经过一段时间稳定，但油压、套压不一致。

【原因】

①油、套压测压表处有漏气的地方。

②压力表有误。

③井筒内有积液（油管内和环形空间液面不一致）。

④井下有坍塌物堵塞；套管内有封隔器；套管破，水泥环窜漏等。

⑤油压、套压取压处有堵塞或未开压力表控制阀。

【处理方法】

①检查油压、套压测压处是否有漏气现象。

②检查并更换油压、套压测压表，并对更换下来的测压表进行校验。

③采取气举或化排等措施排出井筒积液。

④通过对井筒工况测井进一步分析，验证井筒是否存在问题。

⑤检查并打开压力表控制阀，解除堵塞。

（7）气井外输压力下降，静压下降，差压上升（超上限）。

【原因】

①下游输气管道有穿孔漏气或输气管道有断裂。

②下游输气管线阀门被误操作开大，造成系统压力降低，输气量增多。

【处理方法】

①逐步排查管道是否存在漏气现象，若有漏气，立即关井，组织抢修。

②检查下游相关阀门，恢复流程。

（8）外输系统压力上升，静压上升，差压回零。

【原因】

①下游输气管线发生堵塞，造成憋压，气量回零。

②下游用户在无通知情况下停止用气。

【处理方法】

①逐段检查管线，排除堵塞现象。

②与下游用户联系，求证是否停气。

（9）流量计差压下降至零位下。

【原因】

①对分离器进行排污操作。

②流量计故障或计量上流导压部分漏气（或下流导管部分堵塞）等。

【处理方法】

①排污操作应平稳。

②检查计量系统，查漏、吹扫导压管。

（10）流量计差压波动大

【原因】

①气井带液生产，造成生产不稳定。

②管线内有积液，造成气量不稳定。

③导压管内有积液。

④污物堵塞了一部分气流通道。

⑤分离器水位超过进口管。

⑥集气站所属某口大气量井气量波动，引起汇管压力波动。

【处理方法】

①控制产量，保证能带液生产。

②吹扫生产管线，排除管线内积液。

③吹扫导压管，排除导压管内积液。

④解除管线堵塞。

⑤对分离器进行排液。

⑥分析气井生产情况、落实是否为系统压力原因造成。

第二节　采气日常操作

一、测取气井油、套压

1. 操作前准备

（1）劳保用品穿戴整齐。

穿戴标准配置的劳保用品；安全帽帽壳、帽箍、顶带完好，后箍、下颚带调整松紧合适、固定可靠，女员工头发盘于帽内；工衣袖口、领口扎紧；工鞋大小合适，鞋带绑扎松紧合适不落地。

（2）工具、用具准备。

准备压力表、活动扳手、管钳、测压丝堵、生料带、密封垫片等。

（3）操作前的检查和确认。

①压力表：量程合理、精度等级符合要求；检查校验标签完好，在有效期限内；外观检查无锈蚀，铅封完好，通孔无堵塞，泄压孔塞完好无污物；检查指针落零，无弯曲、松动。

②活动扳手：各部件齐全，销钉固定牢靠，调节螺母灵活好用；

③管钳：根据工作所转动管件选择合适规格的管钳；管钳钳牙、销钉、弹簧片完好，无油污；钳柄无裂痕及无变形；调节螺母灵活好用。

④确认井口采气树阀门开关到位，无"跑、冒、滴、漏"。

2. 操作步骤

（1）录取油压时，攀至油压取压处站稳；录取套压则站在取压口侧面操作。

（2）采气树取压阀门关严。

（3）在测压丝堵上加密封垫片，安装压力表控制阀，关闭压力表控制阀及放空螺栓。

（4）压力表旋塞阀内加入压力表垫片，安装压力表。

（5）打开采气树测压阀门。

（6）缓慢打开压力表控制阀引进气源，侧身操作。

（7）读取压力并记录。

（8）关闭采气树测压阀门，打开压力表旋塞阀放空螺栓放空。

（9）待压力表指针回零后卸掉压力表及压力表控制阀。

（10）收拾工具，清理现场，做好记录。

3. 操作要点和质量标准

（1）操作时开关阀门动作应轻缓。

（2）眼睛、指针、刻度"三点一线"读取压力。

（3）测压完毕，压力表卸压回零后方可拆卸。

4. 安全注意事项

（1）劳保用品穿戴不齐全，易造成人身伤害。按规定正确穿戴齐全各种劳保用品。

（2）采气树井口录取油、套压时，注意抓牢站稳，防滑摔。

（3）测压时站取压口的侧面，防止造成人身伤害。

二、开井操作

1. 操作前准备

（1）劳保用品穿戴整齐。

穿戴标准配置的劳保用品；安全帽帽壳、帽箍、顶带完好，后箍、下颚带调整松紧合适、固定可靠，女员工头发盘于帽内；工衣袖口、领口扎紧；工鞋大小合适，鞋带绑扎松紧合适不落地。

（2）工具、用具准备。

准备阀门开关扳手、防爆手机、便携式可燃气体检测仪、验漏壶、验漏液、记录纸（笔）、阀门开关指示牌等。

（3）操作前的检查和确认。

①检查确认各仪表仪器完好。

②确认压力表控制阀开启，各压力表安装正确，在校验合格期内。

③根据配产安装合适的计量孔板/油嘴并设置孔板参数，做好计量准备。

④确认放空阀，手动排污阀关闭。

⑤确认控保装置处于投运状态。

⑥确认井口安全截断阀处于投运状态。

⑦按水套加热炉操作程序做好预热保温工作。

⑧按计量分离器操作规程做好运行准备工作。

2. 操作步骤

（1）记录调度指令，与相关单位取得联系，说明开井时间、气量等。

（2）开井前测取井口油压、套压。

（3）从低压到高压依次检查工艺区设备，并疏通流程。

（4）由内向外依次全开采气树生产闸阀，缓慢打开一级节流针阀调节生产压力和流量。

（5）调节各级压力、温度，达到生产要求。

（6）复核检查、验漏，更换阀门开关指示牌，向调度室汇报。

（7）收拾工具，清理现场，做好记录。

3. 操作要点和质量标准

（1）根据调度指令严格控制配产气量。

（2）做好下游单位沟通工作，防止设备憋压。

（3）待水套加热炉水温达到 55~75℃时方可实施开井。

（4）开井原则：按由内到外的顺序开井，合理控制各级压力。

（5）记录内容：开井井号、时间、气量，开井原因，开井前的油压、套压，输压气流温度等。

4. 安全注意事项

（1）开井前未与相关单位联系，导致管线和设备憋压损坏，天然气泄漏，易造成火灾、人身伤害。

（2）启动水套加热炉时，炉膛内有余气，易发生炉膛爆燃，造成人身伤害。

（3）开井时站内流程切换错误，易发生管线设备憋压，造成人身伤害。

（4）开关阀门时动作过猛，设备升压过快，易憋压。

（5）人体正对阀门操作，易造成人身伤害。

（6）未挂开井指示牌，易造成人员误操作。

三、关井操作

1. 操作前准备

（1）劳保用品穿戴整齐。

穿戴标准配置的劳保用品；安全帽帽壳、帽箍、顶带完好，后箍、下颚带调整松紧合适、固定可靠，女员工头发盘于帽内；工衣袖口、领口扎紧；工鞋大小合适，鞋带绑扎松紧合适不落地。

（2）工具、用具准备。

准备阀门开关扳手、管钳。

2. 操作步骤

（1）记录关井原因，关井前井口油压、套压。

（2）由外向内依次关闭采气树一级节流阀、生产闸阀。

（3）停运水套加热炉保温。

（4）复核检查、验漏，更换阀门开关指示牌，向调度室汇报。

（5）收拾工具，清理现场，做好记录。

3. 操作要点和质量标准

（1）按由外向内的顺序关闭井口采气树阀门。

（2）按从高压到低压的顺序关闭站内阀门。

（3）记录内容：关井井号、时间、气量，关井原因，关井前的油压、套压，输压气流温度等。

4. 安全注意事项

（1）关井时未与相关单位联系，易造成系统压力波动。

（2）阀门开关顺序错易造成憋压。

（3）人体正对阀门操作，易造成人身伤害。

（4）关井后未停炉，造成水套加热炉"干锅"，引发炉膛爆炸事故。

（5）紧急情况关井时，启动井口安全切断阀。

四、站场手动放空操作

1. 操作前准备

（1）劳保用品穿戴整齐。

穿戴标准配置的劳保用品；安全帽帽壳、帽箍、顶带完好，后箍、下颚带调整松紧合适、固定可靠，女员工头发盘于帽内；工衣袖口、领口扎紧；工鞋大小合适，鞋带绑扎松紧合适不落地。

（2）工具、用具准备。

准备可燃气体检测仪、防爆手机、防毒面具、验漏壶、耳塞、警戒线等，并保证防爆手机和可燃气体检测仪处于良好的状态。

（3）操作前的检查和确认。

①站场放空火炬系统正常；

②站场各类设备手动放空阀运行操作灵活，密封性能好，使用状态良好；

③站场各类仪器、仪表运行正常，能准确检测和显示数据；

④各类操作工具以及设备专用工具准备齐全、完好，摆放整齐；

⑤消防器材准备齐全、完好，摆放整齐；

⑥接调度指令后或授权后，值班人员做好记录。

2. 操作步骤

（1）缓慢打开节流截止放空阀，并点火，控制适当的放空流量，根部球阀应保持常开状态。

（2）观察压力表回零后，放空结束。

（3）关闭节流截止放空阀。

（4）操作完毕后向调控中心汇报，并做好值班记录。

3. 操作要点

（1）放空时缓慢操作放空阀控制流量，球阀保持常开状态，减少球阀的操作次数。

（2）控制放空时的流速，保持火炬燃烧稳定。

（3）阀门开关不宜过猛。

（4）放空结束后，根据安排恢复流程。

4. 安全注意事项

（1）根据现场情况安排警戒人员。

（2）因特殊原因没有点火作业进行放空时，应根据放空时间长短、放空气量多少，适当安排警戒人员，200m 范围内不得有行人和明火。

（3）放空噪声过大，易造成人身伤害。

第三节　站场阀门操作

一、手动球阀操作

球阀的工作原理主要是依靠密封球体绕阀体中心线做 90°旋转来达到开启、关闭的目的，通过阀杆顺时针带动球体旋转，当球体孔与管道平行时，阀门开启，垂直时则关闭。

1. 操作前准备

（1）劳保用品穿戴整齐。

穿戴标准配置的劳保用品；安全帽帽壳、帽箍、顶带完好，后箍、下颚带调整松紧合适、固定可靠，女员工头发盘于帽内；工衣袖口、领口扎紧；工鞋大小合适，鞋带绑扎松紧合适不落地。

（2）工具、用具准备。

准备可燃气体检测仪、防爆手机、检漏瓶、毛巾、F 扳手、注脂枪、密封脂、防爆手电筒（夜间携带），并保证防爆手机和可燃气体检测仪处于良好的状态。

（3）操作前的检查和确认。

①检查确认阀门的开闭标志与站控室一致。

②开阀操作前，通过平衡阀或缓慢操作，将阀门前后压力控制在 0.5MPa 以下。

③对于长时间（6 个月以上）没有动作和进行清洗、润滑操作的球阀，在操作球阀前应先注入少量清洗液密封脂，以保护阀门密封。

④检查确认阀门各部件无渗漏，连接附件紧固。

2. 操作步骤

（1）开阀：逆时针方向连续转动手轮（或手柄），直到阀位指示显示"全开"为止。

（2）关阀：顺时针方向连续转动手轮（或手柄），直到阀位指示显示"全关"为止。

（3）确认阀门状态。

3. 操作要点

（1）球阀只允许在全开或全关状态下运行，禁止用于节流或在非全开关位运行。

（2）手轮旋转到位后，回转 1/4 圈。

4. 安全注意事项

（1）操作阀门时，应注意检查阀门开闭标志，缓开缓关。

（2）同时操作多个阀门时，应注意操作顺序，并满足生产工艺要求。

（3）开启有旁通阀的较大口径阀门时，若两端压差较大，应先打开旁通阀调压，再开主阀；主阀打开后，应立即关闭旁通阀。

（4）开关阀门时，操作人员严禁正对阀门丝杆操作。

5. 突发事故应急处理

（1）球阀在操作过程中如发现外漏、内漏及开关不灵活等情况，立即查看，并通知站场负责人。一般情况通知调度后再行处理，紧急情况现场处理后再通知调度。

（2）球阀在操作过程中因操作不当发生人身伤害事故，应立即对受伤人员受伤部位进行包扎处理，视受伤程度及时送往医院治疗。

二、阀套式排污阀操作

阀套式排污阀主要通过阀芯的上下运行改变阀门开度。开阀时阀芯缓慢开启，阀芯密封面与阀座密封面有一定空间距离时，气体和杂质一同经过节流轴、套垫窗口、阀套窗口节流后，由阀套排污窗口排出。嵌在阀芯内腔的软密封面利用进口介质流道方向与介质流道出口方向改变产生的涡流，实现自清扫，使软密封面不黏附杂质。关闭时嵌在阀芯内腔的聚四氟乙烯端面紧压在阀座端面形成一道软密封；阀芯硬密封副内腔锥面压在阀座凸台锥面上形成第二道硬质密封。硬软双质密封保证气体介质零泄漏。

阀套式排污阀主要由阀体、阀盖、阀芯、阀套、阀杆、密封圈、阀座、阀杆螺母、填料、支架、手轮等构成，如图 5-3 所示。

1. 操作前准备

（1）劳保用品穿戴整齐。

穿戴标准配置的劳保用品；安全帽帽壳、帽箍、顶带完好，后箍、下颚带调整松紧合适、固定可靠，女员工头发盘于帽内；工衣袖口、领口扎紧；工鞋大小合适，鞋带绑扎松紧合适不落地。

（2）工具、用具准备。

准备可燃气体检测仪、防爆手机、检漏瓶、毛巾、F 扳手、注脂枪、密封脂、防爆手电筒（夜间携带），并保证防爆手机和可燃气体检测仪处于良好的状态。

（3）操作前的检查和确认。

①检查确认阀门的开闭标志与站控室一致。

②检查确认阀门各部件无渗漏，连接附件紧固。

2. 操作步骤

（1）开阀：逆时针转动手轮为开。

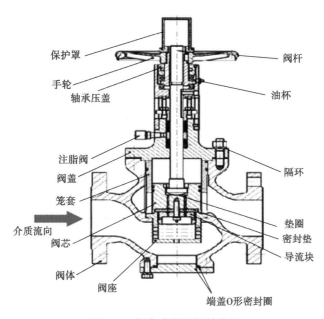

图 5-3 阀套式排污阀结构图

（2）关阀：顺时针转动手轮为关。

（3）确认阀门状态。

3. 操作要点

（1）排污时，应先全开球阀，后缓慢打开阀套式排污阀排污，并控制排污流量，保持稳定。

（2）需要时，在排尽管道压力的情况下，可将阀体底部的端盖拆下，以便清除阀体腔内的污物。

4. 安全注意事项

（1）操作阀门时，应注意检查阀门开闭标志，缓开缓关。

（2）开关阀门时，严禁正对阀门丝杆操作。

5. 突发事故应急处理

（1）球阀在操作过程中如发现外漏、内漏及开关不灵活等情况，应立即查看，并通知站场负责人。一般情况通知调度后再行处理，紧急情况现场处理后再通知调度。

（2）球阀在操作过程中因操作不当发生人身伤害事故，应立即对受伤人员受伤部位进行包扎处理，视受伤程度及时送往医院治疗。

6. 常见故障及处理

阀套式排污阀常见故障及处理见表 5-1。

表 5-1 阀套式排污阀常见故障及处理

常见故障	原因	处理方法
密封面渗漏	密封面间夹杂污垢、杂物	清洁密封面
	密封面磨损或损坏	研磨或报废、更换

常见故障	原因	处理方法
填料渗漏	填料压盖松动	压紧填料压盖
	填料是否损坏或磨损	更换填料
法兰连接密封面渗漏	法兰螺栓未拧紧或松紧不匀	将螺栓均匀拧紧
	连接密封面损坏	重新修整连接密封面
	密封元件 O 形密封圈损坏	更换密封圈
手轮转动不灵活	填料压得过紧	适当放松填料压盖螺母
	填料压盖倾斜	均匀对称压紧
	阀杆与螺母间有污垢或严重磨损	消除污垢或更换螺母

三、节流截止放空阀操作

节流截止放空阀的阀芯节流方向与流道方向垂直，依靠阀芯的上下运动调节阀门开度，从而调节或截断介质的流动，因此具有一定的节流调节功能。同时启闭速度快，密封性能好，对阀芯的冲击较小。

节流截止放空阀主要由阀体、阀盖、阀芯、阀套、阀杆、密封圈、阀座、阀杆螺母、填料、支架、手轮等构成（图5-4）。采用新型软硬双重密封副结构，抗冲刷、耐磨损；节流部位采用对称式结构，降低了气流噪声；阀芯与阀套之间采用高性能组合滑环，润滑良好，启闭力矩小。阀芯上设计有平衡调节孔，阀门开启力矩小。

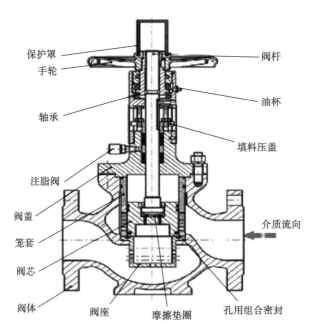

图 5-4　节流截止放空阀结构图

1. 操作前准备

（1）劳保用品穿戴整齐。

穿戴标准配置的劳保用品；安全帽帽壳、帽箍、顶带完好，后箍、下颚带调整松紧合适、固定可靠，女员工头发盘于帽内；工衣袖口、领口扎紧；工鞋大小合适，鞋带绑扎松紧合适不落地。

（2）工具、用具准备。

准备可燃气体检测仪、防爆手机、检漏瓶、毛巾、F扳手、注脂枪、密封脂、防爆手电筒（夜间携带），并保证防爆手机和可燃气体检测仪处于良好的状态。

（3）操作前的检查和确认。

①检查确认阀门的开闭标志与站控室一致。

②检查确认阀门各部件无渗漏，连接附件紧固。

2. 操作步骤

（1）开阀：逆时针转动手轮为开。

（2）关阀：顺时针转动手轮为关。

（3）确认阀门状态。

3. 操作要点

放空时应先全开球阀，后缓慢打开节流截止放空阀放空。

4. 安全注意事项

（1）操作阀门时，应注意检查阀门开闭标志，缓开缓关。

（2）开关阀门时，严禁正对阀门丝杆操作。

5. 突发事故应急处理

（1）阀门在操作过程中如发现外漏、内漏及开关不灵活等情况，应立即查看，并通知站场负责人。一般情况通知调度后再行处理，紧急情况现场处理后再通知调度（附故障诊断）。

（2）阀门在操作过程中因操作不当发生人身伤害事故，应立即对受伤人员受伤部位进行包扎处理，视受伤程度及时送往医院治疗。

6. 常见故障及处理

节流截止放空阀常见故障及处理见表5-2。

表5-2　节流截止放空阀常见故障及处理

常见故障	原因	处理方法
密封面渗漏	密封面间夹杂污垢、杂物	清洁密封面
	密封面磨损或损坏	研磨或报废、更换
填料渗漏	填料压盖松动	压紧填料压盖
	填料是否损坏或磨损	更换填料
法兰连接密封面渗漏	法兰螺栓未拧紧或松紧不匀	将螺栓均匀拧紧
	连接密封面损坏	重新修整连接密封面
	密封元件O形密封圈损坏	更换密封圈
手轮转动不灵活	填料压得过紧	适当放松填料压盖螺母
	填料压盖倾斜	均匀对称压紧
	阀杆与螺母间有污垢或严重磨损	消除污垢或更换螺母

第四节　计量仪表操作

一、更换压力表

压力表（图5-5）主要用来测量容器内液体或气体的压力，弹簧管压力表具有刻度清晰、结构简单、安装使用方便、测量范围较宽、牢固耐用等优点，故在站场广泛使用。

弹簧式压力表是工业上应用最广泛的一种测压仪表，并以单圈弹簧应用最多。可以直接测量蒸汽、油、水和气体等介质的表压、负压和绝压，测量范围为-0.1~1500MPa。其优点是结构简单、使用方便、操作安全可靠，缺点是测量准确度不高，不适于动态测量。

弹簧管压力表由弹簧管、拉杆、扇形齿轮、中心齿轮、指针、面板、游丝、调整螺钉、接头等构成（图5-6）。

弹簧管压力表的工作原理：当弹簧的固定端通入被测流体后，其椭圆形截面在流体压力作用下趋向圆形，圆弧形的弹簧管产生伸直的倾向，使弹簧管的自由端位移，通过拉杆、齿轮等传动机构，带动指针指示出压力值。弹簧的自由端位移与被测压力成正比，压力越大，位移越大。自由端的位移一般为5°~10°通过传动放大机构，可使压力表指针的角位移达到270°。

图5-5　压力表

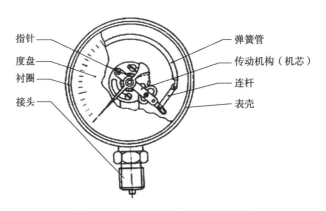

图5-6　弹簧管压力表内部结构图

1. 操作前准备

（1）劳保用品穿戴整齐。

穿戴标准配置的劳保用品；安全帽帽壳、帽箍、顶带完好，后箍、下颚带调整松紧合适、固定可靠，女员工头发盘于帽内；工衣袖口、领口扎紧；工鞋大小合适，鞋带绑扎松紧合适不落地。

（2）工具、用具准备。

准备压力表、活动扳手、密封垫片、螺丝刀、润滑脂、验漏液、毛刷等。

（3）操作前的检查和确认。

①压力表：量程合理、精度等级符合要求；经过校验标签完好，在有效期限内；外观检查合格，无锈蚀，铅封完好，通孔无堵塞，泄压孔塞完好无污物；指针落零，无弯曲、松动。

②活动扳手：各部件齐全，销钉固定牢靠，调节螺母灵活好用，开口调整合适，固定钳口在吃力方向。

2. 操作步骤

（1）记录压力值，观察压力情况。

（2）关闭压力表控制阀门，卸松压力表 1~2 圈，泄压为零（如安装有带放空阀的取压针形阀可以关闭根部取压阀后放空，卸去针形阀至压力表管段内的压力），卸下压力表。

（3）缓慢打开压力表控制阀，吹扫取压管内污物，关闭压力表控制阀。

（4）检查或更换垫片并抹润滑脂，装上新压力表。

（5）缓慢开启压力表控制阀启表，记录对比压力值。

（6）验漏，收拾工具，清理现场，做好记录。

3. 操作要点和质量标准

（1）压力表玻璃应为无色透明，不应有妨碍读数的缺陷和损伤。

（2）压力表分度盘上的刻线、数字和其他标志应清晰准确。

（3）压力表拆卸后需轻拿轻放，放置压力表时应表盘朝下，以免表盘受损。

（4）被测压力范围应在所选压力表量程 1/3~2/3 范围之内。

（5）仪表在测量稳定负荷时，禁止超过测量上限的 2/3；测量波动压力时，禁止超过测量上限的 1/2。两种情况下，最低压力都不应低于测量上限的 1/3。

（6）观察压力时，眼睛、指针、刻度呈一条垂直于表盘的直线。

（7）对比两压力表压力值，差值不大于压力表允许误差。

4. 安全注意事项

（1）仪表应按照设计要求垂直安装，搬运装接时应避免振动和碰撞。

（2）仪表应在规定环境温度及介质温度范围内使用。如仪表使用时环境温度偏离标准温度（20℃）时，须考虑温度附加显示误差（最大显示误差±0.4%/10K 表盘上刻度）。

（3）装压力表前未检查螺纹，易造成压力表刺漏、飞出。

（4）吹扫时侧身操作，防止高压气体（液体）对操作者造成伤害。

5. 常见故障及处理方法

压力表常见故障及处理方法见表 5-3。

表 5-3　压力表常见故障及处理方法

故障现象	原因	处理方法
压力表与取压阀接头处渗漏	密封垫片受损	更换密封垫片
	压力表与取压阀接头未上紧	使用活动扳手适当紧固直至不漏

6. 知识拓展

（1）压力表选用依据。

①工艺生产过程中对压力测量的要求，如压力测量精度、被测压力的高低、测量范

围等。

②被测介质的性质。

③现场环境条件。

④根据被测压力的高低，选择足够的量程。一般情况下，对于波动较小的稳定压力，最大被测压力不应超过所选压力表测量上限的 3/4；对于波动剧烈的脉动压力，最大被测压力不应超过所选压力表测量上限的 2/3；但不管什么条件下，最小被测压力不得低于所选压力表上限的 1/3。

（2）压力表使用注意事项。

①仪表工作在允许的压力波动范围内。

②仪表的安装环境应满足规定要求。

③仪表应垂直安装，接头阀门无泄漏。

④仪表必须定期检定。

⑤仪表在使用过程中应保持干燥和清洁。

⑥更换压力表时，必须关闭压力表的根部阀，松动压力表接头，待压力表内的压力逐步卸完后，才能拆出压力表。

（3）压力表的检验项目及要求。

①零位检查。压力表在没有压力时，指针尖端与零点分度线偏差不得超过允许基本误差的绝对值。

②基本误差。压力表示值与标准器示值之差不超过压力表精度等级所允许的基本误差。

③来回变差。在增压检验和降压检验的所有检验点上，轻敲表壳的前后读数之差，不允许超过允许基本误差的绝对值。

④轻敲位移。轻敲表壳所引起的指针位移，不允许超过允许基本误差绝对值之半。

（4）压力表停止使用标准。

压力表有下列情况之一时，应停止使用：

①有限止钉的压力表在无压力时，指针不能回到限止钉处；无限止钉的压力表，在无压力时，指针零位的数值超过压力表的允许误差。

②表盘封面玻璃破裂或表盘刻度模糊不清。

③封印损坏或超过校验有效期限。

④表内弹簧管泄漏或压力表指针松动。

⑤其他影响压力表准确指示的缺陷。

⑥指针断裂或外壳腐蚀严重。

二、目测检查孔板质量

孔板是由耐酸钢构成的一块具有圆形开孔，并与测量管同心，其入口边缘非常锐利的薄板（图 5-7）。

1. 操作前准备

（1）劳保用品穿戴整齐。

穿戴标准配置的劳保用品；安全帽帽壳、帽箍、顶带完好，后箍、下颚带调整松紧合适、固定可靠，女员工头发盘于帽内；工衣袖口、领口扎紧；工鞋大小合适，鞋带绑扎松紧合适不落地。

（2）工具、用具准备。

准备孔板、棉纱、清洗剂、记录纸（笔）等。

图 5-7 标准孔板

2. 操作步骤

（1）板面检查：孔板表面有无脏污、有无划痕、有无腐蚀。

（2）入口边缘检查：入口边缘有无明显划痕，圆柱开孔入口边缘有无毛刺，入口边缘有无损伤，入口边缘有无变形；将孔板上游面倾斜45°，用日光或人工光源射向入口边缘，无反射光为合格。

（3）粗糙度检查：用同样材质的孔板对比检查孔板的粗糙度。

（4）平整度检查：检查孔板是否平整。

（5）记录：孔板编号，描述质量状况，记录操作人等。

3. 操作要点和质量标准

（1）每半月要对孔板进行一次操作，清除孔板表面污物。

（2）观察反射光时注意孔板上游面倾斜角度。

4. 安全注意事项

（1）检查孔板时，孔板轻拿轻放，切忌粗暴操作。

（2）检查孔板入口边缘时，用手触摸感知划痕或毛刺，动作应轻缓避免划伤。

三、清洗检查高级阀式孔板节流装置

图 5-8 高级孔板阀

高级孔板阀是一种结构新颖、密封性能可靠的标准孔板节流装置，如图5-8所示。阀体由上、下两部分组成，中间用滑阀连通或切断，设有密封脂注入机构。另外，孔板阀内还设有孔板导板，便于提取、放入孔板，孔板带有橡胶密封环，使孔板与阀座间密封可靠，底部的排污阀用于定期吹扫和排除阀内的污物和杂质。

高级孔板阀的内部原理是在充满流体的圆形管道中安装了节流件后，当被测流体流过节流件时，流束将在节流处形成局部收缩，从而使收缩截面内平均流速增加，在节流件上游侧静压力上升，下游侧静压力下降，于是在节流件的上、下游侧产生静压力差。流体的流速越大，在节流件前后产生的静压力差越大，这个静压力差与流量之间呈一定的函数关系，因此通过测量压差来衡量流体流过节流装置的流量大小。这种测量方法是以能量守恒定律和流动连续性方程为基础的。其中，在阀体上、下部分中间用滑阀连通或切断，下阀腔压力与大气压力相等，在上、下阀腔之间产生较大的压力差，此压力差作用在滑阀下方，从而增强其密封性。在上、下阀腔之间设置平衡开关，在滑阀截断的情况下，可开启平衡开关，使上、下阀腔压力平衡，减小滑阀密封预紧力，以便轻松地开启滑阀。

1. 操作前准备

（1）劳保用品穿戴整齐。

穿戴标准配置的劳保用品；安全帽帽壳、帽箍、顶带完好，后箍、下颚带调整松紧合适、固定可靠，女员工头发盘于帽内；工衣袖口、领口扎紧；工鞋大小合适，鞋带绑扎松紧合适不落地。

（2）工具、用具准备。

准备专用摇柄、专用六角弯头扳手、活动扳手、密封脂、润滑脂、清洗剂、油盆、验漏液、螺丝刀、游标卡尺、计算器、棉纱等。

（3）操作前的检查和确认。

①工具、用具清洁、齐全完好。

②确认顶丝紧固，阀门开关到位。

2. 操作步骤

（1）按操作规程停表。

（2）打开平衡阀、滑阀，将孔板导板提升至上阀腔。

（3）关闭滑阀、平衡阀，缓慢打开放空阀，排尽上腔内气体。

（4）打开排污阀，排污完毕关闭，吹扫导压管。

（5）卸松顶丝，用螺丝刀撬松压板，确认无余气后，方可卸下顶丝、压板、密封垫片。

（6）提出孔板导板，检查孔板安装方向。

（7）检查上阀腔密封、齿轮及污物情况。

（8）清洗孔板，检查孔板外观、平整度、尖锐度、测量孔径，检查不合格的孔板应立即更换。

（9）清洗顶板、导板、压板，清洁密封件，判断完好情况。

（10）润滑各部件，将清洗合格的孔板装入导板，装入上阀腔，依次装入密封垫片、压板、顶板，拧紧顶丝。

（11）关闭放空阀，打开平衡阀、滑阀，将孔板导板安装到位。

（12）关闭滑阀、平衡阀，验漏。

（13）缓开放空阀，排尽上腔内气体，加注密封脂，关闭放空阀。

（14）启表对比气量，完善记录。

（15）清洁工具，清理现场。

3. 操作要点和质量标准

（1）拆装孔板时，禁止使孔板或密封件受到碰损、划伤。

（2）密封件禁止浸泡在油内，以免变形。密封件若有损伤、变形，须更换。

（3）吹扫导压管和进行阀体排污，须将孔板提升至上阀腔。

（4）孔板安装要与管道同心，端面要垂直，孔板安装注意小进大出，安装不到位或方向错误，影响计量准确性。

（5）注入密封脂时滑阀和平衡阀处于关闭状态，放空阀处于开启状态。

4. 安全注意事项

（1）严格按操作规程作业，拆卸压板顶丝时，应避免身体的任何部位处于孔板阀顶部，防止气体刺出伤人。

（2）严禁带压拆卸顶丝，防止孔板飞出伤人。

（3）加密封脂时，须打开放空阀泄压，防止气体刺出伤人。

5. 常见故障及处理

孔板阀的常见故障及处理见表5-4。

表5-4 孔板阀的常见故障及处理方法

故障现象	处理方法
滑阀密封不好，漏气	打开上阀盖，对滑阀滑块、阀座、密封脂槽进行清洗
孔板导板卡死，无法提出	导板有污物或导板齿槽错位，打开上阀盖，提出孔板，清洗维修保养
杂质划伤滑阀密封面产生内漏	（1）轻微渗漏，从注脂嘴处加入密封脂，再启闭滑阀； （2）严重内漏，应停止输送，分解阀内机构，更换配件
启闭滑阀或提升孔板跳齿	（1）保持上下腔压力平衡，缓慢旋转齿轮轴至齿轮啮合正常； （2）错齿，机构卡死，应分解阀内机构，更换配件
孔板部件不能停在中腔	稍许拧紧齿轮轴端封盖螺母
注脂嘴渗漏	加入密封脂，再拧紧注脂嘴螺帽

6. 孔板阀的维护保养

（1）每月开启检查一次，并旋转密封脂压盖，注入密封脂，使滑阀保持良好的密封。随时给密封脂盒补充密封脂。

（2）每个季度打开阀底排污球阀吹扫排污一次。

（3）每次装入孔板时，在导板齿条上，孔板密封环上抹适量黄油。

（4）每年对孔板阀做全面检查和保养一次。做到表面清洁，油漆无脱落、无锈蚀，铭牌清晰明亮；零部件齐全完好；无内外泄漏现象；可动部分灵活好用。

四、涡轮流量计操作

涡轮流量计是一种集温度、压力、流量传感器和智能流量积算仪于一体的新一代高精度、高可靠性的速度式流量计量仪表，具有压力损失小、精确度高、始动流量低、抗震与抗脉流性能好等特点。其结构如图5-9所示。

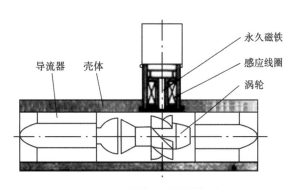

图5-9 涡轮流量计结构图

1. 操作前准备

（1）劳保用品穿戴整齐。

穿戴标准配置的劳保用品；安全帽帽壳、帽箍、顶带完好，后箍、下颚带调整松紧合适、固定可靠，女员工头发盘于帽内；工衣袖口、领口扎紧；工鞋大小合适，鞋带绑扎松紧合适不落地。

（2）操作前的检查和确认。

①涡轮流量计启用前，前后直管段吹扫干净后方可投入使用。

②确认涡轮流量处于完好备用状态。

2. 操作步骤

（1）手动缓慢开启入口阀。

（2）待管线完全充满气且压力平衡后开启出口阀，防止瞬间气流冲击而损坏涡轮。

3. 操作要点和质量标准

（1）涡轮流量计投运时，要求同一管线下游处调压橇已完全调压完毕，不出现冰堵现象。

（2）涡轮流量计前后压差不能过大，常用流量范围为最大流量的 70%～80%，最大流量为允许最大流量的 120%，最小流量不能低于流量计的工作下限，防止流量计在低限工作时计量失准。

（3）为了保护涡轮流量计，加到涡轮流量计上的压力升高速度不能超过 35kPa/s，如现场不能测量压力变化，则监视流量计流量不能超限。

（4）为提高流量计计量的准确性，安装流量计时，应保证流量计上游有不小于 $10D$❶的直管段，下游不小于 $5D$ 的直管段。

（5）严禁快速开启或关闭阀门，压力剧烈振荡或过快的高速加压会损坏流量计。

4. 常见故障及处理

涡轮流量计常见故障及处理见表 5-5。

表 5-5　涡轮流量计常见故障及处理

序号	故障现象	可能原因	处理方法
1	流量计无显示	供电不正常	检查流量计 24V 直流电源
		表头损坏	在供电正常情况下，断开电源 1min 后重新上电，无显示表头可能损坏，更换表头即可
		芯片松动	打开表壳前盖，重新安装电路板中间 6-1 芯片
2	流量计显示有断码	液晶屏损坏	断电 1min 后重新上电，显示不正常，液晶屏可能损坏，更换液晶屏即可
3	流量计无流量显示	管道内无气体通过	检查上下游阀门是否开启，管道内是否有流体
		管道内通过气体流量太小	检查管道内通过气体流量大小，增加气体流量
		叶轮卡死，无法工作	将表体从管道上拆下，观察并轻轻拨动叶轮，如发现硬物卡住叶轮，马上清理干净
		表头损坏	将表头拧下，在通电的情况下，用磁头螺丝刀在底部断面快速滑动，观察是否有流量显示，如果没有流量显示，表头可能损坏
		内部参数设置错误	按照说明书，检查表头内部参数设置

---

❶　D 表示管道的直径。

续表

序号	故障现象	可能原因	处理方法
4	流量显示值与实际有偏差	仪表系数设定不正确	重新设定流量计的仪表系数
		不在流量计流量范围内	超量程使用流量计可能导致流量计量不准确
		叶轮出缠绕异物，不能正常工作	清除缠绕在叶轮上的异物
5	输出电流值与实际流量不符	上位机设定流量计量范围不正确	重新设定上位机的流量计量范围
		流量超出计量上限	降低管道内气体流量或更换流量计
		一个电源给多台流量计供电时出现串流现象	打开表壳后盖，可以看到接线端子旁有一个拨码开关，将之置于OFF处，避免窜流现象
6	显示屏显示流量为零，输出电流高于20mA	内部参数设置错误	重新设定仪表相关参数
		电路板损坏	打开表壳前盖，观察电路板状态。如进水或发现烧毁迹象，说明电路板已损坏，更换电路板即可
7	流量显示不稳定	供电电源不稳定	检查24V直流供电
		24V供电电源与220V等强点铺设在一起	24V直流电属于弱电，尽量不要与220V、380V等强电一起铺设
		设备接地不良好	现场设备应有良好接地，不能带电，否则影响设备正常工作
		前后直管段不足	应至少保证流量计前有5D、后有2D的直管段

五、旋进旋涡流量计启停操作

旋进旋涡流量计由传感器和转换显示仪组成，如图5-10所示。

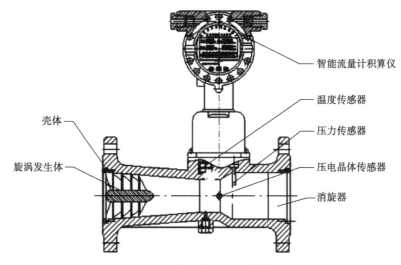

图5-10　旋进旋涡流量计结构图

工作原理：当流体通过由螺旋形叶片组成的旋涡发生器后，流体被迫绕着旋涡发生体轴剧烈旋转，形成旋涡。当流体进入扩散段时，旋涡流受到回流的作用，开始做二次旋转，形成陀螺式的涡流进动现象。该进动频率与流量大小成正比，不受流体物理性质和密度的影响。由压电传感器检测到的旋涡流进动频率信号经放大、滤波、整形后转换成流量值进行就地显示或信号选择，而且能在较宽的流量范围内获得良好的线性度，如图5-11所示。

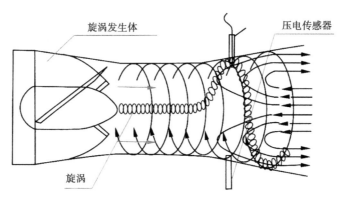

图5-11　旋进旋涡流量计工作原理图

1. 操作前准备

（1）劳保用品穿戴整齐。

穿戴标准配置的劳保用品；安全帽帽壳、帽箍、顶带完好，后箍、下颚带调整松紧合适、固定可靠，女员工头发盘于帽内；工衣袖口、领口扎紧；工鞋大小合适，鞋带绑扎松紧合适不落地。

（2）操作前的检查和确认。

流量计投运前检查电池电量指示不得低于100%，各信号接线牢固可靠。

2. 操作步骤

（1）缓慢开启流量计上游阀门充压，再缓慢打开流量计下游阀门，防止瞬间气流冲击损坏叶轮。

（2）检查各参数显示运行正常。

（3）停运流量计时，先关上游阀，再关下游阀。

3. 操作要点和质量标准

（1）管道试压或排气放空等大排量操作时，应停运流量计。严禁出现流向反向操作，以免损坏流量计。

（2）严禁超温超压运行。

（3）定期注入润滑油，使转轴系统运转正常。

（4）流量计禁止随意打开后盖，更改内部参数，仪表系数严格按鉴定结果输入。

（5）常用流量范围为最大流量的70%~80%，最大流量为允许最大上限的120%，最小流量不能低于流量计的工作下限，防止流量计在低限工作时计量失准。

4. 常见故障及处理

旋进旋涡流量计常见故障及处理见表5-6。

表 5-6　旋进旋涡流量计常见故障及处理

现象	原因	处理方法
流量计无输出信号	管道无介质或介质流量低于流量计流量范围下限值	提高介质流量，使其满足流量范围要求
	检查流量计的电源及输出线连接是否正确	检查并正确接线
	检查仪表的前置放大器电路是否损坏	更换前置放大器
	检查输入放大器电路是否损坏	更换输出放大器电路损坏元器件
无实际流量时流量计有输出显示	流量计接地不良、强电地线和其他地线干扰	正确接好地线，排除干扰
	放大器灵敏度过高或产生自激	更换前置放大器
	压电传感器与前置放大器接触不良或断路	检查线路，使之正常
	供电电源不稳，滤波不良及有其他电器干扰	修理或更换供电电源，排除干扰
读数显示输出不稳定	放大器灵敏度过高或过低，有漏脉冲现象	更换前置放大器
	压电传感器深度位置调整不正确	重调压电传感器深度位置
	安装流量计的现场有不稳定振动或是电气干扰	消除不稳定振动和干扰
	接地不良	检查接地线路，使之正常
	安装位置不正确，流量计前有拐弯	更换安装位置
累积流量示值显示和实际流量不符合	流量计仪表系数输入不正常	重新标定，用功能按钮设定调整，使之正确
	用户正常流量低于或高于选用流量计正常流量范围	调整管道流量，使其正常
	流量计本身超差	重新标定
	流体气穴现象	降低流体的压力损失，避免产生气泡

六、气体超声波流量计启停操作

1. 概述

1）超声波测量原理

超声波流量计采用超声波检测技术测定气体流量，通过测量超声波沿气流顺向和逆向传播的声速差、压力和温度，算出气体的流速及标准状态下气体的流量。流量计测量原理如图 5-12 所示。

2）超声波测量系统组成

超声波测量系统由流量计、前后直管段、

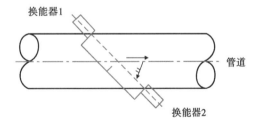

图 5-12　流量计测量原理图

压力变送器、温度变送器及其他附件（流量计算机、整流器、无线远传模块等）组成（图 5-13）。

3）超声波流量计结构

流量计由转换器（目前型号为 BCL-4ZC、BCL-2PE 和 BCL-3Y）、表体（直射型、口径、压力）、换能器（尺寸大小、频率）组成（图 5-14）。

4）超声换能器

超声换能器，能够发射接收超声信号的传感器，又称为探头。超声波流量计中的核心原件，与短节配套组成表体（一次表）。一般情况下超声换能器的优劣，直接影响到超声

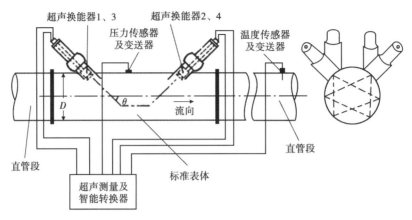

图 5-13　超声波测量系统组成图

D—管道的直径

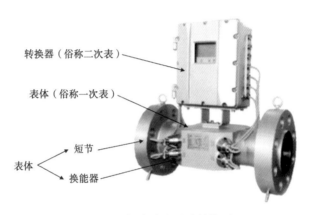

图 5-14　超声波流量计结构图

波流量计在工作中的稳定性和精准度。

超声换能器的工作原理是依靠换能器产生入射超声波（发射波）和接收超声波（回波）。而超声换能器的机械振荡是由高频电能激励压电陶瓷芯片产生的，反射回来的超声能量又通过超声换能器转换为电脉冲。探头能将电能转换为声能，又能将声能转换成电能，故有换能器之称。

5）转换器

转换器俗称二次表，转换器由超声波信号处理单元、功能接口与电源管理单元、液晶和操作按键、接线端子等模块组成（图 5-15）。

图 5-15　转换器结构示意图

6）流量计算机

流量计算机主要由 CPU 计算单元、I/O 接口板、通信接口板、模拟量采集板（HART 主）、模拟量输出板（HART 从）、电源板、液晶和操作按键等组成（图 5-16），其中 I/O 接口板、模拟量采集板（HART 主）和模拟量输出板（HART 从）可以根据情况进行增配。

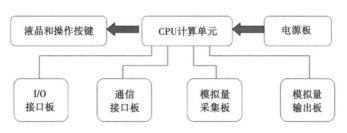

图 5-16　流量计算机结构示意图

7）流量计主要性能及功能

（1）准确度等级为 0.5 级。

（2）功耗小于 5W。

（3）流速分辨率小于 1mm/s。

（4）响应时间 1s，采样周期 8×10ms＝80ms。

（5）防护等级 IP66。

（6）防爆等级 Exd II BT6 Gb。

（7）3 路模拟量输入。

（8）2 路模拟量输出，其中一路带 HART 功能。

（9）2 路频率或脉冲输出，有源或无源。

（10）3 路数字量输出，有源或无源。

（11）1 路继电器输出，断电保持功能。

（12）1 路 RS232 通信，3 路 RS485 通信。

（13）1 路以太网通信。

（14）液晶显示累计量、瞬时量、温度、压力。

（15）霍尔键，用于背光点亮或报警代码查询。

（16）具有自诊断功能，自动通道切除。

（17）报警输出，发光二极管由绿光闪烁变成红光闪烁，也可设置数字量输出接口电平变化表示某种报警。

（18）历史数据保存，流量计对累计流量、瞬时量、流速、温度、压力、报警等数据每分钟保存一次，通过上位机可下载，历史数据保存时间大于 1 年。

（19）掉电数据保存、修改记录保存。

（20）流量补偿模式，可选择工况模式、温压补偿模式、温压和压缩因子等补偿模式。

8）电源板主要功能

（1）提供各种电源：信号板 5V 电源、超声换能器触发电压（70V、90V、250V）、温压变送器 24V 电源等。

（2）电源输入端具有过流过压保护，对输入电源进行滤波、隔离。

（3）所有输入输出信号的隔离、信号的转换（ADC、DAC、RS232、RS485、HART等）。

9）信号板主要功能

（1）超声换能器驱动电路。

（2）接收信号的放大、滤波、增益控制等。

（3）时间测量。

（4）数据存储。

（5）实时时钟。

（6）根据超声换能器频率不同，有 110kHz 和 200kHz 两种。

10）接线板主要功能

（1）各种信号线的引入或引出。

（2）可安装 GPRS 模块板。

（3）最新版本 V3.1。

2. 流量计操作

1）操作前准备

（1）劳保用品穿戴整齐。

穿戴标准配置的劳保用品；安全帽帽壳、帽箍、顶带完好，后箍、下颚带调整松紧合适、固定可靠，女员工头发盘于帽内；工衣袖口、领口扎紧；工鞋大小合适，鞋带绑扎松紧合适不落地。

（2）操作前的检查和确认。

①检查所有法兰连接处、引压接头、温度传感器的插入接头处无气体泄漏。

②检查各仪表、超声波信号线和电源线连接正确，传入控制室内压力、温度和流量信号正常。

2）操作步骤

（1）超声波流量计投运操作。

①缓慢打开超声波流量计上游进口阀（上游进口阀存在旁通阀，则先打开进口旁通阀，待压力平衡后，再缓慢打开进口阀），给管道缓慢加压。

②缓慢打开超声波流量计下游出口阀。

③检查流量数值，并通过流量调节阀控制流量，达到超声波流量计测量范围。

（2）超声波流量计停运操作。

①缓慢关闭超声波流量计下游出口阀。

②缓慢关闭超声波流量计上游进口阀。

③检查超声波流量计瞬时流量，确保管道中无气体流动。

（3）操作要点和质量标准。

①流量计投运中禁止对其进行突然泄压或升压操作。

②流量计停运后应检查瞬时流量，确认流量计处于停运状态。

（4）常见故障及处理。

①当流量计无显示时，检查电源是否打开，熔断丝是否完好。

②当流量计显示出错信息时，根据所显示的出错信息，分别予以解决。

③当输出电流小于4mA时，检查是否为负流量，传感器电缆是否接反，零点设定是否正确。

④当输出4mA不稳定时，检查介质是否稳定，传感器电缆或传感器振子是否有问题。

⑤当输出电流不稳定时，检查介质中是否存在空气泡或固体颗粒，是否为脉动流量，传感器电缆或传感器振子是否有问题。

七、计量异常处理

对自动化仪表现场计量偏差过大原因进行排查处理，确保计量准确。

1. 检查项目

（1）检查平衡阀开关状态，并进行内漏测试。

（2）检查静、差压仪表的零位。

（3）检查静、差压仪表示值。

（4）检查上、下游导压管。

（5）检查现场温度仪表。

（6）检查孔板质量。

（7）检查、核对计量参数。

（8）复核计量程序。

2. 故障处理

（1）关严或更换平衡阀。

（2）调整静、差压变送器零位，使之在允许偏差范围内。

（3）调整静、差压变送器示值，使之在允许偏差范围内。

（4）导压管吹扫解堵，泄漏处理。

（5）检查更换热电阻。

（6）对检查不合格的孔板进行更换。

（7）输入正确参数。

（8）修复程序。

第五节　站场设备维护保养

一、用气动注脂泵注脂

1. 操作前准备

（1）劳保用品穿戴整齐。

穿戴标准配置的劳保用品：安全帽帽壳、帽箍、顶带完好，后箍、下颚带调整松紧合适、固定可靠，女员工头发盘于帽内；工衣袖口、领口扎紧；工鞋大小合适，鞋带绑扎松紧合适不落地。

（2）工具、用具准备。

准备可燃气体检测仪、防爆对讲机、防毒面具、检漏瓶、毛巾、气动注脂泵、密封脂、清洗液等，并保证防爆对讲机和可燃气体检测仪处于良好的状态。

（3）操作前的检查和确认。

①检查确认软管完好，连接牢固。

②检查确认气动注脂泵上的每个零部件紧固完好。

③检查确认注脂接头清洁。

④检查确认气源满足作业要求。

图 5-17　气动注脂泵图

2. 操作步骤

（1）装配气动注脂泵（图 5-17）。

（2）将外接气源连接到泵的气源接口。

（3）连接泵的注脂口和阀门的注脂口。

（4）拧开泵的注脂口开关，打开气源。

（5）密封脂通过软管注入阀门。

3. 操作要点

（1）气动注脂泵密封脂更换。

①断开气源。

②解开泵桶上盖的 3 个固定夹。

③移出泵桶上盖以上部分及密封脂罐。

④将新的密封脂罐装进泵桶中，去除密封脂罐的盖子。

⑤在硬橡胶活塞边缘抹上薄薄一层密封脂以便润滑，重新合上泵桶上盖及以上部分。

⑥将硬橡胶活塞对准密封脂罐口部。

⑦整体下压硬橡胶活塞和泵桶上盖。下压时可倾斜 45°以便下压更容易，压下后扶正，并转动两周以便活塞和密封脂更贴合，滞留的空气更少。

⑧当活塞完全压好时扣紧 3 个固定夹（需要两个人共同完成，确保活塞位置更准确）。

⑨重新连接气源。

⑩排空气阶段，打开泵注脂口的开关，打开气源，泵开始工作。当看到注脂口逐渐连续流出密封脂时，关闭气源，关闭泵注脂口的开关。

（2）注脂后，用塑料袋或布将气动注脂泵包裹好。

4. 安全注意事项

（1）解开泵桶上盖的 3 个固定夹，注意防止泵桶上盖弹跳伤人。

（2）如软管老化或损坏，及时进行更换。

（3）注脂期间，要观察注脂枪出口压力表的压力变化情况，一般不要超过 8000psi。

（4）注脂完成后，对阀门进行验漏。

（5）使用后泄放注脂机上的压力，用清洗液将注脂机擦干净。

5. 突发事故应急处理

（1）气动注脂泵不能正常工作时，应停止操作，排查原因进行处理（附故障诊断）。

（2）操作过程中因操作不当发生人身伤害事故，应立即对受伤人员进行施救，视受伤程度及时送往医院治疗。

6. 常见故障及处理

气动注脂泵常见故障及处理见表 5-7。

表 5-7　气动注脂泵常见故障及处理

故障现象	原　　因	处理方法
注脂泵不能正常工作	气源压力是否合适	调节气源压力，气源可加压至最高 100psi
	密封脂是否足够	加注或更换密封脂
	接头是否松动	紧固
	密封填料是否损坏，止回阀是否堵塞	检查更换密封填料，清除堵塞
	气动马达是否正常工作	检查更换

二、用注脂枪注脂

1. 操作前准备

（1）劳保用品穿戴整齐。

穿戴标准配置的劳保用品；安全帽帽壳、帽箍、顶带完好，后箍、下颚带调整松紧合适、固定可靠，女员工头发盘于帽内；工衣袖口、领口扎紧；工鞋大小合适，鞋带绑扎松紧合适不落地。

（2）工具、用具准备。

准备可燃气体检测仪、防爆对讲机、防毒面具、检漏瓶、毛巾、手动注脂枪、密封脂、清洗液等，并保证防爆对讲机和可燃气体检测仪处于良好的状态。

（3）操作前的检查和确认。

①检查确认软管完好，连接牢固。

②检查确认注脂枪上的每个零部件紧固完好。

③检查确认注脂接头清洁。

④检查确认注脂接头型号合适。

⑤关闭泄放阀，缓慢压下手柄，确认注脂枪出口压力表能正常工作。

2. 操作步骤

（1）松开注脂枪旁通阀（图 5-18）。

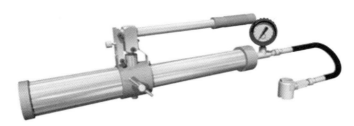

图 5-18　400D 注脂枪图

（2）用手柄将活塞推到底部。

（3）加入密封脂。

（4）用手柄将密封剂推到底部。

（5）紧好压力表。

（6）拧紧枪盖，拧紧旁通阀。

（7）套好枪的注脂口和阀门的注脂口。

（8）提压手柄。

（9）注脂充分后松开旁通阀。

（10）脱开枪和阀门的注脂口。

3. 操作要点

（1）密封脂无须拆开，密封脂塑料包装有一端塑料膜留出较长，较长端朝向压力表（或称为上部）。

（2）若注脂压力高达 8000psi 时，应暂停操作注脂枪，等待片刻以便里面的密封脂充分流向旋塞表面，然后继续注脂。

（3）注脂操作时手部加压动作不宜过快，否则不利于密封脂充分流向旋塞表面。

（4）注脂完成后，对阀门进行验漏。

（5）注脂后，用塑料袋或布将注脂枪包裹好。

4. 安全注意事项

（1）如软管老化或损坏，及时进行更换。

（2）使用后泄放注脂枪上的压力，用清洗液将注脂枪擦干净。

（3）注脂期间，要观察注脂枪出口压力表的压力变化情况，一般不超过 5000psi。

5. 突发事故应急处理

（1）注脂枪不能正常工作，应停止操作，排查原因进行处理。

（2）操作过程中因操作不当发生人身伤害事故，应立即对受伤人员进行施救，视受伤程度及时送往医院治疗。

6. 常见故障及处理

注脂枪常见故障及处理见表 5-8。

表 5-8　注脂枪常见故障及处理

故障现象	原因	处理方法
注脂枪不能正常工作	密封脂是否足够	加注密封脂
	接头是否松动	紧固
	高压软管是否堵塞	清除堵塞
	注脂嘴是否堵塞	清除堵塞： （1）手动注脂枪灌满清洗液并扣压在注脂嘴上，向球阀注脂嘴内注入清洗液，并保持此状态直到注脂枪压力下降； （2）如浸泡 2d 后，注脂枪压力仍不下降，则更换注脂嘴； （3）更换注脂嘴后仍无法注脂，则更换其内置止回阀
	动力不够，缺少液压油	添加液压油

三、手动注油枪加注润滑脂

1. 操作前准备

（1）劳保用品穿戴整齐。

穿戴标准配置的劳保用品；安全帽帽壳、帽箍、顶带完好，后箍、下颚带调整松紧合适、固定可靠，女员工头发盘于帽内；工衣袖口、领口扎紧；工鞋大小合适，鞋带绑扎松紧合适不落地。

（2）工具、用具准备。

准备手动注油枪、注脂嘴、活动扳手、润滑脂、棉纱等。

（3）操作前的检查和确认。

①工具、用具齐全，灵活好用，无裂痕、无变形；

②手动注油枪设施齐全、完好；

③确认手动注油枪加油嘴与设备油嘴配对；

④确认设备上加油嘴畅通，所加的润滑脂型号符合设备要求。

2. 操作步骤

（1）拉出活塞拉杆并固定，拆下注油枪泵头。

（2）添加润滑脂，将注油枪泵头装到注油枪加料筒上，放下活塞拉杆。

（3）将注油枪泵头处油嘴对正阀门注脂嘴，注入润滑脂。

（4）活动阀门手轮。

（5）清洁注油枪和喷嘴。

（6）收拾现场，清理工具，填写相关记录。

3. 操作要点和质量标准

（1）要保证润滑脂的洁净，严禁混入石子、沙粒等杂质。使用前均匀地将润滑脂添加到油枪内，盖好后盖。

（2）装润滑脂时严禁混入大量的空气，以免压不出润滑脂。

（3）加润滑脂时将枪头对准每一个加润滑脂点，正确均匀用力。

（4）使用注油枪时应轻拿轻放，以防枪筒在外力作用下变形而导致枪筒里的橡皮碗无法正常工作。

（5）使用后将手动注油枪放入工具架上，平时保证枪体清洁，放润滑脂的容器用完要及时盖好，防止灰尘、杂物掉入。

4. 安全注意事项

（1）排空后仍不出润滑脂时，应停止操作，仔细检查枪内的阻塞，在排除故障后方可重新操作注油枪。

（2）注油枪在测试或工作时严禁将喷嘴对准人和物，以避免造成伤害。

5. 常见故障及处理

手动注油枪常见故障及处理见表5-9。

表 5-9　手动注油枪常见故障及处理

故障现象	处 理 方 法
手动黄油枪打不出油，内有空气或堵塞	用排气法排气来测试： （1）若有硬拉杆，可拉动拉杆数次，使空气和润滑脂混合，减小单个气泡的体积； （2）若有排气口，可缓慢拧开排气螺栓，排空； （3）若排气后仍打不出黄油则判断内有堵塞，可按照黄油嘴→硬管或软管→枪头的顺序检查。检查方法为：先拧下黄油嘴，然后操作杠杆拉手，有黄油出来则可判断黄油嘴部分有堵塞，依此法检查直至找到堵塞位置，更换配件或排出堵塞物

四、球阀排污操作

按计划对球阀进行排污，可以有效地防止杂质对球阀的损坏，建议球阀每年排污 1~2 次。

在每年入冬之前、在计划停用（检修）时、水压试验之后及清洗管线之后，均应对球阀进行排污。

1. 操作前准备

（1）劳保用品穿戴整齐。

穿戴标准配置的劳保用品；安全帽帽壳、帽箍、顶带完好，后箍、下颚带调整松紧合适、固定可靠，女员工头发盘于帽内；工衣袖口、领口扎紧；工鞋大小合适，鞋带绑扎松紧合适不落地。

（2）工具、用具准备。

准备可燃气体检测仪、防爆对讲机、防毒面具、检漏瓶、毛巾、扳手、排污桶，并保证防爆对讲机和可燃气体检测仪处于良好的状态。

（3）操作前的检查和确认。

①排污前检查确认扳手灵活好用；

②排污桶不渗不漏。

2. 操作步骤

（1）缓慢卸松排污阀。

（2）排污。

（3）关闭排污嘴（阀）。

3. 操作要点

（1）通常排污阀采用螺纹连接，操作时使用两个扳手，保证根部螺纹连接可靠，选用扳手时应尽量避免使用活扳手。

（2）调整操作排污阀的开度，以排出阀腔中杂质为宜。

（3）无杂质排出即认为排污合格。

（4）排污操作中，由于积液造成冻堵的情况，应不断反复活动排污阀，以保证排污阀通道畅通。

4. 安全注意事项

（1）操作时动作应缓慢，人员应避开排污阀排气方向，防止人员受伤。

（2）双阀组排污阀，根据现场情况安全操作。

（3）球阀只能在全开或全关位置进行排污，严禁在半开位打开排污阀，否则会伤害操作者或他人。

5. 突发事故应急处理

操作过程中因操作不当发生人身伤害事故，应立即对受伤人员进行施救，视受伤程度及时送往医院治疗。

五、球阀及齿轮机构常规保养

1. 操作前准备

（1）劳保用品穿戴整齐。

穿戴标准配置的劳保用品；安全帽帽壳、帽箍、顶带完好，后箍、下颚带调整松紧合适、固定可靠，女员工头发盘于帽内；工衣袖口、领口扎紧；工鞋大小合适，鞋带绑扎松紧合适不落地。

（2）工具、用具准备。

准备可燃气体检测仪、防爆对讲机、防毒面具、检漏瓶、毛巾、气动注脂泵、密封脂、清洗液等，并保证防爆对讲机和可燃气体检测仪处于良好的状态。

（3）操作前的检查和确认。

①检查确认阀门处于全开或全关位置。

②检查确认现场生产满足施工作业要求。

③检查确认气液联动执行机构工作状态，必要时关闭动力气源，防止操作不当，阀门误动作。

④检查确认阀门无锈蚀、裂纹，地基、支撑无下沉。

2. 操作步骤

（1）阀门外漏检查。

（2）阀门内漏测试。

（3）阀体注脂及清理。

（4）执行机构检查。

（5）做好保养记录，更新设备档案。

3. 操作要点

（1）外漏检查：用验漏液检查阀门法兰、填料压盖、阀杆等各连接部位及注脂嘴有无泄漏。

（2）内漏测试可通过阀体排污进行判断，打开排污阀将阀腔内气体放空，如果阀腔气体排不净，即认为该阀门内漏。

①球阀内漏可能原因：

a. 阀门限位不准确；

b. 阀芯密封面有污物，造成阀门密封不好；

c. 阀芯密封面或球体被硬物划伤。

②球阀内漏处理：

a. 确定球阀全开或全关，尽可能在阀门全关的状态下进行；

b. 检查阀门的限位，通过调整限位解决阀门内漏；

c. 仍存在内漏的，缓慢注入规定数量的球阀清洗液；

d. 浸泡 1~2d 后，注入规定用量的球阀润滑脂，将球阀开关 2~3 次；

e. 若仍存在内漏，按照规定用量注入密封脂（80-H-J）；

f. 如果仍然有内漏，就要对阀门进行维修或更换。

（3）阀体注脂前活动阀门，查看是否灵活可靠。

对于活动困难或难以活动的阀门，添注清洗液进行清洗；待 30min 后开关两次阀门，打开注脂嘴，使用注脂枪添注润滑脂，并再次活动阀门；腔体再次排污，清理腔内的清洗液及杂质，清理注脂嘴及阀体污物。

（4）执行机构检查：有无锈蚀、裂痕；阀位指示器是否正确；执行机构内部有无积水、污物，用毛巾进行清理；齿轮润滑是否良好，并适量添加润滑脂。

4. 安全注意事项

（1）注脂期间，要观察注脂枪出口压力表的压力变化情况，向阀杆注脂时注脂压力严禁超过 3000psi。

（2）向球阀注脂嘴内注入清洗液，注脂枪压力不下降，严禁强行注入。

（3）操作时应侧身操作，严禁正对阀门、注脂嘴、排污阀。

5. 突发事故应急处理

（1）保养过程中，若发生阀门误动作，应停止操作，视情况立即启动站场《应急处置预案》进行处理。

（2）操作过程中因操作不当发生人身伤害事故，应立即对受伤人员进行施救，视受伤程度及时送往医院治疗。

六、更换法兰垫片

1. 操作前准备

（1）劳保用品穿戴整齐。

穿戴标准配置的劳保用品；安全帽帽壳、帽箍、顶带完好，后箍、下颚带调整松紧合适、固定可靠，女员工头发盘于帽内；工衣袖口、领口扎紧；工鞋大小合适，鞋带绑扎松紧合适不落地。

（2）工具、用具准备。

准备石棉垫片、润滑脂、活动扳手、阀门开关扳手、剪刀、划规、直尺、撬杠、棉纱、排污桶等。

（3）操作前的检查和确认。

工具、用具齐全，灵活好用，无裂痕、无变形。

2. 操作步骤

（1）正确切换流程，开放空阀放空。

（2）卸法兰螺栓。

（3）清除旧垫片。

（4）制作新垫片。

（5）安装新垫片。

（6）紧固螺栓。

（7）试压恢复流程。

（8）收拾工具、用具，清理现场，填写资料。

3. 操作要点和质量标准

（1）卸松法兰螺栓，放置排污桶，防止液体流出污染环境。

（2）用直尺通过法兰中心，量取法兰外径和水线台阶外沿尺寸，计算出垫片内外直径，用划规、剪刀制作石棉垫片，垫片要留有略长于法兰最大外径的手柄。

（3）安装新垫片前应清理密封面，新垫片两侧抹上黄油放入法兰内，对正中心不得偏斜，用预留手柄进行调整。

（4）拧紧螺栓应对称、轮流、均匀操作，分2~4次旋紧，螺栓应满扣，齐整无松动。

（5）安装完毕试压验漏，确认无渗漏现象后恢复正常流程。

（6）操作结束后，场地清洁无遗落工具、用具及杂物。

4. 安全注意事项

开关阀门时未侧身，流程切换错误，放压不彻底、压力未放尽，制作垫子时剪刀使用不当，拆装螺栓、撬开法兰或清除旧垫片时操作不平稳，试压时开关阀门过猛，未严格按照操作规程进行操作等，易造成人身伤害。应严格按照操作规程安全操作。

七、更换阀门密封填料

1. 操作前准备

（1）劳保用品穿戴整齐。

穿戴标准配置的劳保用品；安全帽帽壳、帽箍、顶带完好，后箍、下颚带调整松紧合适、固定可靠，女员工头发盘于帽内；工衣袖口、领口扎紧；工鞋大小合适，鞋带绑扎松紧合适不落地。

（2）工具、用具准备。

准备清洗剂、润滑脂、棉纱、水砂纸、密封填料、阀门开关扳手、活动扳手、平口螺丝刀、剪刀、油漆刷等。

（3）操作前的检查和确认。

根据阀门大小、工作条件、安装位置等选用规格、性能合适的密封填料。

2. 操作步骤

（1）切断气源，放空。

（2）卸密封填料压盖螺栓。

（3）清除旧密封填料，用棉纱蘸清洗剂将填料函、阀杆擦洗干净。

（4）测量填料尺寸并切割密封填料。

（5）将第一圈密封填料用工具压至底面，然后一圈一圈安放，加一部分后用压盖压下再加第二部分，密封填料各圈的切口搭接位置相互错开，同时用工具将其压紧、均匀。

（6）密封填料勿压得太紧，并经常旋转一下阀杆，以免填料函与阀杆咬死，影响阀门开关。

（7）对称拧紧两边螺栓，防止压盖倾斜，造成卡阻或渗漏。

（8）验漏，恢复流程，填写记录。

3. 操作要点和质量标准

（1）添加密封填料时应注意所使用润滑油料的清洁，切勿渗入泥沙。

（2）所选密封填料的宽度要与填料盒的内腔圆周一致或稍大 1~2mm。

（3）密封填料剪切斜面呈 30°~45°，切口不允许有松散的线头和齐口、张口等缺陷。

（4）安装密封填料时压好关键的第一圈，各圈的切口搭接位置相互错开 90°或 120°。

（5）压盖勿全部压入填料函，压盖压入填料函深度一般不得小于 5mm。

4. 安全注意事项

（1）操作前首先切断气源，阀门前后放空（阀门处于全开状态）。

（2）卸密封填料压盖螺栓时要先用螺丝刀将压盖撬松，使阀内余气泄压为零。

（3）操作过程不能正对阀杆。

5. 常见故障及处理

阀门常见故障及处理见表 5-10。

表 5-10　阀门常见故障及处理

故障	产生原因	处理方法
密封填料渗漏	密封填料未压紧	均匀拧紧压盖螺栓
	密封填料圈数不够	增加密封填料至需要量
	密封填料未压平	均匀压平整
	密封填料使用太久失效	换密封填料
	阀门丝杆磨损或腐蚀	修理或更换丝杆

八、更换阀门

1. 操作前准备

（1）劳保用品穿戴整齐。

穿戴标准配置的劳保用品；安全帽帽壳、帽箍、顶带完好，后箍、下颚带调整松紧合适、固定可靠，女员工头发盘于帽内；工衣袖口、领口扎紧；工鞋大小合适，鞋带绑扎松紧合适不落地。

（2）工具、用具准备。

准备活动扳手、套筒扳手、撬杠、密封垫圈、润滑脂、钢丝刷、棉纱等。

（3）操作前的检查和确认。

①工具、用具齐全，灵活好用，无裂痕、无变形。

②选择与被换阀门的名称、规格型号、压力等级完全一致的阀门。

2. 操作步骤

（1）切换流程，放空。

（2）卸松法兰螺栓，用撬杠撬动法兰，无余气后拆卸螺栓，取下旧阀门。

（3）清洗法兰盘密封面，涂抹润滑脂，安装密封垫圈。

（4）安装新阀门。

（5）缓慢打开下游阀验漏。

（6）恢复流程。

3. 操作要点和质量标准

（1）拆卸阀门前，确认压力为零的前提下方可操作。

（2）新装上的阀门，法兰密封面禁止有干硬油污和泥沙。

（3）螺栓对角均匀紧固，法兰间隙要一致。

（4）安装节流阀时，阀尖应向迎气面安装。

（5）阀门安装结束后，要进行试压、验漏，整改合格。

4. 安全注意事项

（1）操作前首先切断气源，阀门前后放空（阀门处于全开状态）。

（2）维修保养阀门时选择工具、用具要恰当，严禁小工件用大扳手。

（3）操作过程不能正对阀杆。

九、闸阀的维护保养

1. 操作前准备

（1）劳保用品穿戴整齐。

穿戴标准配置的劳保用品；安全帽帽壳、帽箍、顶带完好，后箍、下颚带调整松紧合适、固定可靠，女员工头发盘于帽内；工衣袖口、领口扎紧；工鞋大小合适，鞋带绑扎松紧合适不落地。

（2）工具、用具准备。

准备清洗剂、润滑脂、棉纱、阀门开关扳手、活动扳手、水砂纸、油漆刷等。

（3）操作前的检查和确认。

工具、用具齐全，灵活好用，无裂痕、无变形。

2. 操作步骤

（1）切断气源，放空。

（2）卸开阀盖。

（3）提起阀盖。

（4）对阀门零部件进行清洗，保养。

（5）对锈蚀轻微部位用水砂纸进行打磨，密封面用阀砂碾磨。

（6）复位、验漏，恢复流程，填写记录。

3. 操作要点和质量标准

（1）阀门拆卸前必须处于开启状态，否则无法取下阀盖。

（2）提起阀盖时，应在闸板的任一面标记记号，避免装反。

（3）清洗各部件时，应检查表面粗糙度，特别是密封面更应留心观察。

（4）验漏时应关闭闸阀，关闭放空阀；微开上游阀，观察下游压力表，检查阀门是否内漏；打开闸阀，对上下游阀体连接处、密封填料压盖等部位验漏。

4. 安全注意事项

（1）操作前首先切断气源，阀门前后放空（阀门处于全开状态）。

（2）提起阀盖时，避免闸板掉落损坏。

5. 常见故障及处理

闸阀常见故障及处理见表5-11。

表 5-11 闸阀常见故障及处理

序号	故障	产生原因	排除方法
1	密封填料渗漏	密封填料未压紧	均匀拧紧压盖螺栓
		密封填料圈数不够	增加密封填料至需要量
		密封填料未压平	均匀压平整
		密封填料使用太久失效	换密封填料
		阀门丝杆磨损或腐蚀	修理或更换丝杆
2	阀关不严,阀瓣和阀座密封面间渗漏	密封面夹有污物	卸开清洗或用气流冲净杂物
		阀瓣或密封面磨损刺坏	重新研磨,必要时可堆焊及加工,研磨后密封面必须平整,表面粗糙度不得大于▽0.1
3	阀杆转动不灵活	密封填料压得太紧	将密封填料压紧程度进行调整
		阀杆螺纹与螺母无润滑油,弹子盘黄油干涸变质,有锈蚀	涂加润滑油
		与阀杆螺母或与弹子盘间有杂物	拆开清洗
		阀杆弯曲或阀杆、螺母螺纹有损伤	校直、清洗或更换阀杆
		密封填料压盖位置不正卡阀杆	调整密封填料压盖
4	阀体与法兰间漏气	法兰螺栓松或松紧不一	紧或调整螺栓松紧
		法兰密封垫子已坏	换垫子
		法兰间有污物	清除污物
5	密封填料损坏	阀门开关频繁	耐磨材料制作密封填料
		阀杆锈蚀不光洁	水砂纸打磨或更换阀杆
		填料质量不合格	用合格填料

十、截止阀维护保养

1. 操作前准备

（1）劳保用品穿戴整齐。

穿戴标准配置的劳保用品；安全帽帽壳、帽箍、顶带完好，后箍、下颚带调整松紧合适、固定可靠，女员工头发盘于帽内；工衣袖口、领口扎紧；工鞋大小合适，鞋带绑扎松紧合适不落地。

（2）工具、用具准备。

准备活动扳手、平口螺丝刀、刮刀、撬杠、划规、钢板尺、剪刀、阀门开关扳手、润滑脂、石棉板、棉纱、密封填料、清洗剂等。

（3）操作前的检查和确认。

工具、用具齐全，灵活好用，无裂痕、无变形。

2. 操作步骤

（1）全开被拆截止阀。

（2）截断被拆截止阀前后控制阀，放空管段内的余气。

（3）拆卸截止阀阀盖的连接螺栓，撬动法兰面，观察是否漏气，不漏气时方可全部拆卸螺栓。

（4）拆卸、清洗、检查、保养截止阀各部件。

（5）组装截止阀。

（6）验漏，恢复流程。

3. 操作要点和质量标准

（1）拆卸截止阀时应先拆手轮，松压盖，掏出密封填料，拆上下阀体螺栓（对角松拆）；分离上下阀体，取出阀杆，取出阀瓣。

（2）清洗截止阀时应清洗螺栓、阀杆、阀瓣、压盖，清洁上阀腔，清洗下阀腔，清洗、检查密封垫（圈）有无损坏；清洗部件应有序摆放。

（3）保养截止阀时应将密封垫（圈）抹薄层润滑脂；阀杆与阀杆套加注润滑脂；螺栓孔加润滑脂；若密封垫片损坏则需更换。

（4）组装截止阀时应将阀杆装入上阀腔，并将压盖套进阀杆；将阀瓣、阀杆装配连接；装手轮后活动手轮，使阀瓣处于开启位置；装配连接上下阀体；对角拧紧螺栓。

（5）验漏时应关闭截止阀，关闭放空阀；微开截止阀上游阀，观察下游压力表，检查截止阀是否内漏；打开截止阀，对上下游阀体连接处、密封填料压盖等部位验漏。

4. 安全注意事项

（1）操作前首先切断气源，阀门前后放空（阀门处于全开状态）。

（2）放空泄压后一定要观察压力，再次确认无压力后方可操作。

（3）操作过程不能正对阀杆。

十一、更换安全阀

1. 操作前准备

（1）劳保用品穿戴整齐。

穿戴标准配置的劳保用品；安全帽帽壳、帽箍、顶带完好，后箍、下颚带调整松紧合适、固定可靠，女员工头发盘于帽内；工衣袖口、领口扎紧；工鞋大小合适，鞋带绑扎松紧合适不落地。

（2）工具、用具准备。

准备管钳、F扳手、活动扳手、套筒扳手、钢丝刷、润滑脂、密封垫片、清洗剂、验漏液、棉纱等。

（3）操作前的检查和确认。

①工具、用具齐全，灵活好用，无裂痕、无变形；

②确认安全阀根部控制阀处于关闭状态。

2. 操作步骤

（1）卸松安全阀法兰上的螺栓，待无余气后方可拆卸螺栓。

（2）卸下旧安全阀。

（3）清洗保养垫片、密封圈、螺栓等。

（4）安装校验合格的安全阀。

（5）打开安全阀根部控制阀，验漏。

（6）收拾工具，清理现场，做好记录。

3. 操作要点和质量标准

（1）对称均匀紧固螺栓，使其均匀受力。

（2）操作阀门时应侧立，阀门开关后应回1/4圈。

（3）拆卸安全阀时，应一人操作一人监护。

（4）操作完毕，阀门必须验漏合格。

4. 安全注意事项

（1）正确使用劳动工具，用力均匀，防止工具打滑。

（2）压力未放尽或安全阀根部阀门关闭不严，易发生被卸物品飞出伤人和油气泄漏。

（3）未按规定办理高空作业票，防护措施不到位，易发生高空坠落事故。

（4）装卸安全阀不慎，易造成人员砸伤。

（5）未按规定使用防爆工具，易造成火灾事故。

（6）安装不合格，易造成介质泄漏，引起环境污染、火灾事故。

5. 常见故障及处理

安全阀常见故障及处理见表5-12。

表5-12 安全阀常见故障及处理

序号	故障	原因分析	处理方法
1	安全阀漏气	弹簧弹性降低或失去弹性	更换弹簧，重新调整开启压力
		阀芯与阀座接触面有污物	使用提升扳手将阀开启几次，把污物冲去
		密封面有损伤	重新研磨平整
		阀杆偏斜	重新装配或更换
2	安全阀到规定压力时不开启	阀芯与阀座粘住	可做手动排气试验排除
		弹簧调整压力过大	应重新调整
		杠杆式安全阀重锤向后移动	应将重锤移到原来定压的位置上，用限动螺栓紧固
3	安全阀不规定压力时开启	弹簧调整压力不够、弹簧失效或弹力不足	应重调或重换安全阀
		杠杆式安全阀重锤向前移动	应将重锤移到原来定压的位置上，用限动螺栓紧固
4	排放后阀瓣不回座	弹簧弯曲，阀杆、阀瓣安装位置不正或被卡住造成的	重新装配

十二、设备防腐刷漆

1. 操作前准备

（1）劳保用品穿戴整齐。

穿戴标准配置的劳保用品；安全帽帽壳、帽箍、顶带完好，后箍、下颚带调整松紧合适、固定可靠，女员工头发盘于帽内；工衣袖口、领口扎紧；工鞋大小合适，鞋带绑扎松紧合适不落地。

（2）工具、用具准备。

准备润滑脂、棉纱、钢丝刷、粗纱布、除锈剂、稀释剂、油漆刷、护目镜等。

（3）操作前的检查和确认。

①工具、用具齐全，灵活好用，无裂痕、无变形。

②室外作业时应观察天气情况。

2. 操作步骤

（1）清除设备表面油污、锈斑。

（2）进行油漆涂刷工作。

（3）清理现场、收拾工具、做好记录。

3. 操作要点和质量标准

（1）运行的高温区域、管线及不适宜刷漆作业的天气，禁止进行刷漆作业。

（2）用钢丝刷、粗纱布等将设备表面锈斑除掉。

（3）用抹布、棉纱清理除锈后的设施，保持表面清洁。

（4）除锈处理后，须尽快涂刷底漆，一般不允许超过 4h。

（5）刷漆时，第一刷切勿用力过大，回刷次数不宜过多（2~3 遍最佳）。

（6）对阀门进行刷漆时，阀门丝杆表面用润滑脂保护，尤其是明杆阀开启时露出部分要用保护罩保护。

（7）作业时应铺设防油漆滴落设施。

4. 安全注意事项

（1）除锈时，须佩戴护目镜等防护用品。

（2）架空设备底部作业时，锈渣、油漆易滴入操作人员眼内造成人身伤害。

（3）使用工具不当，易造成人身伤害。

（4）直接接触油漆，油漆挥发易造成人员中毒。

（5）作业完毕，废弃物未清理或剩余油漆乱倒，易造成环境污染。

（6）用挥发性油品稀释油漆时，易发生火灾、爆炸事故。

十三、站场常用工具的使用

1. 螺丝刀

（1）十字形螺丝刀（图 5-19）。

十字形螺丝刀主要用来旋转十字槽形的螺钉、木螺栓和自攻螺栓等。

使用十字形螺丝刀时，应注意使旋杆端部与螺钉槽相吻合，否则容易损坏螺钉的十字槽。十字形螺丝刀的规格和一字形螺丝刀相同。

（2）一字形螺丝刀（图 5-20）。

一字形螺丝刀主要用来旋转一字槽形的螺钉、木螺栓和自攻螺栓等。

图 5-19　十字形螺丝刀　　　　　　　　　图 5-20　一字形螺丝刀

图 5-21 活扳手

它有多种规格，通常说的大、小螺丝刀是用手柄以外的刀体长度来表示的，常用的有 100mm、150mm、200mm、300mm 和 400mm 等几种。

使用时要根据螺丝的大小选择不同规格的螺丝刀。若用型号较小的螺丝刀来旋拧大号的螺丝，很容易损坏螺丝刀。

2. 活扳手

活扳手又称为络扳手，是一种旋紧或拧松有角螺钉或螺母的工具，开口宽度可在一定尺寸范围内调节（图 5-21）。

活扳手规格见表 5-13。

表 5-13　活扳手规格表

长度（mm）	100	150	200	250	300	350	375	450	600
开口最大宽度（mm）	14	19	24	30	36	41	46	55	65

使用注意事项：

（1）使用时应根据所上（卸）的螺母、螺栓的规格来选择合适的扳手。

（2）使用扳手夹持螺母应松紧适宜。

（3）使用活动扳手扳动时，活动部分在前，使用力最大部分承担在固定部分的开口上。拉力方向要与扳手的手柄呈直角。

（4）扳动较小螺母时，应握在接近头部的位置。施力时，手指可随时旋调蜗轮，收紧活动扳唇，以防打滑。

（5）禁止锤击活动扳手，禁止采用加力杠。

（6）活动扳手不可反用，以免损坏活动扳唇。

（7）使用后应及时擦洗干净，抹防护油。

3. 呆扳手

呆扳手俗称死扳手，是指只能上（卸）一种规格的螺栓、螺母的专用工具，在扭矩较大时可与手锤配合使用。

它的特点是单头的只能旋拧一种尺寸的螺钉头或螺母，双头的也只可旋拧两种尺寸的螺钉头或螺母（图 5-22、图 5-23）。

使用注意事项：

（1）应选择与螺栓、螺母的尺寸相适应的呆扳手。

图 5-22　单头死扳手

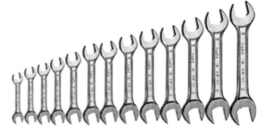

图 5-23　双头死扳手

（2）检查呆扳手及手柄有无裂痕，无裂痕方可使用。

（3）可以用呆扳手砸击，但应防止扳手飞起或断裂伤人，需要较大力时，不能打滑、砸手，更不能用过大的手锤。

（4）扳转呆扳手时应逐渐加力，防止用力过猛造成滑脱或断裂。

（5）手扶呆扳手钳口，防止被夹伤。

（6）用后应及时擦洗干净放好。

4. 梅花扳手

两端具有带六角孔或十二角孔的工作端，适用于工作空间狭小、不能使用普通扳手的场合（图5-24）。

以铍青铜合金和铝青铜合金为材质，这两种特殊材质的产品在经过加工处理后都能起到同样的防爆功能，特别适合于在易燃易爆的工作场所使用。

图5-24　梅花扳手

使用注意事项：

（1）梅花扳手可以在扳手转角小于60°的情况下一次次地扭动螺母。

（2）使用时一定要选配好规格，不能出现打滑松动，否则会将扳手棱角磨平。

（3）使用时不能用加力杠。

（4）使用时不能用手锤击打扳手与手柄。

（5）扳手头的梅花沟槽内不能有污垢。

5. 两用扳手

两用扳手一端与单头呆扳手相同，另一端与梅花扳手相同，两端拧转相同规格的螺栓或螺母（图5-25）。

两用扳手由优质中碳钢或优质合金钢整体锻造而成，具有设计合理、结构稳定、材质密度高、抗打击能力强，不折、不断、不弯曲，产品尺寸精度高、经久耐用等特点。

两用扳手是设备安装、装置及设备检修、维修工作中的必需工具。扳手采用45号中碳钢或40Cr合金钢整体锻造加工制作。

6. 内六角扳手

内六角扳手是指成L形的六角棒状扳手，专用于拧转内六角螺钉（图5-26）。根据尺寸所采用的制式可分为国际单位制和英制两种类型。

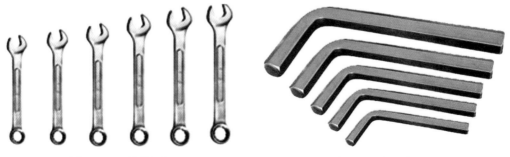

图5-25　两用扳手　　　　　　　　　　图5-26　内六角扳手

内六角扳手的型号是按照六方的对边尺寸来说的，螺栓的尺寸有国家标准。

内六角扳手专供紧固或拆卸机床、车辆、机械设备上的圆螺母用。

图 5-27　扭力扳手

7. 扭力扳手（图 5-27）

（1）操作步骤：

①先选择所需的扭力，以时针方式转动调整手把，设定出所需扭力。

②当选好所需扭力值时，再将固定钮（固定套）置于 LOCK 位置。

③装上选好的套筒，固定在工作物上后，沿垂直于扭力扳手方向慢慢加力，直至听到扭力扳手发出"塔"的声音。当拧紧到发出信号"咔嗒"一声，停止加力。一次作业完毕。

（2）注意事项：

①第一次使用或长时间未使用，需要再度使用时，先以高扭力操作 5~10 次，这样可以使用内部特殊的润滑剂润滑内部组件，不使用时，请将扭力调至最低扭力值。

②若达到预设扭力，又继续施压时，会使工作物受到伤害。

③设定扭力值之前，需检查扭力扳手是在"LOCK"还是在"UNLOCK"状态。扭力扳手在出厂时，已经校验及测试，精准度可达±4%。这是高精度仪器，只有专业人员才可进行维修，切勿浸泡在任何液体中，否则会影响其内部的润滑。

图 5-28　管钳

8. 管钳

管钳是用来转动金属管或其他圆柱形工件的，是管路安装和修理的常用工具（图 5-28）。

管钳常用规格及适用范围见表 5-14。

表 5-14　管钳常用规格及适用范围

管钳规格［mm（in）］	使用范围（mm）	可钳管子最大直径（mm）
150（6）		20
200（8）		25
250（10）		30
300（12）		40
350（14）		50
450（18）	<40	60
600（24）	50~62	75
900（36）	62~76	85
1200（48）	76~100	110

管钳使用及注意事项：

（1）要选择合适的规格。

（2）钳头开口要等于工件的直径。

（3）钳头要卡紧工件后再用力扳，防止打滑伤人。

（4）用加力杆时长度要适当，不能用力过猛或超过管钳允许强度。

（5）管钳牙和调节环要保持清洁。

9. 套筒扳手

套筒是套筒扳手的简称，是由多个带六角孔或十二角孔的套筒并配有手柄、接杆等，特别适用于拧转地位十分狭小或凹陷很深处的螺栓或螺母。根据尺寸所采用的制式可分为国际单位制和英制两大系列。一般旋具套筒的旋具头为 S-2 合金钢，整体淬火，不易断裂打滑，尾部为铬钒钢（图 5-29）。

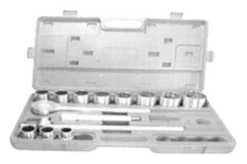

图 5-29　套筒扳手

使用注意事项：

（1）根据被扭件选规格，将扳手头套在被扭件上。

（2）根据被扭件所在位置大小选择合适的手柄。

（3）扭动前必须把手柄接头安装稳定才能用力，防止打滑脱落伤人。

（4）扭动手柄时用力要平稳，用力方向与补扭件的中心轴线垂直。

10. 手钢锯

手钢锯是用来进行手工锯割金属管或工件的工具，由锯弓和锯条两部分组成，有可调式（图 5-30）和固定式（图 5-31）两种。

图 5-30　可调式手钢锯

图 5-31　固定式手钢锯

可调式手钢锯有 200mm、250mm 和 300mm 三种，固定式是 300mm。常用的锯条规格是 300mm，锯条按锯齿粗细分为三种，锯条每英寸长度内粗齿为 18 齿、中齿为 24 齿、细齿为 32 齿。粗齿锯条齿距大，适合锯割软质材料或厚工件，细齿锯条齿距小，适合锯硬质材料。一般来说，粗齿锯条适用于锯割铜、铝、铸铁、低碳钢和中碳钢等；中齿锯条适用于锯割钢管、铜管、高碳钢等；细齿锯条适用于锯割硬钢、薄管子、薄板金属。

使用注意事项：

（1）锯条的锯齿粗细应按工件的材料和断面厚度进行选择。

（2）装锯条时，锯齿必须向前，调整锯条松紧度时，紧固螺母不宜旋得太紧或太松，否则容易使锯条折断。

（3）装好的锯钉不得斜扭，应尽量使它与锯弓保持在同一中心平面内。

（4）更换锯条时，应在重新起锯时更换，中途更换则夹锯，锯缝接近锯弓高度时，可将锯条在其轴线上旋转 90°。

（5）工件的夹持应该稳固，锯割时的站立位置和姿势要正确。

（6）锯割时应先从棱边倾斜锯割后转向平面锯割，否则锯齿会被折断。

（7）起锯要在划线所要求的位置上，行程要短，压力要小，速度要慢。可采用远边起锯或近边起锯，起锯角要小于 15°。

（8）锯割工件时，锯条往返走直线，并用锯条全长进行锯割，锯割时两臂、两腿和上身协调一致，两臂稍弯曲，同时用力推进，退回时不要用力。

（9）锯割的速度和压力应按所锯的材料性质和截面大小而定，快锯断时应放慢速度。

11. 游标卡尺

游标卡尺是一种测量长度、内外径、深度的量具。游标卡尺由主尺和附在主尺上能滑动的游标两部分构成（图 5-32）。

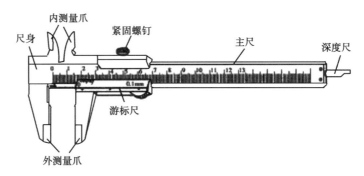

图 5-32　游标卡尺结构示意图

（1）游标卡尺操作前的检查和确认。

①根据所要测量的工件选择合适精度等级的游标卡尺。

②检查确认合格证、检验证齐全；校验游标卡尺零位；主尺、副尺、游标、锁紧固定螺钉、卡脚、尺口、深度尺齐全完好，刻度清晰。

③清洁、擦净游标卡尺及被测工件。

（2）操作步骤。

①松开主尺、副尺上螺钉，将量爪轻轻卡住被测工件。

②固定副尺上螺钉，用副尺调节螺钉进行微调至松紧合适，固定主尺上螺钉。

③取下卡尺读数。

④记录测量数据。

⑤收拾工具，清理现场。

（3）操作要点和质量标准。

①游标卡尺使用中，要轻拿轻放，禁止测量粗糙的物体，以免损坏量爪，应置于干燥中性的地方，远离酸碱性物质，防止锈蚀。

②测量零件尺寸时，卡尺两测量面的连线应垂直于被测量表面，不能歪斜。

③在游标卡尺上读数时，卡尺应置于水平，使视线和卡尺的刻线表面垂直，防止因视线歪斜造成读数误差。

④读数时先按零线所处位置在主尺上读出整数（mm），其次找出游标上哪一条线与主尺刻度线对齐，并读出游标尺上此线的数（小数部分），将主尺、副尺的读数相加，即得到被测量工件的尺寸。

⑤为获取正确的测量结果，可在零件同一截面上的不同方向多次测量。

⑥测量完毕，应将两卡脚合拢，拧紧固定螺钉，擦净卡尺，放入盒内保存。

（4）安全注意事项：游标卡尺内外卡角尖锐，易发生伤人事件。

第六章　站场自动控制系统

为确保站场安全、平稳、高效、经济地运行，华东油气分公司南川页岩气田站场自动控制系统采用视频监控和数据采集系统（SCADA 系统），对整个站场的运行情况进行集中监视、远程控制及生产运营管理。气田设中控室，可以对整个集气站井场、脱水站进行集中监视、统一调度管理。

南川页岩气田 PLC 控制系统由美国 AB 公司的控制器及相关设备组成，监视和控制正常生产；ESD 控制系统由德国 HIMA 公司的控制器及相关设备组成；通信服务器、实时服务器、工程师工作站和操作员工作站均使用美国 DELL 公司的数据解决方案；交换机、路由器等设备则由中国华为公司提供。上述系统支持 CPU 冗余和通信网络冗余功能，采用先进的开放式网络结构。控制系统的 HMI 软件使用德国 CEGELEC 公司的 Viewstar 系统软件。

SCADA 系统主要完成南川页岩气田各站场工艺数据采集、监视、控制等功能，并向华东油气分公司调控中心传送实时数据，接受调控中心下达的任务，具体系统配置如图 6-1 所示。

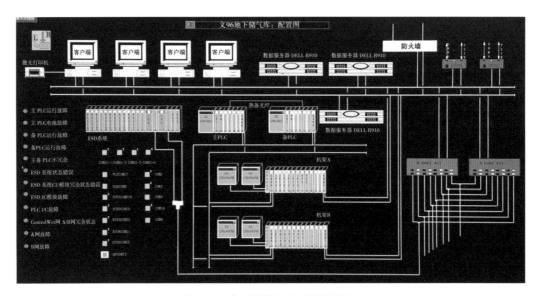

图 6-1　南川页岩气田系统配置图

南川页岩气田调控中心设有两台通信服务器（RCI）、两台实时服务器、一台工程师工作站和两台操作员工作站。两台通信服务器负责与所有站场进行数据交换，实时进行服务器处理数据的运算、转换，报警处理，事件归档，趋势显示等。工程师工作站仅在系统调试、维护等操作时启用，而操作员工作站则承担整个站场的监视、控制任务。SCADA

系统的正常运行至少需要一台通信服务器、一台实时服务器和一台工作站正常运行。

第一节　自控系统操作

一、启动服务器

启动两台通信服务器和两台实时服务器，使其进入正常运行状态。

1. 操作前准备

操作前应做以下检查与确认，确保执行本次操作。

（1）检查确认上游 UPS 等供电设施运行正常。

（2）检查确认各服务器的电源线、通信线全部连接正确、牢固。

2. 操作步骤

（1）启动工作站计算机至桌面状态。

（2）接通机柜电源，两台实时服务器通电自动开机运行。

（3）依次按下两台通信服务器正面电源按钮，等待通信服务器指示灯显示正常。

（4）检查实时服务器是否工作正常，有无报警指示或异响。

（5）通过工作站计算机的"远程桌面"功能分别连接、登录到其中一台实时服务器。

（6）等待实时服务器自动运行服务端软件，直至登录窗口。

（7）输入用户名和密码登录。

（8）登录到另一台实时服务器，重复（6）（7）操作步骤。

（9）恢复现场，做好记录。

3. 操作要点

对机柜内设备进行操作时要先消除人体静电，防止损坏设备。

4. 安全注意事项

（1）不能触碰到各线缆的金属导线部分，以免造成人身伤害或设备损坏。

（2）操作人员在机柜间操作时需要一名监护人，禁止其他人逗留，以免造成意外。

5. 应急事故预防与处置

如遇软件或服务器不能正常启动，应再重启一次，若还有异常则汇报，等待专业人员进行故障排除。

二、启动 HMI 系统

启动工作站计算机，运行客户端软件，成功登录并进入监控状态。

1. 操作前准备

操作前应做以下检查与确认，确保执行本次操作。

（1）检查上游 UPS 等供电设施是否运行正常。

（2）检查各工作站的电源线、通信线是否全部连接正确、牢固。

2. 操作规范步骤

（1）按下工作站主机电源键，等待工作站开机至桌面状态。

（2）打开 Windows "开始"菜单，启动 Viewstar 软件，弹出启动面板。

（3）点击启动面板 ![图标] 图标，打开工程管理器窗口。

（4）点击工程管理器 ![图标] 图标，启动当前选择的工程，点击此按钮后，进程管理栏中的进程即根据从前到后的顺序逐一启动。

（5）待进程全部启动后弹出登录面板，输入用户名和密码，点击登录。

（6）进入工程显示及控制界面。

（7）重复上述操作启动其他工作站。

3. 操作要点

（1）若启动面板显示为德文，需要点击 ![图标] 图标，打开语言选择窗口，选择软件运行语言为中文。

（2）启动过程中会同时开启一个运行日志窗口，若启动过程有异常须查看此日志记录，查找异常原因。

4. 安全注意事项

操作人员未经许可不得通过 Viewstar 软件控制现场工艺设备，以防止误操作造成事故。

5. 应急事故预防与处置

如遇软件或系统不能正常启动，应再重启一次，若还有异常则汇报，等待专业人员进行故障排除。

三、远程开关调节阀

按照生产要求，生产现场自动调节阀门远程调节至相应状态。

1. 操作前准备

操作前应做以下检查与确认，确保执行本次操作。

（1）确认现场流程及生产状况正确。

（2）一人持对讲机到生产现场需要操作的调节阀处，检查现场该阀门的阀位状态、气源压力等情况。

（3）另一人在中控室工作站前等待现场人员确认状况。

（4）确认现场电源信号正常。

2. 操作步骤

（1）中控室操作人员在 HMI 软件控制界面内找到要操作的阀门图标，点击打开操作对话框，如图 6-2 所示。

（2）找到"设定值"标签内的"阀位设定值"文本框。

（3）在框内输入该阀门要调节到的开度百分比，然后按回车键。

（4）点击"确定"或"应用"，在弹出的对话框内再次点击"确定"。

（5）现场阀门开始动作，现场人员观察阀门动作结果，向中控室汇报，确认现场与中控 SCADA 系统显示阀位一致。

（6）现场人员撤离，做好记录。

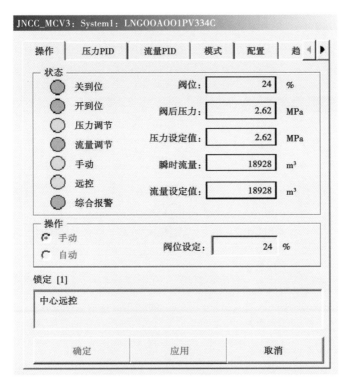

图 6-2　自动调节阀操作对话框

3. 操作要点

（1）输入阀位设定值开度百分比后必须按下回车键，否则数值无法输入。

（2）要在现场人员确认现场状况并汇报中控室后，中控室操作人员方可点击"确认"。

4. 安全注意事项

（1）必须在确认现场流程与生产状况无误后，才可进行操作。

（2）阀门动作时可能会有气流喷出，现场人员在阀门动作时严禁距离阀门太近，以免造成人身伤害。

5. 应急事故预防与处置

发现阀门未动作或动作不到位，及时切换流程或调整生产制度，防止系统超压超温运行，组织人员查找原因，并向上级汇报，及时排除故障。

四、远程开关紧急关断阀

按照生产要求，实现非紧急情况下生产现场紧急关断阀的远程开启或关闭。

1. 操作前准备

操作前应做以下检查与确认，确保可执行本次操作。

（1）确认现场流程及生产状况正确。

（2）一人持对讲机到生产现场需要操作的紧急关断阀处，检查现场该阀门的阀位状态、气源压力等情况。

（3）另一人在中控室工作站前等待现场人员确认状况。

2. 操作规范步骤

（1）中控室操作人员在 HMI 软件控制界面内找到要操作的阀门图标，点击打开操作对话框，如图 6-3 所示。

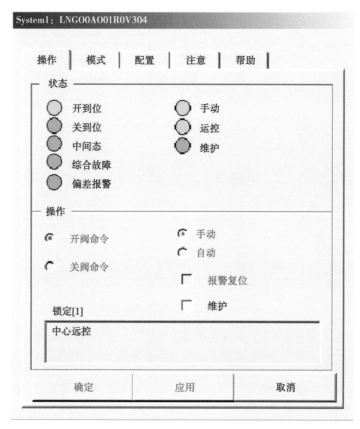

图 6-3　紧急关断阀操作对话框

（2）找到"操作"标签内的"操作"框内，点选"手动"命令，点选"开阀"命令（或"关阀"命令）。

（3）按"复位"按钮。

（4）点击"确定"或"应用"，在弹出的对话框内再次点击"确定"。

（5）现场阀门开始动作，现场人员观察阀门动作结果，向中控室汇报，确认现场与中控 SCADA 系统阀门开关状态一致。

（6）现场人员撤离，做好记录。

3. 操作要点

（1）开阀时，在中控室人员点击"确定"后通知现场人员，现场人员需按下阀体上"复位"按钮，阀门才会开启。

（2）要在现场人员确认现场状况并汇报中控室后，中控室操作人员方可点击"确认"。

4. 安全注意事项

（1）必须确认现场流程与生产状况无误，才可进行操作。

（2）阀门动作时可能会有气流喷出，现场人员在阀门动作时严禁距离阀门太近，以免造成人身伤害。

（3）如遇紧急情况，直接拍下紧急切断按钮，待故障排除后按下"复位"按钮进行复位。

5. 应急事故预防与处置

发现阀门未动作或动作不到位，及时切换流程或调整生产制度，以免影响生产，组织人员查找原因，并向上级汇报。

第二节　自控设备操作

一、更换热电阻芯

热电阻测温是基于金属导体的电阻值随温度的增加而增加这一特性来进行温度测量的。它的主要特点是测量精度高，性能稳定。

1. 操作前准备

（1）劳保用品穿戴整齐。

穿戴标准配置的劳保用品；安全帽帽壳、帽箍、顶带完好，后箍、下颚带调整松紧合适、固定可靠，女员工头发盘于帽内；工衣袖口、领口扎紧；工鞋大小合适，鞋带绑扎松紧合适不落地。

（2）工具、用具准备。

准备活动扳手、螺丝刀、棉纱、绝缘胶布、相同规格的热电阻、毛刷等。

（3）操作前的检查和确认。

确认关闭电源，在仪控室将热电阻电源关闭。

2. 操作步骤

（1）拆卸热电阻芯。

①应确保变送器已停电。

②拆除热电阻密封盖，再拆除热电阻端子上接线，做好标记。

③取出热电阻芯。

④将接线头用绝缘胶布分别包好，以防短路。

⑤盖好热电阻密封盖，防雨水、杂物进入。

（2）安装热电阻芯。

①应确保变送器已停电。

②拆除热电阻密封盖，将校验好的热电阻芯置于插孔中。

③按原标识接好接线端子。

④盖好热电阻密封盖，防雨水、杂物进入。

⑤检查接线、安装无误后给变送器供电，投运计量仪表。

3. 操作要点和质量标准

（1）拆下的信号线做好标记，暴露的线头要用绝缘胶带包好。

（2）操作过程中，对热电阻要轻拿轻放，切忌抛扔。

4. 安全注意事项

（1）在打开热电阻接线盒盖子前，须确认变送器已停电。

（2）在电源开关处做好标记，防止误操作。

二、双金属温度计拆卸

双金属温度计适用于测量中低温的现场检测仪表，可用来直接测量流体的温度。

1. 操作前准备

（1）劳保用品穿戴整齐。

穿戴标准配置的劳保用品；安全帽帽壳、帽箍、顶带完好，后箍、下颚带调整松紧合适、固定可靠，女员工头发盘于帽内；工衣袖口、领口扎紧；工鞋大小合适，鞋带绑扎松紧合适不落地。

（2）工具、用具准备。

准备活动扳手、毛刷等。

（3）操作前的检查和确认。

① 双金属温度计各部件装配要牢固，无松动、无锈蚀。

② 温度计所用表头的玻璃或其他透明材料应保持透明，无妨碍读数的缺陷或损伤；温度计上的刻线、数字和其他标志应完整、清晰、正确；校验标签完好，在有效期限内。

2. 操作步骤

（1）拆卸双金属温度计。

（2）拆卸后用干净的布或其他物品，将管道上的仪表接口封住以免杂物落入。

（3）安装双金属温度计，注意不得拧表头。

（4）观察温度计，对比前后温度。

3. 操作要点和质量标准

（1）仪表应按照设计要求垂直安装，拆装时应避免振动和碰撞。

（2）仪表应在规定环境条件下使用。

（3）测量温度时，禁止超过仪表测量温度范围。

三、压力（差压）变送器操作

压力（差压）变送器适用于测量腐蚀性较强的液体、气体的压力。

1. 操作前准备

（1）劳保用品穿戴整齐。

穿戴标准配置的劳保用品；安全帽帽壳、帽箍、顶带完好，后箍、下颚带调整松紧合适、固定可靠，女员工头发盘于帽内；工衣袖口、领口扎紧；工鞋大小合适，鞋带绑扎松紧合适不落地。

（2）工具、用具准备。

准备活动扳手、垫片、验漏液等。

（3）操作前的检查和确认。

①目视检查变送器各部件无损伤、腐蚀现象。发现产生腐蚀的附着物，应清除干净。

②密封压盖和 O 形环的检查：变送器为防水、防尘结构，应确认密封压盖和 O 形环有无损伤和老化。另外，严禁有异物附着在螺纹处。

③用肥皂水检查过程接口无流体泄漏。

2. 操作方法

（1）运行。

①按端子接线图检查信号线连接是否正确。

②接通变送器供电电源。

③在控制室用 HART 通信器进行零点和满度调校。

④缓慢打开截止阀，变送器投入使用。

⑤用验漏液检查过程接口等连接处的气体无泄漏。

（2）差压变送器五阀组操作。

①打开平衡阀。

②缓慢打开高压侧截止阀。

③关闭平衡阀。

④缓慢打开低压侧截止阀，变送器即投入使用。

⑤用验漏液检查过程接口等连接处的气体无泄漏。

（3）停运。

压力变送器的停运：

①缓慢关闭截止阀，变送器即处于停止状态。

②打开放空阀，观察仪表显示。

③关闭变送器供电电源。

差压变送器的停运：

①缓慢关闭高压侧截止阀。

②打开平衡阀。

③缓慢关闭低压侧截止阀。

④关闭平衡阀，变送器即处于停止状态。

⑤打开放空阀，观察仪表显示。

⑥关闭变送器供电电源。

3. 操作要点和质量标准

（1）压力（差压）变送器属于精密仪器，要轻拿轻放，不可碰撞。

（2）严格按照正确的操作规程进行操作，避免因操作失误而使压力（差压）变送器无法正常工作。

（3）严禁未经允许擅自更改站控机上压力（差压）变送器的设定值，按规定定期对压力（差压）变送器进行维护检测。

（4）安装后，电源供给没有显示可能是由于短路造成 PLC 机柜 1A/250V 熔断器烧毁，可用万用表检查后予以更换。

（5）出现泄漏，应重新安装并检漏。

4. 安全注意事项

（1）严禁带电操作，在拆卸之前须先断电，安装后检查正常才可供电。

（2）压力（差压）变送器为防水、防尘结构，使用中应确认密封压盖和O形圈有无损伤和老化，防止雨水进入变送器造成短路。

（3）在拆卸分输出站处的压力（差压）变送器时，可能会引起站内ESD-3级关断，必须在采取防范措施后才可操作。

5. 常见故障及处理

压力（差压）变送器常见故障及处理见表6-1。

表6-1　压力（差压）变送器常见故障及处理

故障现象	处 理 方 法
毫安读数为零	（1）检查电源极性是否接反； （2）核实接线端子处的电压（应该为24VDC）； （3）检查端子块内的二极管是否损坏； （4）更换变送器端子块
变送器不能与手操器通信	（1）检查变送器的电源电压； （2）检查负载电阻（最小为250Ω）； （3）检查变送器地址是否正确； （4）更换电子线路板
毫安读数偏低或偏高	（1）检查压力变量读数是否饱和； （2）检查输出是否处于报警状态； （3）进行4~20mA输出微调（Output Trim）； （4）更换电子线路板
加压后压力的变化无反应	（1）检查测试设备是否正常； （2）检查引压管是否发生堵塞； （3）检查量程调整功能是否失效； （4）检查变送器的保护功能跳线开关情况； （5）核实校验设定（4mA和20mA点）； （6）更换传感膜头
压力变量读数偏低或偏高	（1）检查引压管是否发生堵塞； （2）检查测试设备是否正常； （3）进行传感器完全微调（Full Trim）； （4）更换传感膜头
压力变量读数不稳定	（1）检查引压管是否发生堵塞； （2）检查阻尼； （3）检查EMF干扰； （4）更换传感膜头

四、温度变送器操作

热电偶（阻）在工作状态下所测得热电势（阻）的变化，经过温度变送器的电桥产生不平衡信号，经放大后转换为 DC 4~20mA 电流信号给工作仪表，工作仪表便显示出所对应的温度值。

1. 操作前准备

（1）劳保用品穿戴整齐。

穿戴标准配置的劳保用品；安全帽帽壳、帽箍、顶带完好，后箍、下颚带调整松紧合适、固定可靠，女员工头发盘于帽内；工衣袖口、领口扎紧；工鞋大小合适，鞋带绑扎松紧合适不落地。

（2）工具、用具准备。

准备活动扳手、压力表垫片、变压器油、棉纱等。

（3）操作前的检查和确认。

①检查温度变送器运行状态。

②检查温度变送器配管配线的腐蚀、损坏程度以及其他机械结构件完好性。

2. 操作方法

（1）安装规程。

①接线（图6-4）。

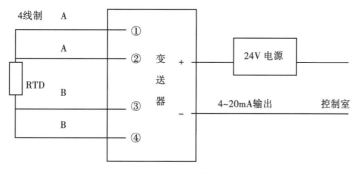

图 6-4　接线图

②检查电源供电正常。

③为温度变送器通电。

④观察温度变送器示值显示正常。

⑤变送器安装、接线后，紧固温度变送器单元盖和端子盒。

⑥清理现场，做好相应记录。

（2）拆卸规程。

①断开供电电源。

②卸下温度变送器顶盖，把电源线和信号线抽出，将线用绝缘胶带固定，防止发生短路。

③用防爆扳手将温度变送器与管线接头处拆卸。

④清理现场，做好相应记录。

3. 操作要点和质量标准

（1）接线工作前，要关闭主电源，防止电冲击。接线端子连接方法见图 6-4，连线后拧紧接线螺钉。

（2）严格按照正确的操作规程操作，避免因操作失误而使温度变送器无法正常工作。

（3）严禁未经允许擅自更改站控机上温度变送器的设定值，按规定定期对温度变送器进行维护检测。

（4）温度变送器为防水、防尘结构，使用中应确认密封压盖和 O 形圈环有无损伤和老化，防止雨水进入温度变送器造成短路。

4. 安全注意事项

（1）通电情况下，严禁打开电子单元盖和端子盖。

（2）零点和满度调整：禁止在现场打开端子盖和视窗，只能在控制室内用手持通信器调整。

（3）隔爆型温度变送器的修理必须断电后在安全场所进行。

5. 常见故障及处理

温度变送器常见故障及处理见表 6-2。

表 6-2　温度变送器常见故障及处理

故障现象	处理方法
毫安读数为零	（1）检查电源极性是否接反； （2）核实接线端子处的电压（应该为 24V DC）； （3）检查端子块内的二极管是否损坏； （4）更换变送器端子块
变送器不与手操器通信	（1）检查变送器的电源电压； （2）检查负载电阻（最小为 250Ω）； （3）检查变送器地址是否正确； （4）更换电子线路板
毫安读数偏低或偏高	（1）检查压力变量读数是否饱和； （2）检查输出是否处于报警状态； （3）进行 4~20mA 输出微调（Output Trim）； （4）更换电子线路板

五、电动执行机构操作

1. 操作前准备

（1）劳保用品穿戴整齐。

穿戴标准配置的劳保用品；安全帽帽壳、帽箍、顶带完好，后箍、下颚带调整松紧合适、固定可靠，女员工头发盘于帽内；工衣袖口、领口扎紧；工鞋大小合适，鞋带绑扎松紧合适不落地。

（2）工具、用具准备。

准备可燃气体检测仪、防爆对讲机、防毒面具、检漏瓶、毛巾、防爆工具、防爆手电

（夜间携带）等，并保证防爆对讲机和可燃气体检测仪处于良好的状态。

（3）操作前的检查和确认。

①操作阀门前，应认真阅读操作说明。

②操作前要清楚气体的流向，应检查确认阀门开闭标志。

③发现异常问题要及时处理，禁止带故障操作。

④确认接到了调控中心指令或调控中心同意操作。

2. 操作步骤

（1）现场手动开阀操作（图6-5）。

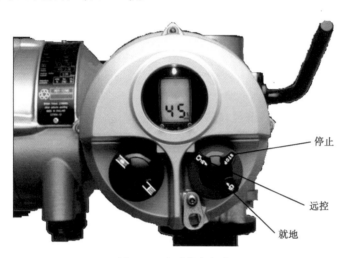

图6-5　电动执行机构

①将红色旋钮打到"就地"位置，然后将手动/自动选择柄压到底。

②挂上离合器。

③松开手柄，然后逆时针旋转手轮开阀。

操作要点：

①旋转手轮（2~3个行程）看阀位有1%左右变化，感觉手轮受力，可确认挂上离合器。

②通过执行器的液晶显示器观察阀的开关状态，直到阀门顶端的阀位指示器箭头指向全开标记"Open（开）"。

（2）现场手动关阀操作。

①将红色旋钮打到"就地"位置，然后将手动/自动选择柄压到底。

②挂上离合器。

③松开手柄，然后顺时针旋转手轮关阀。

操作要点：

①旋转手轮（2~3个行程）看阀位有1%左右变化，感觉手轮受力，可确认挂上离合器。

②通过执行器的液晶显示器观察阀的开关状态，直到阀门顶端的阀位指示器箭头指向全关标记"Closed（关）"。

（3）现场电动开阀操作。

①确认电源正常，电源指示灯"![电源]"常亮。

②旋转执行器红色旋钮让就地标记"![就地标记]"与壳体上的"▲"标记正对。

③顺时针旋转执行器黑色旋钮，让开阀标记"![开阀标记]"与壳体上的"▲"标记正对，即可实现现场电动开阀操作。

操作要点：

①在开阀的进程中液晶显示器显示开度的百分比，全开后液晶显示器显示"Open limit"，红色指示灯亮，阀门自动停止动作。

②特殊情况下，开阀操作过程中如需停止开阀，可将执行器红色旋钮上的停止标记"STOP"与壳体上的"▲"标记正对，执行器停止动作。此时液晶显示器上黄色指示灯亮，并显示开度的百分比。

（4）现场电动关阀操作。

①确认电源正常，电源指示灯"![电源]"常亮。

②旋转执行器红色旋钮让就地标记"![就地标记]"与壳体上的"▲"标记正对。

③逆时针旋转执行器黑色旋钮，让关阀标记"![关阀标记]"与壳体上的"▲"标记正对，即可实现现场电动关阀操作。

操作要点：

①在关阀的进程中液晶显示器显示开度的百分比，全关后液晶显示器显示"Closed limit"，绿色指示灯亮，阀门自动停止动作。

②特殊情况下，关阀操作过程中如需停止关阀，可将执行器红色旋钮上的停止标记"STOP"与壳体上的"▲"标记正对，执行器停止动作。此时液晶显示器上黄色指示灯亮，并显示开度的百分比。

图 6-6　远程开阀操作控制面板

（5）远程开阀操作。

①鼠标左键单击![阀体图标]调出阀体控制面板（图 6-6）。

②先单击"开阀"按钮，再单击"执行"按钮，即实现开阀操作。

操作要点：

①开阀的前提条件是阀门全关到位、设备投用中、远控、手动、无超时报警、无故障状态。

②阀门在开阀过程中"正在开阀"指示灯变绿色；阀门全开到位，则"全开到位"状态指示灯变绿色；现场阀门没有全开到位，则"超时报警"状态指示灯变红色，操作员在控制面板上点击"综合复位"按钮，对"超时报警"进行复位。

（6）远程关阀操作。

①鼠标左键单击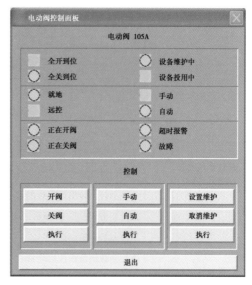调出阀体控制面板（图6-7）。

②先单击"关阀"按钮，再单击"执行"按钮，即可实现关阀操作。

操作要点：

①关阀的前提条件是阀门全开到位、设备投用中、远控、手动、无超时报警、无故障状态。

②阀门在关阀过程中"正在关阀"指示灯变绿色；阀门全关到位，则"全开到位"状态指示灯变绿色；现场阀门没有全关到位，则"超时报警"状态指示灯变红色，操作员在控制面板上点击"综合复位"按钮，对"超时报警"进行复位。

图6-7　远程关阀操作控制面板

3. 安全注意事项

（1）拆卸/更换电池时应确认周围安全条件，并建议在主电源接通的情况下更换，否则将丢失以前的设定记录。

（2）在日常运行检查中应留意检查开、关阀门行程中力矩的变化和阀位指示，以掌握设备运行工况，为维护检修提供依据。

（3）检修时，关闭该阀门后，为防止中控室及现场误操作，应将该阀门打到停止状态。

4. 检查与维护

（1）日检查内容。

①检查电动执行机构的开关状态是否与工艺流程一致。

②检查电动执行机构的机械开度指示是否与液晶显示开度一致。

③检查电动执行机构液晶显示屏是否有报警。

④检查电动执行机构是否有漏油现象。

⑤检查电动执行机构接地线是否松动、锈蚀。

（2）月检查内容。

①对日检查的内容进行全面检查。

②检查电池是否馈电。

③检查执行机构的外壳和各连接处是否有损坏、松动或紧固件丢失。

④检查执行机构各部位紧固螺栓是否松动。

⑤检查执行机构表壳内是否进水或存在雾气现象。

5. 常见故障及处理

电动执行机构常见故障及处理见表6-3。

表 6-3　电动执行机构常见故障及处理

常见故障	故障原因	处理方法及注意事项
电动操作时 执行机构不动作	动力电源未接通	重新投上电源开关
	动力电源缺相	检查有无断路现象
	执行器操作方向不正确	确认操作方向重新操作
	阀门有卡死现象	现场手动开关阀门，确认阀门有无卡死现象
执行机构通电后 远程控制无效	就地/远控切换开关是否打到正确位置	切换开关打到远控位置
	控制信号线有虚接或断路现象	检查接线情况，必要时校线
	站控系统未输出远程控制信号（如 PLC 通道故障）	更换通道或更换卡件
执行机构只能 开阀或关阀	执行器方向设置不正确	重新设置参数
	主控制板逻辑错误	更换主控制板或更换电源板组件
执行机构通电后没有 显示或显示不正常	主控制板电源线连接异常	正确接主控制板电源线
	显示部分数据线连接异常	正确接显示数据线
	主控制板故障	检查更换主控制板
执行机构通电后在没有 指令情况下就动作	主控制板故障	检查更换主控制板
	执行机构内控制线路短接	检查控制线路

六、电液执行器操作

YK 系列智能型电液执行器为一体式智能型电液执行器，液压源及控制部件内置，体积小，无外部液压站（图 6-8）。其动作形式有开关型和调节型两种，可用于各种控制阀。

图 6-8　电液执行器

智能型电液执行器具有大屏幕 LCD 指示，可直观地看到阀门开度、阀门运行状况及各种故障报警等信息。当电液执行器断电时，可采用手动泵或蓄能器控制阀门开度。电液执行器参数见表 6-4。

表 6-4　电液执行器参数表

名称	参数	名称	可调范围	出厂调节
电压	DC24V/AC220V/AC380V	开阀时间（可调）	15～180s	20s
控制电压	DC24V	关阀时间（可调）	15～180s	20s
设计压力	16MPa	液压油	HV-22（低温 HV-10）	

电液执行器结构如图 6-9 所示。

电液执行器采用立式布置。电液执行器主要包括集成的电液动力装置、蓄能设备、手动泵、电磁阀、电器控制箱、液压执行机构及其他附属设备。

液压执行机构主要由箱体、齿轮齿条、活塞等传动件组成，是液压动力开关阀门的主要执行机构。

蓄能设备中，蓄能器为阀门启闭提供主动力源。

流量控制阀（即单向节流阀）用于开关阀时间调节。

手动泵用于系统调试和特殊情况下的阀门启闭。

电液执行器配套的电磁换向阀特征一般为常用型，即电磁阀得电动作、失电保位。

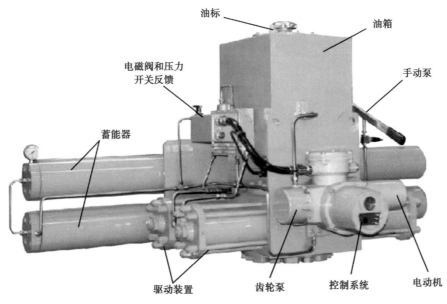

图 6-9　电液执行器结构图

液压系统如图 6-10 所示。

1. 预备动作

将执行器截止阀 1、2、3 关闭，截止阀 4、5 打开，执行器接通电源，电动机自动启动，蓄能器补压蓄能，当压力达到 16MPa 时，压力开关动作，电动机停止，蓄能器补压

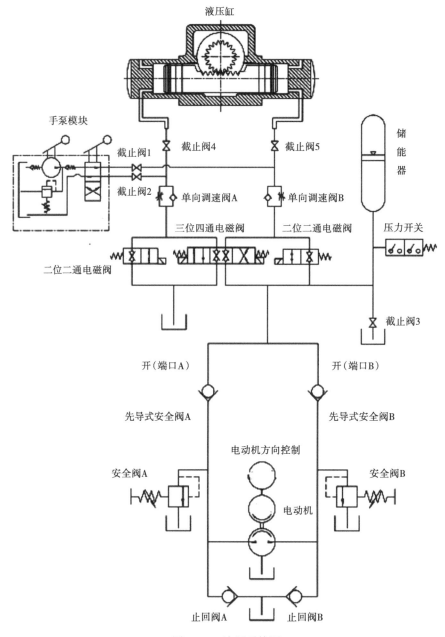

图 6-10　液压系统图

结束。

2. 操作步骤

（1）电动开阀：按下开阀按钮，电磁阀三位四通左端获电换向，蓄能器的压力油进入油缸，油缸带动驱动体转动到达全开位置。

电磁阀模块右侧节流阀可改变阀门关闭时间。

（2）电动关阀：按下关阀按钮，电磁三位四通右端获电换向，蓄能器的压力油进入油缸，油缸带动驱动体转动到达全关位置。

电磁阀模块左侧节流阀可改变阀门开启时间。

（3）ESD 关阀：ESD 关闭情况下，两个二位二通电磁阀打开，蓄能器的压力油进入油缸，油缸带动驱动体转动到达全关位置。

为保证阀门正常运行在全开和全关位，当蓄能器的压力低于 16MPa 时，电动机启动给蓄能器补压；当蓄能器的压力达到 16MPa 时电动机停止，蓄能器补压结束。

（4）手动泵开关阀门：在故障状态下或无电源时，将截止阀 1、2 打开，截止阀 4、5 关闭，可利用手动泵完成阀门的启闭。

3. 安装调试与维护

（1）卸压：截止阀 3 打开卸压，用来检查蓄能器中的充气压力，并且可以用于释放蓄能器内的压力以便于维修。

（2）蓄能器充压：关闭及打开管路上截止阀（参照"预备动作"），给执行器上电，10s 后系统自动给蓄能器充油，执行器大小不同，充压时间也不同，最大执行器的充压时间大约为 1.5h（90°行程）。

（3）开关极限位调整：运行执行器全开阀门，保证阀门在全开位并达到行程限位点，松开全开位行程调节杆的锁紧螺母（图 6-11），顺时针调整行程调节杆减小阀门行程，逆时针调整则增大阀门行程。调整调节杆保证阀门的全开位限位点和执行器的全开位限位点一致。

注意：行程限位点不能过调，否则造成漏油并损坏端盖密封。

开关极限位调整

图 6-11　全开位行程调节杆的锁紧螺母

上紧锁紧螺母，运行执行器关闭阀门，保证阀门处于全关位并达到行程限位点，按照调整全开位行程限位点的方式来调整全关位的行程限位点。

（4）油位检查：油箱上部有一油位杆（露在外面的是一个外六方），需要检查液位时可将该油位杆从油箱上拆下以判断是否缺油。通常在蓄能器未充压的情况下，油箱中的油位应占整个油箱容积的 70%左右。

（5）注油：只能加注 HV-22 液压油。由于液压系统和元件对油液的清洁度很敏感，因此加油时要防止污物进入系统。特殊应用需不同的液压油（见铭牌）。

加油时将油箱上的空气滤清器拆下，从此处加注液压油直至油位达到预定值。加油最好在蓄能器中的油排尽之后才进行。

4. 日常维护

（1）出厂时各部分都已根据用户要求调节设定好，一般不得随意调节改动。

（2）设备需在提供电源条件下工作，要求稳定可靠。

（3）根据使用工况，24h 连续工作制，每半年必须更换油液一次；8h 间断工作制可按累计使用 2400h 后更换一次。

（4）定期检查油箱液面高度。

（5）应定期（一个月）检查蓄能器内气体压力，正常充气压力为 50bar❶，低于 40bar 时需充气。

（6）执行器投入运行后，需经常到工作现场观察运行情况，看是否有液位低、热过载、漏油等异常现象发生，如有需及时处理。

5. 常见故障及处理

液压系统常见故障及处理见表 6-5。

表 6-5　液压系统故障及处理

故障情况	原因及处理方法
不能开关阀	（1）开阀单向节流阀是否关闭到死点； （2）电磁阀是否带电换向，否则应检修电路； （3）电磁阀阀芯卡住； （4）其他元件或管件泄漏严重，需检修
开阀时间过长	开阀单向节流阀调得太小，可适当调大
关阀时间过长	重新调节，关节流阀
蓄能器不能关阀	（1）蓄能器气囊压力不够，重新充氮气达到规定充气压力； （2）压力继电器故障，电动机未及时给蓄能器补充油压，需调整
油缸泄漏严重	（1）更换密封圈； （2）修理或更换活塞

6. 控制面板说明

执行器的控制面板由 OLED 显示屏、状态旋钮和控制按键组成。控制箱有圆形和方形

---

❶　$1bar = 10^5 Pa$。

两种类型，圆形控制箱状态改变由状态旋钮实现。方形控制箱状态改变由挡位按键长按实现（图6-12）。

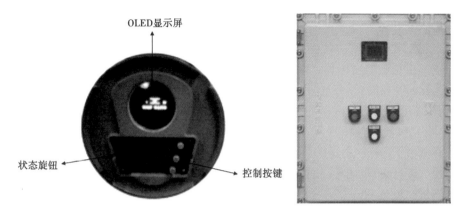

图6-12　执行器控制面板图

1）OLED显示屏

OLED显示屏（图6-13）用于显示执行器的阀位、控制命令、状态和报警。

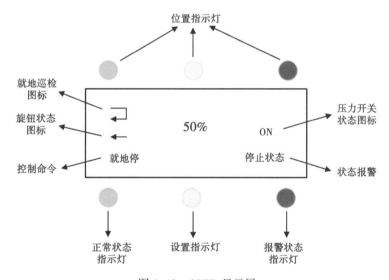

图6-13　OLED显示屏

当执行器的阀位在全开时显示"三"；当执行器阀位在全关时显示"工"；当执行器阀位在中间位置时显示数值百分比。

压力开关状态图标用于显示压力开关状态，当显示ON时表示压力开关闭合（压力低于设定值时闭合），当显示"OFF"时表示压力开关断开。

旋钮状态图标用于显示状态旋钮的位置。"←"表示就地状态；"↑"表示停止/设置状态；"→"表示远程状态。

就地巡检图标表示执行器在就地巡检状态，此时按开或关的任一键执行器将执行就地巡检指令。

控制命令栏用于显示执行器接收的控制命令，状态报警栏用于显示执行器的状态和报警。

位置指示灯用于显示当前的位置，在默认状态下，绿灯表示全关，黄灯表示中间位置，红灯表示全开。

当执行器正常时，正常状态指示灯闪烁；当执行器故障时，报警状态指示灯闪烁。

用户输入了正确的密码后，设置指示灯亮。

OLED 显示屏在没有用户操作 5min 后自动熄灭，当用户按下任意按键或旋动旋钮时，OLED 显示屏将重新点亮。

2）状态旋钮和控制按键

状态旋钮用于选择执行器的就地、停止和远程状态。当旋到停止状态时，执行器可以进行参数设置。如若控制面板状态旋钮由挡位按键代替，则状态切换由挡位按键长按实现。

控制按键在就地状态下用于控制执行器的开、关、停，在停止状态时用于设置菜单参数。

3）报警说明及消除方法

报警说明及消除方法见表 6-6。

表 6-6　报警说明及消除方法

报警名称	说明	消除方法
堵转报警	执行器在开或关的过程中堵转	反向运行执行器
电动机超温	电动机中的温度开关动作	让电动机温度降到 130℃ 以下
阀位报警	回讯器通信错误	联系售后
蓄能超时	蓄能时间超过额定值	设置蓄能超时复位菜单，重新蓄能，如果继续超时，联系售后
巡检报警	执行器在中间位置接收到巡检命令	将执行器开或关到全开或全关位

七、地面安全阀操作

地面安全控制系统主要由井口控制柜与 SCADA 系统联合实现对地面安全阀（SSV）（图 6-14）的远程、就地控制，能够分别实现对同一个平台 1~6 口井的单井关断或所有

图 6-14　地面安全阀实物图

气井的同时关断，并根据关断逻辑设置关断地面安全阀。

地面安全阀工作原理：地面安全阀与井口控制系统相连，在井口控制系统没有工作的情况下，地面安全阀是完全关闭的，反之则是开启。但井场出现异常情况时，井口控制系统液压降为零，地面安全阀内的活塞在弹簧的弹力作用下带动闸阀迅速关闭，起到保护井口的作用，如图 6-15 所示。

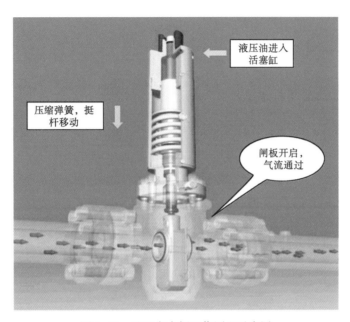

图 6-15　地面安全阀工作原理示意图

井口控制柜主要由先导换向阀、节流塞—节流阀、手动泵、储能器、放油阀、电磁阀、吸油阀、针阀组成（图 6-16）。

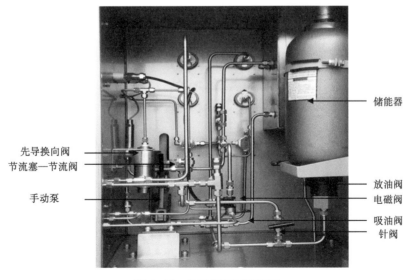

图 6-16　井口控制柜结构图

井口控制柜操作面板由系统压力 p_1、先导供应压力 p_2、地面安全阀先导控制压力 p_3、地面安全阀控制压力 p_4、手动泵 G、减压阀 H 及中继阀组成（图 6-17）。

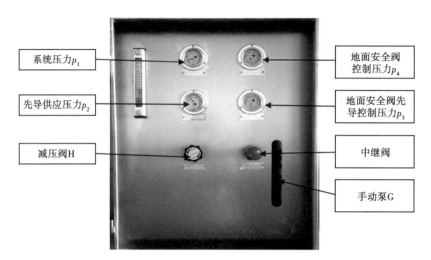

图 6-17　井口控制柜操作面板图

井口控制柜中继阀由手柄、锁紧销组成（图 6-18）。

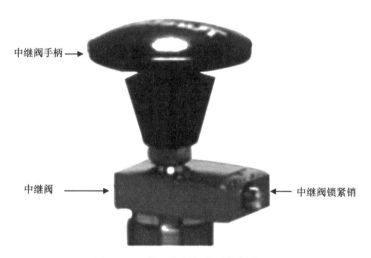

图 6-18　井口控制柜中继阀结构图

1. 操作前准备

（1）劳保用品穿戴整齐。

穿戴标准配置的劳保用品；安全帽帽壳、帽箍、顶带完好，后箍、下颚带调整松紧合适、固定可靠，女员工头发盘于帽内；工衣袖口、领口扎紧；工鞋大小合适，鞋带绑扎松紧合适不落地。

（2）操作前的检查和确认。

①检查井口高低压阀导压管连接完好，开高压针阀。

②检查紧急切断阀导压管连接完好，手动开关装置状态。

③检查控制柜仪器、仪表、管道连接完好。

④仪表显示正常，液压油箱油位合格。

2. 操作步骤

（1）紧急切断阀的开启。

①打开吸油球阀，关闭蓄能器截止阀。

②操作手动泵，系统压力 p_1 开始升压时，调节控制面板上的减压阀，使先导供应压力 p_2 升至 0.5~0.7MPa。

③拉起中继阀红色手柄，按下中继阀锁块上的锁紧销，继续操作手动泵，地面安全阀先导控制压力 p_3 升压 0.5~0.7MPa。

④操作手动泵使地面安全阀控制压力 p_4 升至 12MPa，打开紧急切断阀。

⑤生产流程压力稳定后，电磁阀通电，低压逻辑控制压力形成回路，中继阀红色手柄销自动弹起（若电磁阀不通电，中继阀红色手柄销不弹起）。

（2）紧急切断阀关闭。

①人工关闭：电磁阀通电操作，手动按下控制系统面板上的中继阀手柄，切断阀关闭；电磁阀不通电操作，手动拉控制系统面板上的中继阀手柄，销弹出松开中继阀手柄，切断阀关闭。

②远程关闭：在中控室按下电气按钮，电磁阀断电进行泄压，此时中继阀复位，切断阀关闭。

③机械式高低压压力开关自动关闭：当生产流程压力低于 8MPa 或高于 37MPa 时，高低压压力开关感测到压力信号，并进行泄压，中继阀复位，地面安全阀先导控制压力、地面控制压力降至 0，切断阀关闭。

3. 安全注意事项

（1）系统中设计好的压力禁止随意调整，系统压力下降时及时补充保持 12MPa。

（2）自动关闭安全阀，须查明原因，排除故障后方可开井口紧急切断阀，以防安全事故的发生；远程关井后，须到现场检查正常后，才可启动中继阀开井口紧急切断阀。

（3）系统中节流塞—节流阀，非专业人员严禁使用。

（4）系统中针阀仅在维护和蓄能器卸压时使用，切不可作为系统卸压使用。

八、安全切断阀操作

安全切断阀（SSV）如图 6-19 所示。

安全切断阀结构如图 6-20 所示。

安全切断阀工作原理：受安全保护的工作压力通过取压管引入传感器 BMS，传感器 BMS 中有皮膜与弹簧对该压力进行测量与传递，当压力过高（或过低）时，传感器 BMS 的皮膜带动阀杆触发机构盒 BM 中的锁紧机构，从而释入阀芯及其组件，阀芯组件在切断弹簧的动力下迅速切断气源，以达到安全保护作用。随后阀芯被切断弹簧与进口压力压紧在阀口中，此时 O 形圈会确保切断阀处于紧闭密封的状态（图 6-21）。

1. 操作前准备

（1）劳保用品穿戴整齐。

穿戴标准配置的劳保用品；安全帽帽壳、帽箍、顶带完好，后箍、下颚带调整松紧合

图 6-19　安全切断阀外观图

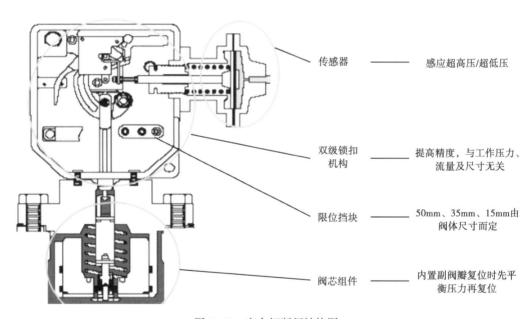

图 6-20　安全切断阀结构图

适、固定可靠，女员工头发盘于帽内；工衣袖口、领口扎紧；工鞋大小合适，鞋带绑扎松紧合适不落地。

（2）工具、用具准备。

准备可燃气体检测仪、防爆对讲机、防毒面具、检漏瓶、毛巾、活动扳手等，并保证防爆对讲机和可燃气体检测仪处于良好状态。

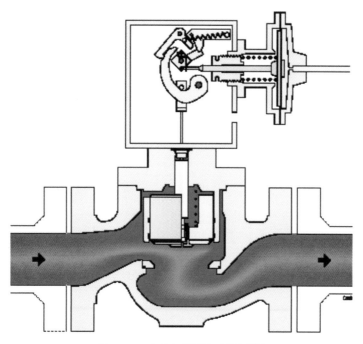

图 6-21 安全切断阀切断原理图

（3）操作前的检查和确认。

①检查确认介质流动方向与阀体上箭头一致。

②确认阀位状态与站控室一致。

③复位前应使安全切断阀前后压力平衡。

④若是因超压导致切断，复位前应放散引压管内压力至切断设定值以下。

⑤压力设定时，确认安全切断阀处于完全开启状态。

2. 操作步骤（图 6-22）

（1）复位操作。

①复位时向右斜上方扳动复位针，直到杆 1 和杆 2 锁住。

②用专用工具（复位扳手）水平方向自左向右旋转提起阀芯，使杆 4 和杆 3 锁住即可。

（2）超压保护启动。

①打开进口端阀门。

②根据图示箭头指示方向，进行第 1 步骤，将杆 2 复位。

③如图 6-22 所示，使用专用工具按照第 2 步骤的箭头方向，顺时针稍微旋转杆 4 轴心，以提起副阀瓣，过气，令阀口前后压力平衡。

④按照第 3 步骤的箭头方向，顺时针转动杆 4 轴心，安全打开切断阀，并使锁紧机构复位。

⑤执行相应调节器的启动步骤。

⑥对切断压力进行设定。

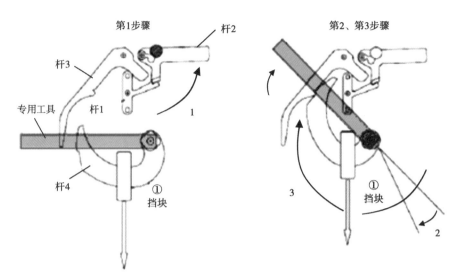

图 6-22　安全切断阀超压保护启动步骤图

⑦打开出口端阀门。

（3）压力设定（图 6-23）。

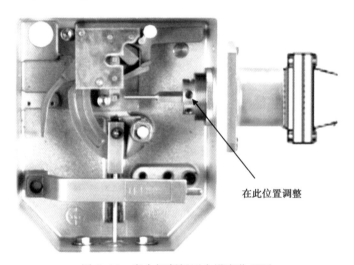

图 6-23　安全切断阀压力设定位置图

①切断压力由监控调压器上指挥器进行设定，设定前完全旋出调整螺钉，设定时需由后端引压上泄放阀进行放空，边放空边调整。

②顺时针慢慢向里旋进调整螺钉，每次以 1/4 圈为一步，观察下游出口压力，直至达到安全切断目标值为止（通常顺时针方向拧进为增压，逆时针方向为减压）。

③关闭泄放阀保持该压力，用专用工具旋转顶杆装置，直到切断阀切断，压力设定完成。

3. 操作要点

用四方工具柄部插入调压螺塞（P）孔中并将其向下转动，则切断阀动作压力设定值增高，反之降低。用户可根据需要在该型号监控器压力设定值范围内自行调整设定监控压力。如超出调整范围，只需更换监控器即可。

4. 安全注意事项

（1）在进行维护之前，为了完全释放调压器内的气体，首先关闭进（出）口的阀门，然后打开放气阀彻底放气。可以通过拧松进（出）口处连接，以确认调压器内部无气压。

（2）在进行整体维护时，建议更换所有橡胶件。注意：只能使用备件包中提供的备件。

（3）在完成维护工作后，应用肥皂水测试其密封特性。

5. 突发事故应急处理

切断阀出现不能正常切断等异常情况时，必须立即切换流程，停运事故切断阀，并根据实际情况处理（附故障诊断）。

6. 故障诊断及处理

故障诊断及处理见表6-7。

表6-7　故障诊断及处理

故障现象	处理方法	注意事项
不能正常切断	（1）检查机械盒BM是否正常； （2）检查传感器BMS皮膜是否损坏	禁止带压更换，更换前放空
切断后，下游压力持续升高	（1）检查阀芯O形圈是否破损； （2）检查阀口处是否有杂物； （3）检查阀口片O形圈是否破损	禁止带压操作，拆卸时注意人身安全，避免物件坠落伤人
无法复位	（1）检查两端压力是否平衡； （2）检查超压切断后，是否未泄放后端压力至切断设定值以下	

第七章　站场辅助系统操作

站场辅助系统是辅助站场进行生产任务、生产操作和生产运行时所需提供的资源，因此站场辅助系统的正常运行是保障站场安全生产的前提。它主要包括通信系统和电气系统两个辅助系统。

第一节　站场通信系统

一、周界安防系统操作与维护

1. 操作前检查

按照要求接入电源、报警输入、报警输出。

2. 操作步骤

接通电源时有1min待机准备（待机指示灯亮红灯，各防区监视/报警指示灯灭），然后自动进入监视/报警工作状态，各防区指示灯亮。

3. 操作要点

（1）报警指示灯的红灯亮，机内蜂鸣器发出报警声。按压报警防区的复位按钮，主机可解除报警状态进入工作监视状态。

（2）每周进行一次报警器的遮挡发射试验以及复位按钮检查，保证报警系统的正常运行。

（3）每周检查试验报警的延迟时间，如果延迟时间超过规定时间，需要对报警时间重新进行设置。

（4）每月清洁一次接收器和发射器的玻璃镜面，以保证报警的准确性。

（5）每季度对通信手孔内的积水进行外排，保证线缆在管道内保持干燥、绝缘。

4. 安全注意事项

（1）在检修前切断电源，确需带电调测，先用试电笔对外壳进行验电，然后用具有绝缘功能的工具进行调测。

（2）在检修时劳动保护用品必须穿戴齐全，登高时必须有专人监护。

5. 故障原因及处理

故障原因及处理见表7-1。

表7-1　故障原因及处理

故障	原因	处　理　方　法
单防区告警	设备故障	若某一对激光对射系统报警，先进行复位。复位不能解决用光尺进行调校，一人在接收器方拿光尺检测仪来回移动，寻找激光焦点，另一人在发射器方进行调整，使光焦点对准接收器的中心
全防区告警	设备故障	若是全部一起告警，则需要对报警仪进行断电复位，重新加电后，若还不能解决问题，则需要对报警仪进行更换维修

二、视频会议终端操作与维护

1. 操作前的检查和确认

检查所有连接线缆，确认无误。

2. 操作步骤

（1）打开主机和显示器的电源，启动应用程序。

（2）屏幕上出现连接准备就绪，此时即可开始等待 RMCC 呼叫（各单位可相互间点对点试验，但试验必须在点名前 30min 结束）。

3. 操作要点

（1）终端连线。

①定期（建议每周一次）检查连接终端和外围设备、电源间的线缆是否有松动，打开终端电源，启动终端。

②测试线缆连接是否正常，如果有松动，立即拧紧。

（2）设备自检。

①接到会议通知后，要进行设备自检，调整电视机色度、对比度、量度钮（键）使画面颜色正常。

②调整电视机音量开关，使音量适中。

③摄像头旋转正常。

（3）麦克风的位置。

麦克风要与噪声源（如喇叭、投影仪等）保持 2m 以上的距离，以免影响会议质量。讲话者要面对着麦克风，以获得最好的音响效果。

（4）摄像头。

由于摄像头为精密机械传动设备，严禁手动强行转动摄像头，用键盘和遥控板对摄像头进行操作。

4. 故障原因及处理

故障原因及处理见表 7-2。

表 7-2 故障原因及处理

故障	原因	处理方法
终端启动但未入会，监视器上既不显示遥控器画面，也不显示本端图像	数据设置错误	检查监视器的视频通道设置是否合理
	连线松动	拧紧
终端启动但未入会，监视器上显示遥控器画面，显示本端图像为蓝屏	摄像机休眠	使用摄像机遥控器唤醒
	视频源不对	切换到正确的连接视频源
终端已入会，但是本端监视器无声音输出	本端故障	先使用"声音测试"判断故障是本端还是远端
		检查是否静音或音量被调到最小，若不是再检查音频连线是否连接错误或松动
	远端故障	联系远端会场管理人员协助解决问题

第二节　站场电气系统

一、柴油发电机组操作与维护

1. 操作前准备

（1）劳保用品穿戴整齐。

穿戴标准配置的劳保用品；安全帽帽壳、帽箍、顶带完好，后箍、下颚带调整松紧合适、固定可靠，女员工头发盘于帽内；工衣袖口、领口扎紧；工鞋大小合适，鞋带绑扎松紧合适不落地。

（2）工具、用具准备。

准备防爆手机、常用维修扳手、毛巾、防爆手电（夜间携带）等。

（3）操作前的检查和确认。

①检查确认发动机冷却液、润滑油、燃油数量充足，规格正确，无泄漏。

②检查确认发电机接线方式为三相四线制，接线端子无松动，电线载流量应满足机组输出额定容量要求。

③检查确认蓄电池液面及电量符合要求。

④检查确认机组所有紧固件，应无松动现象。

⑤检查确认散热器外部无阻塞。

⑥检查确认发电机输出总开关应处于分断位置。

2. 操作步骤

（1）启动机组。

①运行前，将钥匙开关从"OFF"打到"ON"位置，按下绿色预热按钮，持续时间不超过50s。常温下，预热时间推荐为5~10s。

②按下绿色启动按钮，持续最长时间不超过40s。一次启动时间控制在5s左右。

③柴油机正常启动后，仪表指示情况正常（油压表300~650kPa，水温表70~95℃，黄色充电指示灯应熄灭），各部件是否有异常响声等，一切正常后方可合上断路器，送自发电。

（2）停机。

①手动状态：手动卸除全部负载；机组空载冷却运行3~5min；按下控制器面板"停止按钮"，机组即可停止。

②自动状态：系统自动检测市电状态，当市电恢复正常后，经延时确认（0~60s可调），机组自动执行停机程序（如配有ATS切换屏，则发出负载切换至市电侧信号），经冷却运转3~5min后，机组自动停止，重新处于待机状态。

（3）紧急停车。

当柴油机或发电机突然发生故障时，可按下"紧急停机"按钮，机组立即停机（无突然故障，严禁使用"紧急停车"）。

3. 操作要点

（1）每次启动前要进行保养检查。

（2）为确保机组的使用寿命和运行安全，VOLVO 系列机组配备有低油压、高水温、超速、过电流、过电压等保护装置。当某一项参数超过设定值时，机组将发出灯光报警。如果某项参数超值后将对发电机组造成重大事故，它将自动关闭发电机组。操作人员应根据指示情况排除故障后，方可重新启动机组。

（3）发电机组应尽量避免长期低负载运行；否则，会导致润滑油消耗量增大。排气歧管漏油，导致气门、活塞顶部、排气出口和废气涡轮上产生积炭，严重时可引起发电机重大故障。

（4）若发电机是在高转速或重载后停机，则必须空载运行 3~5min 后，让机温降到90℃以下方可停机。停机之后，应仔细检查发电机上下部有无泄漏，检查燃油箱的液位，必要时添加。

（5）紧急停机后要进行开关复位。

（6）在系统停机和故障报警后，要对控制器进行复位。

（7）检查并记录交流电频率是否稳定在 50Hz，输出线电压是否位于 390~405V，输出相电压是否位于 230V。

（8）机组每次运行之后，必须做好运行记录。

4. 安全注意事项

（1）打开散热器压力盖前，需停运发动机，待机体完全冷却并确认后再进行维护。

（2）发动机运行过程中，进行相应的检查注意防止灼伤。

（3）长期存放的机组，使用前应检查电气回路是否受潮。用 500MΩ 表测量电气回路的绝缘电阻，不得低于 2MΩ，否则应采取烘干措施。

5. 发电机的保养与维护

（1）日常保养（每次启动前后）。

①清洁机组表面。

②清洁空气滤清器上的尘土。

③检查并添加防冻液。

④停车后检查并拧紧各旋转部件的螺栓，特别是喷油泵、水泵、皮带轮、风扇等连接螺栓，同时检查坚固地脚螺栓。

⑤检查润滑油液面在标尺上、下刻度之间。

（2）检查周期。

①每运转 150h 更换柴油、机油，空气滤清器。

②每运转 250h 清洗燃油箱污垢。

③每运转 500h 更换油底壳机油，检查气门间隙及喷油器。

④每运转 1500h 检查曲轴连杆螺栓。

6. 触电事故应急处置

（1）要使触电者迅速脱离电源，应立即拉下电源开关或拔掉电源插头。若无法及时找到或断开电源时，可用干燥的竹竿、木棒等绝缘物挑开电线。

（2）将脱离电源的触电者迅速移至通风干燥处仰卧，松开上衣和裤带。

（3）施行急救，及时拨打电话呼叫救护车，尽快送医院抢救。

7. 故障原因及处理

故障原因及处理见表 7-3。

表 7-3　故障原因及处理

故障	原　因	处理方法及注意事项
无法启动	控制器电路板不起作用	更换控制器电路板
	控制器熔断丝断	更换熔断丝
	控制器总开关不起作用	更换控制器总开关
	电瓶连线腐蚀、松弛或不正确	紧固电瓶连线，并重新正确接线
	电瓶电量低	再充电或更换电瓶
	空气滤清器阻塞	清洁或更换滤芯
突然停机	控制器熔断丝断	更换熔断丝
	高温停机	让发动机冷却，再检查发动机冷却系统
	冷却剂液位低	添加冷却剂至正常液位
	低油压	检查油面
	燃料中断	检查供气系统
发动机过热	发动机过载	根据额定功率适当减少用电负荷
	冷却剂液位低	添加冷却剂至正常液位
	机油液位低	添加润滑机油
声音异常	机组振动过大	检查并紧固松弛的元件
	发动机过载	根据功率适当减小用电负荷
	排气系统泄漏	检查排气系统并更换失效的元件
	排气系统安装不牢固	检查排气系统并紧固松弛的元件
	润滑油类型不适应环境温度	更换润滑油，联系厂家使用合适的品牌

二、UPS 电源操作与维护

UPS 电源原理如图 7-1 所示。

1. 操作前准备

（1）劳保用品穿戴整齐。

穿戴标准配置的劳保用品；安全帽帽壳、帽箍、顶带完好，后箍、下颚带调整松紧合适、固定可靠，女员工头发盘于帽内；工衣袖口、领口扎紧；工鞋大小合适，鞋带绑扎松紧合适不落地。

（2）工具、用具准备。

准备巡检包、防爆对讲机、毛巾、防爆手电筒（夜间携带）等，并保证防爆对讲机处于良好的状态。

（3）操作前的检查和确认。

①检查配电室抽屉开关 UPS 主路及旁路市电输入空开是否在分闸位置。

②检查并机柜内主路及旁路市电输入空开是否在合闸位置。

③检查并机柜内 UPS 输出空开是否在分闸位置。

2组蓄电池总放电时间不小于1h
电池容量不小于$2 \times 60A \cdot h$（220V）

$\#^1$YJV–0.6/1kV 5×10

引自配电间WP2–3

$U_p < 1.5kV$

$\#^2$YJV–0.6/1kV 5×10

引自配电间WP2–4

$U_p < 1.5kV$

380/380V AC

图 7–1　冗余不间断电源 UPS 原理示意图（20kV · A 380/380V）

④检查电池柜内开关是否分闸，熔断丝瓷管有无变色、发黑现象。

2. 操作步骤

（1）UPS 直流电源启机操作，如图 7–2 所示。

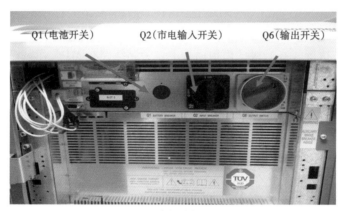

Q1（电池开关）　　Q2（市电输入开关）　　Q6（输出开关）

电池输出开关

图 7–2　输入、输出开关

①设置开关 Q1 和（或）外在电池开关到位置 1（电池电路闭合）。

②应用电压到 UPS。

③设置开关 Q2 到位置 1（输入市电开始）。

④等待模拟面板启动。

⑤从模拟面板的命令菜单激活启动程序。

⑥设置断开开关 Q6 到位置 1（连续输出）。

⑦负载由 UPS 供给动力和提供保护。

（2）UPS 直流电源关机操作。

①停工中断对负载以及停止 UPS 和电池充电器的供电。

②在模拟面板从命令菜单终止程序，等待停机大约 2min（所有服务器的停机都受控于停机软件）。

③设置断开开关 Q6 到位置 0（输出的逆变器停止）。

④设置开关 Q1 和（或）电池开关到位置 0（电池电路断开）。

⑤设置开关 Q2 到位置 0（输入市电停止）。

（3）开关开到手动旁路。

①转换到手动旁路在 UPS 输入和输出之间创建直接连接，完全除去了设备的控制部分。

②该操作在设备的普通维护情形下进行，从不负载处取消电源，或在设备发生严重故障的情形下等候处理的时候。

③从模拟面板在 COMMANDS > IMMEDIATE COMMANDS 命令 > 直接命令菜单设置 "ECONOMY MODE" "经济模式" 命令。

④等候命令被执行（在高级的模拟面板上，旁路线路在 M1 显示 on；在基本的模拟面板上，LEDL4 和 L5ON）。如果不发生如上情形，暂时操作（辅助市电不适合负载）。

⑤设置断开开关 Q6 到位置 2。

⑥设置开关 Q1 和（或）电池开关到位置 0（电池电路打开）。

⑦打开开关 Q2。

（4）回到普通模式。

①设置开关 Q2 到位置 1（输入由市电提供）。

②设置开关 Q1 和（或）外在电池开关到位置 1（电池电路闭合）。

③在模拟面板从命令菜单激活启动程序。

④检查警报 A06 不存在（如果警报存在，在继续之前解决问题）。

⑤设置断开开关 Q6 到位置 1（输出由逆变器提供）。

（5）紧急关断（ESD）。

条件：必须迅速中断由 UPS 提供的连续电源（紧急停机）。

操作：断开开关 Q6 到位置 0，通过激活紧急按钮/开关连接到 ADC 卡上。

（6）UPS 电源的放电操作。

操作步骤：

①放电时蓄电池与 UPS 主机断开。

②接好电源线，打开智能负载机。

③开机后，在智能负载的主菜单中设置好待测蓄电池的各项参数。

④接电压采集线。

⑤放电测试前，正确插好 U 盘。

⑥在智能负载的主菜单中选择"开始放电"，即可按照设定电流进行恒电流放电。

操作要点：

①UPS 蓄电池在每年的 4 月和 11 月用智能负载做一次放电。

②放电过程中，仪器如果满足"总电压下限到；单电压下限到；放电时间到"中的任一条件，H-2030P 智能负载就会自动停止放电，从而保护蓄电池不至于被过度放电。放电测试中间，也可手动在仪器的主菜单中选择"停止放电"上确认，进而在任一时间内手动终止放电。放电时间一般控制在总时间的 1/4~2/5。

③测试完成后，先关智能负载，然后拆除蓄电池组一端所有的测试线，再拆除仪器一端的线。

④每台 UPS 放电操作后，将 U 盘上的数据拷到软件的数据库，进行分析比较。

⑤每台 UPS 放电操作后，在电气设备管理台账上登记。

3. 安全注意事项

（1）为防止触电，连接和断开智能负载的电流线和电压采集线到蓄电池上时必须佩戴绝缘手套进行操作。

（2）严格按照《低压电气设备维护作业管理规定》《电气装置使用、作业及安全管理规定》进行作业。

三、时控开关操作与维护

1. 操作前准备

（1）劳保用品穿戴整齐。

穿戴标准配置的劳保用品；安全帽帽壳、帽箍、顶带完好，后箍、下颚带调整松紧合适、固定可靠，女员工头发盘于帽内；工衣袖口、领口扎紧；工鞋大小合适，鞋带绑扎松紧合适不落地。

（2）工具、用具准备。

准备测电笔、防爆对讲机、毛巾、符合设备电压等级的绝缘工具等，并保证防爆对讲机处于良好状态。

（3）操作前的检查和确认。

①设备完好，运行正常。

②绝缘工具经具有检验资质部门检验合格，并在有效期内。

2. 操作步骤

（1）开关设定。

①按实际需要，对准 24h 刻度盘外侧方槽做简单和精确的开/关设定，最小设定单位15min。

②利用绿色 ON 键设定开时刻。

③利用红色 OFF 键设定关时刻。

（2）当前时钟调整。

①将带有分针的转盘按 12h 钟面上箭头所示顺时针转动，使时针和分针分别对准目前

的时刻位置。

②按电池盖导向箭头所示打开电池盖，插好插头即可，使钟面孔内的红色三角秒针正常启动运转计时。

（3）控制方式选择。

转动面板上旋钮，可自行选择路灯的控制方式（手控、停、时控）。

3. 操作要点

（1）插入键无论是绿色 ON 键还是红色 OFF 键都必须将键插到底。

（2）绿色 ON 键（开）和红色 OFF 键（关）必须交替使用，即开—关—开—关，以此循环设定，否则会造成损坏。

（3）24h 刻度盘禁止拨动。

4. 安全注意事项

（1）操作时使用符合设备电压等级的绝缘工具。

（2）严禁用手触摸设备外露的金属部分。

（3）通电使用时，禁止触摸内部电子元件及线路，以防触电。

5. 触电事故应急处置

（1）应使触电者迅速脱离电源，应立即拉下电源开关或拔掉电源插头。若无法及时找到或断开电源时，可用干燥的竹竿、木棒等绝缘物挑开电线。

（2）将脱离电源的触电者迅速移至通风干燥处仰卧，松开上衣和裤带。

（3）施行急救，及时拨打电话呼叫救护车，尽快送医院抢救。

四、数字式万用表操作

数字式万用表（图 7-3）可用来测量交流电压、直流电压、交流电流、直流电流、电

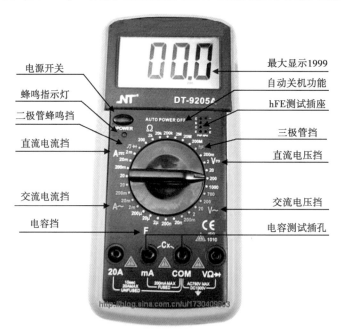

图 7-3　数字式万用表结构图

阻、电容、频率、温度、二极管及通断测试等工作。

1. 操作前准备

（1）劳保用品穿戴整齐。

穿戴标准配置的劳保用品；安全帽帽壳、帽箍、顶带完好，后箍、下颚带调整松紧合适、固定可靠，女员工头发盘于帽内；工衣袖口、领口扎紧；工鞋大小合适，鞋带绑扎松紧合适不落地。

（2）操作前的检查和确认。

①检查数字式万用表外观、旋钮、交流电源线、直流电源线等完好无破损，电源电量充足。

②按图7-4所示进行仪表校验。

图7-4　仪表校验

2. 操作步骤

（1）测量电压。

①黑表笔插入"COM"插孔，红表笔插入"VΩHz"插孔。

②转换开关转至"V"挡，如果被测电压大小未知，应选择最大量程，再逐步减小，直至获得分辨率最高的读数。

③测量直流电压时，使"DC/AC"键弹起置"DC"测量方式。

④测量交流电压时，按下"DC/AC"键弹起置"AC"测量方式。

⑤将两表笔并联在被测电路两端，并可靠接触测试点，显示屏即显示出被测电压值；测量直流电压显示时，为红表笔所接的该点电压与极性（图7-5）。

⑥注意事项：

a. 如仪表显示"OL"，表明已超过量程范围，须将量程开关转至高一挡；

b. 注意输入插孔旁边都标有危险标记的数字，旋转转换开关时，表笔要离开测试点；

c. 当测量高电压时，千万注意避免人体触及高压电路；

d. 数字万用表具有自动转换并显示极性的功能，因此测量直流电压时可不必考虑表笔的接法；

e. 如果误用直流电压挡测量交流电压，或误用交流电压挡测量直流电压，仪表将显示"000"或在低位上发生跳数现象。

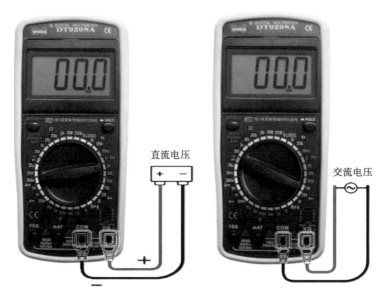

图 7-5　电压测量方法图

（2）测量电流。

①将黑表笔插入"COM"插孔，根据被测电流的估计值，将红表笔插入"mA"或"20A"插孔中。

②将转换开关转置"A"挡，若被测电流大小未知，应选择最大量程，再逐步减小。

③测量直流电流时，使"DC/AC"键弹起置"DC"测量方式。

④测量交流电流时，按下"DC/AC"键弹起置"AC"测量方式。

⑤将仪表的表笔串联接入被测电路中，显示屏即显示出被测电流值；测量直流电流显示时，为红表笔所接的该点电流与极性。

⑥注意事项：

a. 如仪表显示"OL"，表明已超过量程范围，须将量程开关转至高一挡；

b. 测量电流时注意选好量程，旋转转换开关时，表笔要离开测试点；

c. 由于数字万用表具有自动判断并显示被测电流的极性，因此测量直流电流时可不必考虑表笔的接法；

d. 当使用"20A"插孔测量时，由于该插孔一般不加保护装置，因此测量时间不得超过 10s；

e. 禁止在测量 0.5A 以上的大电流时转动转换开关，以免产生电弧。

（3）测量电阻。

① 将黑表笔插入"COM"插孔，将红表笔插入"VΩHz"插孔。

② 将转换开关转置"Ω"挡，如果被测电阻大小未知，应选择最大量程，再逐步减小，直至获得分辨率最高的读数。

③ 将两表笔跨接在被测电阻两端，显示屏即显示被测电阻值（图7-6）。

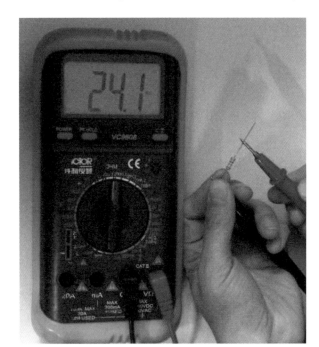

图7-6　电阻测量方法

④注意事项：

a. 如仪表显示"OL"，表明已超过量程范围；

b. 当测量电阻超过1MΩ以上时，读数需几秒时间才能稳定，这在测量高电阻时是正常的，待显示值稳定后再读数；

c. 测量在线电阻时，要先确认被测电路中所有电源已切断及所有电容已完全放电后，方可进行；

d. 严禁用电阻挡测量电压。

第八章　站场 HSSE 管理

站场 HSSE 管理是识别安全风险、落实防控措施、推进全员安全诊断、强化施工现场安全监管、完善基层安全管理、提高站场岗位员工自防自救及协同作战安全能力的体现，更是扎实做好站场安全生产、完成各项生产经营任务的关键。它主要包括防火基础知识、应急器材使用、火气仪表使用、现场急救、风险识别及管控、井控管理及应急处置等 7 部分。

第一节　防火基础知识

一、概念

1. 燃烧

燃烧是可燃物跟氧化剂发生的剧烈的一种发光、发热的氧化反应。

物质燃烧过程的发生和发展，必须具备可燃物、助燃物（氧化剂）和着火源三个必要条件。只有这三个条件同时具备，相互作用，才可能发生燃烧。通常把可燃物、助燃物（氧化剂）和着火源称为燃烧三要素。

（1）可燃物。

凡是能与空气中的氧或其他氧化剂起燃烧化学反应的物质都称为可燃物。可燃物按其物理状态，分为气体可燃物、液体可燃物和固体可燃物三种类别。可燃烧物质大多是含碳和氢的化合物，某些金属如镁、铝、钙等在某些条件下也可以燃烧，还有许多物质如肼、臭氧等在高温下可以通过分解而放出光和热。

（2）助燃物（氧化剂）。

凡能帮助和支持燃烧的物质就称为助燃物（氧化剂）。燃烧过程中的氧化剂主要是空气中游离的氧，氟、氯等也可以作为燃烧反应的氧化剂。

（3）着火源（温度）。

着火源是指供给可燃物与氧或助燃剂发生燃烧反应的能量来源。常见的有明火焰、赤热体、火星和电火花等。

在某些情况下，虽然具备了燃烧的三个必要条件，也不一定能发生燃烧。这就需要可燃物的浓度高和提供充足的氧，否则就不会使燃烧继续下去。

2. 燃点

可燃物质加温受热并点燃后所放出的燃烧热，能使该物质蒸发出足够量的可燃蒸气来维持燃烧。此时燃烧该物质所需的最低温度，即为该物质的燃点。燃点也称着火点，物质的燃点越低，越容易燃烧。

3. 闪点

闪点是指可燃液体挥发出来的蒸气与空气形成混合物，遇火源能够发光闪燃的最低温度。

4. 火灾

火灾是在时间和空间上失去控制的燃烧所造成的灾害。

二、火灾

1. 火灾的分类

火灾分为 A、B、C、D 四类。

A 类火灾指固体物质火灾，如木材、棉、毛、麻、纸张等火灾。

B 类火灾指液体火灾和可熔化的固体物质火灾，如汽油、煤油、原油、甲醇、乙醇、沥青、石蜡火灾。

C 类火灾指气体火灾，如煤气、天然气、甲烷、乙烷、丙烷、氢等引起的火灾。

D 类火灾指金属火灾，如钾、钠、镁、钛、锆、锂、铝镁合金火灾等。

2. 天然气火灾的危险性

天然气是易燃物质，扩散在大气中不易察觉，容易引起火灾，因而防火、灭火是十分重要的问题。

天然气在空气中的爆炸极限是上限为 15%，下限为 5%。也就是说，在有限空间内空气含天然气 5%~15% 就会发生爆炸；当浓度低于 5% 时，遇火不爆炸，但能在火焰外围形成燃烧层；当浓度为 9.5% 时，其爆炸威力最大（氧和天然气完全反应）；当浓度在 15% 以上时，失去爆炸性，但在空气中遇火仍会燃烧，每燃烧 $1m^3$ 天然气需要 $18m^3$ 空气，由于空气中氧气不足，造成燃烧不彻底而产生一氧化碳，会发生中毒现象，平时使用时要经常通风，这也是混空气的原因之一。

闪爆，就是当易燃气体在一个空气不流通的空间里聚集到一定浓度后，一旦遇到明火或电火花就会立刻燃烧膨胀发生爆炸。一般情况只是发生一次性爆炸，如果易燃气体能够及时补充还将多次爆炸。

三、防火基本措施

根据燃烧必须是可燃物、助燃物和着火源这三个基本条件的相互作用才能发生的道理，采取措施防止燃烧三个条件同时存在或避免它们相互作用，则是防火技术的基本理论。所有防火的技术措施都是在这个基本理论的指导下采取的，或者可以这样说，全部防火技术措施的实质就是防止产生燃烧基本条件的同时存在或避免它们的相互作用。主要有以下基本技术措施：

（1）消除着火源。

可燃物（作为能源和原材料）以及氧化剂（空气）广泛存在于生产和生活中，因此消除着火源是防火措施中最基本的措施。火灾原因调查实际上就是查出是哪种着火源引起的火灾。

消除着火源的措施很多，如安装防爆灯具、禁止烟火、接地避雷、静电防护、隔离和控温等。

（2）控制可燃物。

消除燃烧三个基本条件中的任何一条，均能防止火灾的发生。如果采取措施消除燃烧条件中的两个条件，则更具安全可靠性，例如在电石库防火条例中，通常采取防止着火源和防止产生可燃物乙炔的各种有关措施。

控制可燃物的措施主要有：以难燃或不燃材料代替可燃材料，如用水泥代替木材建筑房屋；降低可燃物质（可燃气体、蒸气和粉尘）在空气中的浓度，如在车间或库房采取全面通风或局部排风，使可燃物不易积聚，从而不会超过最高允许浓度；防止可燃物的跑、冒、滴、漏，对那些相互作用能产生可燃气体的物品加以隔离，分开存放等。

（3）隔绝空气。

必要时可以使生产置于真空条件下进行，或在设备容器中充装惰性介质保护。如水入电石式乙炔发生器在加料后，应采取惰性介质氮气吹扫；或在检修焊补（动火）燃料容器前，用惰性介质置换；隔绝空气储存，如钠存于煤油中，磷存于水中，二硫化碳用水封存放等。

（4）设置阻火装置。

防止形成新的燃烧条件，阻止火灾范围扩大，如在乙炔发生器上设置水封回火防止器，或水下气割时在割炬与胶管之间设置阻火器，一旦发生回火，可阻止火焰进入乙炔罐内，或阻止火焰在管道里蔓延。在车间或仓库里筑防火墙或防火门，或建筑物之间留防火间距，一旦发生火灾，不形成新的燃烧条件，从而防止火灾范围扩大。

四、灭火基本方法及原理

1. 灭火的基本方法

灭火的基本方法主要有冷却、窒息、隔离和化学抑制。前三种灭火作用属于物理过程，化学抑制是一个化学过程。

（1）冷却灭火：对一般可燃物火灾，将可燃物冷却到其燃点或闪点以下，燃烧反应就会中止。水的灭火机理主要是冷却作用。

（2）窒息灭火：通过降低燃烧物周围的氧气浓度可以起到灭火的作用。通常使用的二氧化碳、氮气、水蒸气等的灭火机理主要是窒息作用。

（3）隔离灭火：把可燃物与引火源或氧气隔离开来，燃烧反应就会自动中止。

（4）化学抑制灭火：就是使用灭火剂与链式反应的中间体自由基反应，从而使燃烧的链式反应中断，使燃烧不能持续进行。常用的干粉灭火剂、卤代烷灭火剂的主要灭火机理就是化学抑制作用。

2. 灭火器灭火原理

（1）干粉灭火器。

①抑制作用是干粉的主要灭火原理，燃烧是一种链式反应，不断产生自由基使燃烧能连续进行，喷出的干粉与火源接触后，能与自由基结合，使链式反应中断，从而使燃烧不再进行。

②喷出的干粉形成雾状，将火焰包围，可以减少火源的热辐射，干粉遇到高温时，会发生分解或放出结晶水，起到冷却作用。

③它能在燃烧物的表面形成一层像玻璃一样的物体，它能起到像泡沫一样的作用，阻

止空气和可燃物接触，达到窒息灭火的目的。

（2）泡沫灭火器。

泡沫灭火器的灭火机理主要是冷却、窒息作用，即在着火的燃烧物表面上形成一个连续的泡沫层，通过泡沫本身和所析出的混合液对燃烧物表面进行冷却，以及通过泡沫层的覆盖作用使燃烧物与氧隔绝而灭火。

泡沫灭火器的主要缺点是会造成水渍损失和污染，不能用于忌水性、忌酸性的化学药品及带电火灾的扑救。泡沫灭火器对扑灭石油产品的火灾效果较好。

（3）二氧化碳灭火器。

二氧化碳灭火器利用其内部充装的液态二氧化碳的蒸气压将二氧化碳喷出灭火。其灭火主要依靠窒息作用和部分冷却作用。主要缺点是灭火需要二氧化碳浓度高，会使人员受到窒息毒害。由于二氧化碳灭火剂具有灭火不留痕迹，并有一定的电绝缘性能等特点，因此更适于扑救 600V 以下的电器、贵重设备、图书资料、仪器仪表等场所的初起火灾以及一般可燃液体的火灾，即其适用范围是 A、B 类火灾和低压带电火灾。

五、火灾自救逃生

火灾几乎是我们身边最普遍，也最可能遭遇的灾难，对我们来说，掌握一定的火灾逃生自救知识是非常必要的。由于在火场中的人可能受到烧伤、窒息、中毒、爆炸危害、倒塌物砸埋和其他意外伤害，因此火场避险的基本原则就是趋利避害、逃生第一。

（1）镇定第一。首先要冷静下来，如果火势不大，可尽快采取措施扑救。如果火势凶猛，要在第一时间报警，并迅速撤离。

（2）注意风向。应根据火灾发生时的风向来确定疏散方向，在火势蔓延之前，朝逆风方向快速离开火灾区域。一般来说，当发生火灾的楼层在自己所处楼层之上时，就应迅速向楼下跑。逃生时要注意随手关闭通道上的门窗，以阻止和延缓烟雾向逃离的通道流窜。

（3）毛巾捂鼻。火灾烟气具有温度高、毒性大的特点，人员吸入后很容易引起呼吸系统烫伤或中毒。因此，逃离时要用湿毛巾掩住口鼻，并尽量避免大声呼喊，防止烟雾进入口腔。也可找来水打湿衣服、布类等用以掩住口鼻。通过浓烟区时，要尽可能以最低姿势或匍匐姿势快速前进。注意，呼吸要小而浅。

（4）结绳逃生。楼道被火封住，欲逃无路时，可将床单、被罩或窗帘等撕成条结成绳索，牢系窗槛，顺绳滑下。家中有绳索的，可直接将其一端拴在门、窗柜或重物上沿另一端爬下。在此过程中要注意手脚并用（脚呈绞状夹紧绳，双手一上一下交替往下爬），要注意把手保护好，防止顺势滑下时脱手或将手磨破。

（5）暂时避难。在无路可逃的情况下，应积极寻找暂时的避难处所。如果在综合性多功能大型建筑物内，可利用设在电梯、走廊末端以及卫生间附近的避难间躲避烟火的危害。若暂时被困在房间里，要关闭所有通向火区的门窗，用浸湿的被褥、衣物等堵塞门窗缝，并泼水降温，以防止外部火焰及烟气侵入。被困时要主动与外界联系，以便尽早获救。

（6）靠墙躲避。消防员进入着火的房屋时，都是沿墙壁摸索进行的，因此当被烟气窒息失去自救能力时，应努力滚向墙边或门口。同时，这样做还可以防止房屋塌落砸伤自己。

第二节　应急器材使用

一、8kg 干粉灭火器使用

1. 操作前准备

（1）劳保用品穿戴整齐。

穿戴标准配置的劳保用品；安全帽帽壳、帽箍、顶带完好，后箍、下颚带调整松紧合适、固定可靠，女员工头发盘于帽内；工衣袖口、领口扎紧；工鞋大小合适，鞋带绑扎松紧合适不落地。

（2）操作前的检查和确认。

检查灭火器的压力表指针在绿色区域，铅封、销钉、喷粉管及喷嘴无缺损、堵塞、老化松动，筒体无锈蚀，灭火器在有效期内。

2. 操作步骤

（1）将灭火器手提或肩扛至火点，在上风口 4~5m 处上下颠倒几次。

（2）撕下铅封，拔下销钉，一手握紧喷嘴，一手按下压把，对准火焰根部，由近至远横向扫射将火扑灭。

（3）检查确认。

（4）清理现场，填写记录。

3. 操作要点

（1）使用前将灭火器上下颠倒几次，以利于干粉射出。

（2）磷酸铵盐干粉灭火器一经打开启用，不论是否用完，均须再次充装。充装时，不得变换品类。

（3）灭火要彻底，不留残火，以防复燃。

（4）将使用过的灭火器按规定注明已被使用并放到指定位置。

4. 安全注意事项

（1）对液体火灾，禁止直接对准液面扫射，以免液体溅出伤人。

（2）高压电设备带电灭火时要注意灭火器的机体、喷嘴及人体与带电体保持相当的距离。

二、35kg 干粉灭火器使用

1. 操作前准备

（1）劳保用品穿戴整齐。

穿戴标准配置的劳保用品；安全帽帽壳、帽箍、顶带完好，后箍、下颚带调整松紧合适、固定可靠，女员工头发盘于帽内；工衣袖口、领口扎紧；工鞋大小合适，鞋带绑扎松紧合适不落地。

（2）操作前的检查和确认。

检查灭火器的压力表指针在绿色区域，铅封、销钉、喷射软管及喷嘴无缺损、堵塞、老化松动，筒体无锈蚀，轮子灵活，灭火器在有效期内。

2. 操作步骤

（1）将灭火器迅速拉到或推到火场，在上风口 10m 处停下，将灭火器放稳。

（2）一人取下喷管，迅速展开喷射软管，然后一手握住喷枪枪管；另一人拔出开启机构上的保险销，扣动扳机，将喷嘴对准火焰根部，由近至远横向扫射将火扑灭。

（3）检查确认。

（4）清理现场，填写记录。

3. 操作要点

（1）推车式干粉灭火器的操作一般应由两人完成：一人操作喷枪接近火源扑灭火灾，另一人负责开启灭火器阀门并负责移动灭火器。

（2）磷酸铵盐干粉灭火器一经打开启用，不论是否用完，均须再次充装。充装时，不得变换品类。

（3）灭火要彻底，不留残火，以防复燃。

（4）将使用过的灭火器按规定注明已被使用并放到指定位置。

4. 安全注意事项

（1）对液体火灾，禁止直接对准液面扫射，以免液体溅出伤人。

（2）高压电设备带电灭火时要注意灭火器的机体、喷嘴及人体与带电体保持相当的距离。

三、二氧化碳灭火器使用

1. 操作前准备

（1）劳保用品穿戴整齐。

穿戴标准配置的劳保用品；安全帽帽壳、帽箍、顶带完好，后箍、下颚带调整松紧合适、固定可靠，女员工头发盘于帽内；工衣袖口、领口扎紧；工鞋大小合适，鞋带绑扎松紧合适不落地。

（2）操作前的检查和确认。

检查灭火器的质量在允许范围内，铅封、销钉、喷射软管或喇叭筒无缺损、堵塞、老化松动，筒体无锈蚀，灭火器在有效期内。

2. 操作步骤

（1）将灭火器迅速提到火场，在上风口 4~5m 处停下，将灭火器放稳。

（2）拔出保险销，一只手握住喇叭筒根部的手柄，另一只手紧握启闭阀的压把。对没有喷射软管的二氧化碳灭火器，应把喇叭筒往上扳 70°~90°，由近至远横向扫射将火扑灭。

（3）清理现场，填写记录。

3. 安全注意事项

（1）使用时，不能直接用手抓住喇叭筒外壁或金属连接管，防止手被冻伤。

（2）在使用二氧化碳灭火器时，在室外使用的，应选择上风方向喷射；在室内窄小空间使用的，灭火后操作者应迅速离开，以防窒息。

（3）扑救电器火灾时，如果电压超过 600V，切记要先切断电源后再灭火。

（4）二氧化碳是窒息性气体，对人体有害，使用时应注意安全。在灭火时，要连续喷射，防止余烬复燃。如在室外，则不能逆风使用。

4. 维护保养

（1）灭火器禁止放在高温和太阳照射的地方，应存放在阴凉、干燥、通风处，不得接近火源，存放环境温度以−10~45℃为好。

（2）每月应对灭火器的质量进行一次检查，如称出的质量与灭火器钢瓶肩部打的钢印总质量相比较低于 50g 时或二氧化碳质量比额定质量减少 $\frac{1}{10}$，送维修单位补充灌装（一般用秤称）。

（3）灭火器每次使用后或每隔 5 年，应送维修单位进行水压试验，合格后方可继续使用。

（4）保持灭火器表面清洁，防止锈蚀。

（5）灭火器每年应进行检测，合格后方能继续使用。

第三节 火气仪表使用

一、可燃气体检测仪

1. 简述

可燃气体检测仪是工业与民用建筑中安装使用的对单一或多种可燃气体浓度发出响应的探测器。日常使用最多的可燃性气体检测仪是催化型可燃性气体检测仪和半导体型可燃性气体检测仪两种类型。

2. 技术特点

（1）独特的小型即插型现场可更换传感器。

（2）无干扰、智能型探测器界面。

（3）输出：4~20mA，RS−485 数据总线及 3 个报警继电器。

（4）极少的维护要求。

（5）加热的光学设计避免了冷凝现象。

（6）故障自诊断功能。

（7）低能耗。

3. 维护保养内容

（1）零点校准。

（2）量程校准。

（3）报警设定点校准，重复性准确度。

（4）响应时间测试。

（5）响应及反馈指示等功能检测。

（6）探头清洗。

（7）检测仪保持洁净。

4. 校准说明

（1）应根据仪表和探测器的要求决定校准检验的周期。

（2）通常便携式仪表的探测器除应每天在使用前进行功能检查和校验，零点校验和自检之外，有条件时，还应每月通气标定一次。

（3）固定式仪表的标定时间一般为 3~6 个月，具体应根据仪表、工艺状态和环境条件而定。

（4）每年应对控制仪表整体功能进行全面检测，以便发现达不到原有性能时进行必要的调整、修理或更换淘汰。

二、感烟探测器

1. 感烟探测器工作原理

一般光电式感烟探测器根据其结构特点可分为遮光型和散射型两种，普光采用散射光电式感烟探测器。

遮光型光电感烟探测器由一个光源（灯泡或发光二极管）和一个光电元件对应装在小暗室内构成。在无烟情况下，光源发出的光通过透镜聚成光束，照射到光电元件上，并将其转换成电信号，使整个电路维持在正常状态，不发出报警信号。当火灾发生有烟雾进入探测器，使光的传播特性改变，光强明显减弱，电路正常状态被破坏，则发出报警信号。

散射光电式感烟探测器的发光二极管和光电元件设置的位置不是对应的。光电元件设置在多孔的小暗室里。无烟雾时，光不能射到光电元件上，电路维持正常状态。而发生火灾时，有烟雾进入探测器，光通过烟雾粒子的反射或散射到达光电元件上，则光信号转换成电信号，经放大电路放大后，驱动自动报警装置发出报警信号。

2. 日常维护

（1）清洁尘土时用干净软布擦拭干净。

（2）清除油渍时，先用相应洗涤剂清除，然后用清水擦拭清洗，最后用干净软布擦拭，确保水不会进入传感器内部，进行此操作时应将传感器断电。

3. 常见故障及处理

（1）检查机柜内供电是否正常，极性及接线是否正常。

（2）系统断电，检查探头内部接线是否正确。

三、感温探测器

1. 结构及原理

感温探测器按结构原理不同，有双金属片型、膜盒型和热敏电子元件型，普遍采用热敏电子元件型感温探测器。

双金属片型感温探测器是应用两种不同膨胀系数的金属片作为敏感元件，一般制成差温和定温两种形式，定温式是当环境温度上升达到设定温度时，定温部件立即动作，发出报警信号；差温式是当环境温度急剧上升，其温升速率（℃/min）达到或超过探测器规定的动作温升速率时，差温部件立即动作，发出报警信号。

膜盒型感温探测器由波纹板组成一个气室，室内空气只能通过气塞螺钉的小孔与大气相通。一般情况下（指环境温升速率不大于1℃/min），气室受热，室内膨胀的气体可以通过气塞螺钉小孔泄漏到大气中。当发生火灾时，温升速率急剧增加，气室内的气压增大，波纹板向上鼓起，推动弹性接触片，接通电接点，发出报警信号。

热敏电子元件型感温探测器由两个阻值和温度特性相同的热敏电阻和电子开关线路组成，两个热敏电阻中一个可直接感受环境温度的变化，而另一个则封闭在一定热容量的小球内。当外界温度变化缓慢时，两个热敏电阻的阻值随温度变化基本相接近，开关电路不动作。火灾发生时，环境温度剧烈上升，两个热敏电阻阻值变化不一样，原来的稳定状态被破坏，开关电路打开，发出报警信号。

2. 日常维护

（1）清洁尘土时用干净软布擦拭干净。

（2）清除油渍时，先用相应洗涤剂清除，然后用清水擦拭清洗，最后用干净软布擦拭，确保水不会进入传感器内部，进行此操作时应将传感器断电。

3. 常见故障及处理

（1）检查机柜内供电是否正常，极性及接线是否正常。

（2）系统断电，检查探头内部接线是否正确。

四、自吸泵式复合气体检测仪

GasAlertMax XTⅡ复合气体检测仪，是由美国 Honeywell 公司生产的，可以检测硫化氢、一氧化碳、可燃气（甲烷）、氧气，与其他可燃气体检测仪的唯一不同就是带自吸泵，可以更好地使被测介质吸入检测仪，灵敏度较高（图8-1、图8-2）。

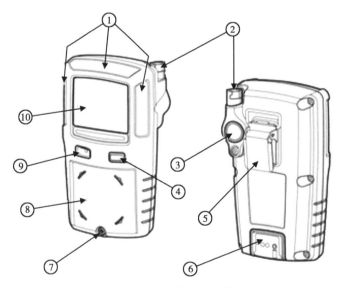

图8-1　复合气体检测仪结构

①视觉警报指标（发光二极管）；②泵快速连接器；③泵过滤器和水分过滤器；
④按钮；⑤鳄鱼夹；⑥充电连接器和红外接口；⑦扩散罩锁紧螺钉；
⑧扩散罩；⑨声音报警；⑩液晶显示器

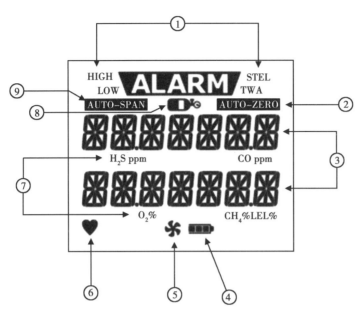

图 8-2　复合气体检测仪面板
①报警条件；②自动零位传感器；③数值；④电池寿命指标；⑤泵指示器；
⑥检测信号指示灯；⑦气体类型标识符；⑧气瓶；⑨自动传感器量程校正

1. 使用方法

（1）按一下蓝色按键，开机显示规格、型号。

（2）显示堵住进口（图 8-3）。

（3）打开进口（图 8-4）。

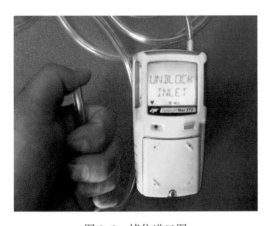

图 8-3　堵住进口图

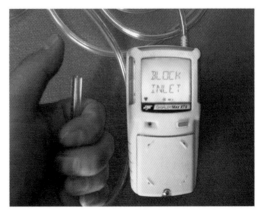

图 8-4　打开进口图

（4）显示泵已就绪，此时只需要等待直至自检完毕，不再需要任何操作（图 8-5）。

（5）显示 TWA。

（6）最后显示最终界面，可以正常使用。

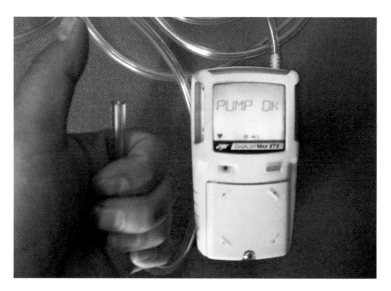

图 8-5　自检图

2. 操作要点

可燃气（甲烷）报警范围为 10%～20%。爆炸下限是针对可燃气体的一个技术词语。可燃气体在空气中遇明火种爆炸的最低浓度，称为爆炸下限，简称 "LEL"。

甲烷的爆炸极限为 5%～15%。举例说明，甲烷的爆炸下限为 5%（即空气中甲烷的体积含量达到 5%时达到爆炸下限），把这个 5%一百等分，让 5%对应 "100%LEL"，也就是说，当检测仪数值达到 "100%LEL" 报警点时，相当于此时甲烷的含量为 5%。当可燃气体检测仪数值达到 "20%LEL" 报警点时，相当于此时甲烷的含量为 1.0%。

测试完后像关手机一样，一直按住蓝色按键，出现此显示后等待 3s 即可关机。

3. 安全注意事项

（1）仅在不含危险气体的安全区域中及 0～-45℃的温度范围内充电。禁止直接测量纯天然气的含量，防止冲坏甲烷探头。

（2）禁止将检测仪浸入液体。

4. 维护保养

（1）定期校准检查检测仪。

（2）保留所有维护、校准和警报事件的操作日志。

（3）使用柔软的湿布清洁仪器表面，禁止使用溶剂、肥皂或上光剂。

第四节　现场急救

一、正压式空气呼吸器操作

正压式空气呼吸器结构如图 8-6 所示。

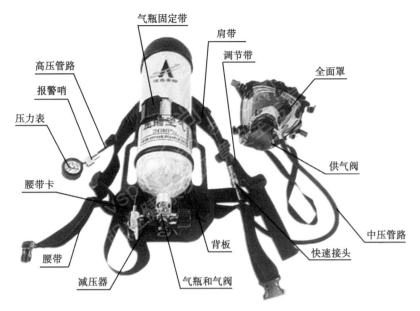

图 8-6　正压式空气呼吸器结构图

1. 操作前准备

（1）劳保用品穿戴整齐。

穿戴标准配置的劳保用品；安全帽帽壳、帽箍、顶带完好，后箍、下颚带调整松紧合适、固定可靠，女员工头发盘于帽内；工衣袖口、领口扎紧；工鞋大小合适，鞋带绑扎松紧合适不落地。

（2）工具、用具准备。

准备正压式空气呼吸器、酒精、棉签、标签等。

（3）操作前的检查和确认。

①外观检查：气瓶确认无划痕、无破损；背架、背带牢固可靠。面罩无破损，橡胶件无老化。

②压力检查：气瓶手轮开两圈以上，气瓶内空气压力应为 27~30MPa，低于此压力时应充气并汇报。

③气密性检查：打开气瓶阀开关，观察压力表的读数，稍后关闭。在 1min 内压力下降不大于 2MPa。

④报警器检查：缓慢按下呼吸控制阀的按钮，压力低于 5.5MPa±0.5MPa 时报警，若不报警禁止使用。

2. 操作步骤

（1）佩戴。

①弯腰将双臂穿入肩带。

②双手抓住气瓶背板，缓慢将气瓶举过头顶，背在身后。

③拉紧肩带，固定腰带。

④由下而上戴上面罩。

⑤收紧面罩系带，用手堵住进气口用力呼吸，确定面罩气密性良好。

⑥打开气瓶阀，连接供气阀与面罩，深呼吸，感觉舒畅即使用正常。

（2）脱卸。

①松开面罩系带，摘下面罩，关闭气瓶阀。

②先松腰带，再松肩带，卸下呼吸器。

③放空供气管路内余气，压力表指针回零。

④用酒精清洗面罩后放回专用箱中。

3. 操作要点

（1）佩戴气瓶时应将气瓶阀向下背上气瓶，通过拉肩带上的自由端调节气瓶的上下位置和松紧，直至感觉舒适为止。

（2）扣紧腰带时应将腰带公扣插入母扣内，然后将左右两侧的伸缩带向后拉紧，确保扣牢。

（3）佩戴面罩时应将面罩上的 5 根带子放到适松，把面罩置于使用者脸上，然后将头带从头部的上前方向后下方拉下，由上向下将面罩戴在头上。调整面罩位置，使下巴进入面罩下面凹形内，先收紧下端的两根颈带，然后收紧上端的两根头带及顶带，如果感觉不适，可调节头带松紧。

（4）面罩密封检查时用手按住面罩接口处，通过吸气检查面罩密封是否良好。

（5）装供气阀时应将供气阀上的接口对准面罩插口，用力往上推，当听到咔嚓声时安装完毕。

（6）检查仪器性能时完全打开气瓶阀，此时应能听到报警哨短促的报警声，否则报警哨失灵或气瓶内无气。同时观察压力表读数。通过几次深呼吸检查供气阀性能，呼气和吸气都应舒畅，无不适感觉。

（7）正确佩戴仪器且经认真检查后方可投入使用。

（8）面罩橡胶件有老化、损坏现象，应及时更换。

（9）每月应对空气呼吸器进行一次全面的检查。

（10）压力表应每年进行一次校正。

4. 安全注意事项

（1）正压式空气呼吸器及其零部件应避免阳光直接照射，以免橡胶老化。

（2）严禁接触油脂。

（3）空气瓶不能充装氧气，以免发生爆炸。

（4）正压式空气呼吸器不宜作潜水呼吸器使用。

5. 常见故障及处理

常见故障及处理见表 8-1。

表 8-1 常见故障及处理

序号	故障现象	可能原因	处理方法
1	哨声不正确	哨子脏	清洁并重新安装
2	安全减压阀泄漏	减压器有故障	将减压器送回厂家
3	面罩泄漏	密封圈有问题或未安装，或 O 形圈连接有问题	安装或更换密封圈或 O 形圈
		呼气阀泄漏	清洁或重新装配更换

续表

序号	故障现象	可能原因	处理方法
4	高压泄漏	检查连接的紧固程度	按需拉紧
		检查软管连接的密封性	按需更换密封件
5	吸气泄漏（不断泄漏）	O 形圈磨损	更换
		平衡活塞有故障	送回厂家
		隔膜未正确安装	重新正确安装
		旁路旋钮接通	关闭旁路旋钮

二、心肺复苏

1. 操作前的检查和确认

（1）及时观察现场周边环境情况，确认安全。

（2）在安全区域迅速联系专业急救人员，并简短地描述现场情况。

2. 操作步骤

（1）判断意识和求救。

（2）开放气道。

（3）胸外心脏按压。

（4）人工呼吸。

（5）判断患者恢复情况。

3. 操作要点

（1）判断意识和求救时应注意：

① 轻拍患者面部或肩部，并大声呼唤，如无反应，说明意识已丧失。然后高声呼救，呼唤他人前来帮助，拨打 120 急救电话。

②摆好体位，使患者仰卧在坚实的平面上，头部不得高于胸部。如患者俯面，则必须将患者的头、肩、躯干作为一个整体同时翻转而不使其扭曲。

③判断呼吸及脉搏，10s 内完成。

（2）开放气道时应注意：

① 清除气道及口内异物时应使头部偏向一侧，液体状的异物可顺位流出，还可食指包上纱布或手帕将口腔异物掏取出来，并注意取出义齿。

②打开气道时救护者一手置于患者前额，手掌后压使头后仰，另一手的食指、中指置于患者下颌骨向上抬举，举高程度以唇齿未完全闭合为限。

（3）胸外心脏按压时应注意：

① 救护者立于或跪于患者右侧，一手掌根部置于按压点（胸骨中下 1/3 交界处的正中线上或剑突上 2.5~5cm 处），另一手掌根部放于前者手背上，手指翘起或双手手指交叉相互握持抬起，两臂伸直，凭自身重力通过双臂和双手掌垂直向胸骨加压，然后放松，但掌跟不能离开按压处。

②按压与松开的时间比为 1:1，推荐频率为 100 次/min。胸外按压与人工呼吸比例为 30:2（每做 30 次心脏按压后，人工呼吸 2 次，反复交替进行）。

（4）人工呼吸时应注意：

①口对口（鼻）人工呼吸最适用于现场复苏。

②救护者用手捏住患者鼻孔，深吸气后将口唇严密包盖患者口部，并缓慢持续地向患者口腔吹气，每次应达 1s 以上，确保每次吹气后患者胸部抬举。

（5）判断患者恢复情况时应注意：

①进行心肺复苏术后，病人瞳孔由大变小，脑组织功能开始恢复（如挣扎、肌张力增强，有吞咽动作等），能自主呼吸，心跳恢复，发绀消退等，可认为心肺复苏成功。

②若经过约 30min 的心肺复苏抢救后，没有出现上述表现，则预示复苏失败。

③在医务人员接替抢救之前，现场人员禁止放弃现场急救。

三、触电现场急救

1. 操作前准备

（1）工具、用具准备。

准备急救药箱、电工钳、木把手斧、木棍等绝缘工具等。

（2）操作前的检查和确认。

①及时观察现场周边环境情况，确认是否安全。

②在安全区域迅速联系专业急救人员，并简短地描述现场情况。

2. 操作步骤

（1）迅速联系专业救护人员。

（2）设法关闭电源或使受伤者脱离危险地带。

（3）对伤者进行现场急救。

3. 操作要点

（1）触电者脱离电源时应注意：

①切断电源开关，或用电工钳、木把手斧将电源线截断。

②如果距电源较远可用干燥的木棍、竹竿等挑开触电者身上的电线或带电设备。

③可用干燥的几层衣服将手裹上或站在干燥的木板上，拉触电者的衣服。

④如果触电者在高压设备上，为使触电者脱离电源，应立即通知有关部门停电或用相应等级的绝缘工具拉开关、切断电线，或投掷裸体金属线使线路短路接地，迫使继电保护装置动作，切断电源。

（2）当触电者脱离电源以后，应视触电轻重采取以下措施：

①伤者不严重，神志还清醒，只四肢麻木、全身无力，或一度昏迷，但未失去知觉，都要使之就地安静休息 1~2h，并做严密的观察。

②伤者较为严重，无知觉、无呼吸，但心脏有跳动时，应立即进行人工呼吸；如有呼吸，但无心跳，则应采取人工体外心脏按压法。

③伤者严重，心跳和呼吸都已停止，瞳孔扩大失去知觉时，则须同时采取人工呼吸和人工体外心脏按压两种方法；人工呼吸尽可能坚持抢救 6h 以上，直到把人救活或确诊已经死亡为止，送医院途中不能中断抢救。

④对触电者严禁乱打强心针。

⑤在医务人员接替抢救之前，现场人员不得放弃现场急救。

4. 安全注意事项

（1）施救者要做好绝缘防护措施进行施救。

（2）切断电源开关，应用电工钳、木把手斧等绝缘工具将电源线截断。

四、急性中毒现场急救

1. 操作前准备

（1）工具、用具准备。

准备正压式空气呼吸器、急救药箱、担架、清水、肥皂等。

（2）操作前的检查和确认。

①及时观察现场周边环境情况，确认是否安全。

②在安全区域迅速联系专业急救人员，并简短地描述现场情况。

2. 操作步骤

（1）检查中毒区域的现场情况。

（2）迅速联系专业救护人员。

（3）转移中毒者至空气新鲜区域，现场进行急救。

3. 操作要点和质量标准

（1）抢救者佩戴防护措施，将中毒者抬离工作地点，呼吸新鲜空气，松开伤员的衣领、内衣、裤带、乳罩，使患者仰卧，肺脏伸缩自如。

（2）注意患者身体的保暖；检查患者昏迷程度；患者出现深度昏迷时，要对其头颅周围进行降温。

（3）患者的呼吸道要通畅无阻，以使气体容易进出。清除口、鼻中泥草、痰涕或其他分泌物，有活动的义齿应立即取出，以免坠入气管。

（4）对神志不清者应将头部偏向一侧，以防呕吐物吸入呼吸道引起窒息，有条件者立即上氧，头置冰袋以减轻脑水肿。

（5）呼吸困难者应做人工呼吸、吸氧；心跳停止者应立即进行体外心脏按压，并立即请医生急救。

（6）除去污染物，脱去被有毒物污染的衣服；用大量的清水或肥皂水清洗被污染的皮肤；眼睛受毒物刺激时，可用大量的清水冲洗。

4. 安全注意事项

（1）为了安全起见，尤其是化学中毒，在无法确定原因的情况下禁止口对口呼吸。

（2）抢救者个人防护用品佩戴不齐全，禁止进入中毒区域施救。

（3）抢救者在中毒区域施救过程中，应注意现场环境变化防止再次伤害。

第五节 风险识别及管控

一、HSSE 管理体系

HSE 是健康（Health）、安全（Safety）和环境（Environment）管理体系的简称，HSE 管理体系是将组织实施健康、安全与环境管理的组织机构、职责、做法、程序、过程和资源等要素，通过先进、科学、系统的运行模式有机地融合在一起，相互关联、相互作用，形成动态管理体系。

HSE 管理体系要求进行风险分析，确定可能发生的危害和后果，采取有效的防范手段和控制措施防止事故发生，减少可能引起的人员伤害、财产损失和环境污染。HSE 管理体系强调预防和持续改进，具有高度自我约束、自我完善、自我激励的特点，是一种现代化的管理模式，是现代企业制度之一。

HSE 管理体系遵循"规划（PLAN）—实施（DO）—验证（CHECK）—改进（AC-TION）" 管理模式，简称为 PDCA 管理模式。

2018 年 1 月 3 日，中国石油化工集团公司 HSSE 工作视频会在总部召开。这次会议在原有的 HSE 基础上，增加了一个代表公共安全的"S"，既是完善安全管理体系的需要，也是思想认识的深化和公司管理实践的提升，有利于推动中国石化实现全面安全。戴厚良要求，要进一步增强做好 HSSE 工作的责任感、使命感。要看到我国社会主要矛盾变化对 HSSE 工作提出了更高要求，必须坚守"发展决不能以牺牲安全为代价"这条红线，必须坚持人与自然和谐共生的基本方略，真正转变思想观念、提升工作标准，以优良的 HSSE 绩效托举起群众的安全感、获得感和幸福感。要看到全面依法治国的实践发展对 HSSE 工作提出了更高要求，无论是在安全、环保，还是在健康、公共安全方面，都不能触碰法律的红线。要看到转向高质量发展对 HSSE 工作提出了更高要求，做好 HSSE 工作是打造现代化经济体系和产业体系的重要基础，是转向高质量发展的客观要求。

二、名词术语

危害：可能造成人员伤亡、疾病、财产损失、工作环境破坏的根源或状态（危险源）。

削减措施：包括预防事故、控制事故、降低事故长期的和短期的影响等措施。

有害因素：对人造成伤亡或对物造成突发性损害的因素。

危害因素：影响人的身体健康，导致疾病，或对物造成慢性损害的因素。

危害辨识：确认危害的存在并确定其特性的过程，即找出可能引发事故导致不良后果的物品、生产系统或生产过程的过程。因此，危害辨识有两个关键任务：辨识可能存在的危害因素和辨识可能发生的事故后果。

三、危险有害因素

对危险因素进行分类，以便进行危险因素的辨识和分析，危险因素的分类方法有很多，如 GB 13186—2009《生产过程危险和有害因素分类与代码》，将生产过程中的危险和有害因素分为人的因素、物的因素、环境因素和管理因素四大类。

（1）人的因素：在生产活动中，来自人员或人为性质的危险和有害因素。

（2）物的因素：机械、设备、设施、材料等方面存在的危险和有害因素。

（3）环境因素：生产作业环境中的危险和有害因素。

（4）管理因素：管理和管理责任缺失所导致的危险和有害因素。

四、风险度界定

风险度是对风险的一种量化，风险度越大说明此项活动就越危险，采取的削减措施的级别就越高。

风险度（R）＝发生的可能性（L）×后果的严重性（S）

（1）$R<4$，稍有危险，可以接受。

（2）$R=4\sim8$，一般危险，需要注意。

（3）$R=9\sim14$，显著危险，需要改进控制措施。

（4）$R=15\sim20$，高度危险，需要限期整改。

（5）$R=21\sim25$，极其危险，不能继续作业。

评估危害后果的严重性（S）见表 8-2。

表 8-2　评估危害后果的严重性（S）

等级	法律法规及其他要求	人	财产（万元）	停工（d）	环境污染、资源消耗	公司形象
5	违法	死亡、终身残疾、丧失劳动能力	≥10	≥3	大规模、厂外	河南省或石化集团
4	潜在不符合法律法规	部分丧失劳动能力、职业病、慢性病、住院治疗	≥5	≥2	厂内严重污染	南川区范围
3	不符合中国石油化工集团公司规章制度标准	需要去医院治疗，但不需住院	≥1	≥1	厂范围内中等污染	华东油气分公司内部
2	不符合厂规章制度	皮外伤、短时间身体不适	<1	0.5	装置范围污染	南川页岩气项目部内部
1	完全符合	没有受伤	<0.1	没有误时	没有污染	站场单位

危害发生的可能性（L）见表 8-3。

表 8-3　危害发生的可能性（L）

分数	偏差发生频率	安全检查	操作规程	员工胜任程度（意识、技能、经验）	防范控制措施
5	每天发生，经常	从未检查	没有操作规程或每次操作违章	不胜任（无任何培训，意识不够，缺乏经验）	无任何防范或控制措施
4	每月发生	检查次数不足	操作规程有严重缺项，执行出现过未遂事故	不够胜任，曾经出现过未遂事故或险情，长时间未接受培训	防范、控制措施不完善（如未明确职责）
3	每季度发生或过去曾经发生；在异常情况下发生过类似事故或事件	月检，偶尔不及时	操作规程不详，只是部分执行	一般胜任，从未从事过本专业，新到岗位不足半年	有，但没有完全使用（如个人防护用品）或防范、控制措施职责不明确
2	每年发生；过去、偶尔发生类似事故或事件	周检及时	有，但偶尔不执行	胜任，从事过本专业，但新到岗位不足半年，偶然出差错	有，偶尔失去作用或出差错
1	一年以上发生或极不可能发生	日检及时	有操作规程，而且严格执行	高度胜任（培训充分，经验丰富，意识强）	有效防范控制措施

风险评估表见表8-4。

表8-4 风险评估表

严重性可能性	1	2	3	4	5
1	1	2	3	4	5
2	2	4	6	8	10
3	3	6	9	12	15
4	4	8	12	16	20
5	5	10	15	20	25

注：绿色表示一般危险（稍有危险），橙色表示高度（极度）危险。

风险控制措施及实施期限见表8-5。

表8-5 风险控制措施及实施期限

风险度	等级	应采取的行动/控制措施	实施期限
21~25	不可容忍	在采取措施降低危害前不能继续作业，对改进措施进行评估	立刻
15~20	重大风险	采取紧急措施降低风险，建立运行控制程序，定期检查、测量及评估	立即或近期整改
9~14	中等	可考虑建立目标、建立操作规程或应急预案，加强培训及沟通	2年内治理
4~8	可容忍	可考虑建立操作规程、作业指导书或应急预案，但需定期检查	有条件、有经费时治理
<4	轻微或可忽略的风险	无须采用控制措施，但需保存记录	

五、JHA 和 SCL 的应用

JHA记录表全称为工作危害分析记录表，主要应用到日常作业活动中，对每个操作步骤的危害、后果和风险度进行了总结和归纳，指导我们如何规避风险及重要危害（R值越大越危险）。

更换压力表工作危害分析记录表见表8-6。

表8-6 更换压力表工作危害分析（JHA）记录表

序号	工作步骤	危害或潜在事件	主要后果	现有安全措施		L	S	R	建议改进措施
				管理措施	安全设施				
1	准备工具材料	压力表量程过大	计量失真	有规定，但偶尔不执行		2	1	2	
		压力表量程过小	弹簧管爆裂，人员受伤，财产损失<1000元	有规定，但偶尔不执行		1	1	1	

续表

序号	工作步骤	危害或潜在事件	主要后果	现有安全措施		L	S	R	建议改进措施
				管理措施	安全设施				
2	关控制阀，卸表	未关压力表控制阀卸表	压力表飞出，人员受伤，财产损失小于10万元	有规定，并严格执行		1	4	4	加强意识培训，制定应急预案
		压力表未回零就卸表	压力表飞出，人员受伤，财产损失小于10万元	有规定，并严格执行		1	4	4	加强意识培训，制定应急预案
		卸表动作过猛、过快，未保护压力表	仪表损坏，财产损失小于1000元	有规定，但偶尔不执行		2	1	2	
3	检查垫片	垫片已损坏，未及时发现	渗漏，污染环境	有规定，但偶尔不执行		2	1	2	
		垫片有异物或杂质未清理干净	渗漏，污染环境	有规定，但偶尔不执行		2	1	2	
4	吹扫	吹扫不彻底	渗漏，污染环境	有规定，但偶尔不执行		2	1	2	
5	装表	压力表未上紧；起压过猛、过快；漏气	渗漏，污染环境，财产损失小于1000元	有规定，但偶尔不执行		2	1	2	
6	清理现场	未清理现场	污染环境，丢失工具，财产损失小于1000元	有规定，但偶尔不执行		2	1	2	

SCL 分析记录表全称为安全检查分析记录表，主要是对固定场所、设备、设施等不安全状态的危害分析，现场可以采用逐项排查法实施对设备的逐项检查。

启动水套炉安全检查（SCL）分析记录表见表 8-7。

表 8-7　启动水套炉安全检查（SCL）分析记录表

序号	检查项目	标准	产生偏差主要后果	现有安全控制措施				L	S	R	建议改正/控制措施
				偏差发生频率	管理措施	员工胜任程度	安全设施				
1	液位计	阀门手柄灵活好用，不渗漏	无法正常显示液位，引发因液位过低或过高事故	偶尔发生	有，但偶尔不执行	胜任		2	2	4	及时检查
2	液位	1/3~2/3	液位低加热效果差，液位高水套炉冒罐	偶尔发生	有，但偶尔不执行	胜任	常压罐液位计	2	2	4	及时检查

序号	检查项目	标准	产生偏差主要后果	现有安全控制措施				L	S	R	建议改正/控制措施
				偏差发生频率	管理措施	员工胜任程度	安全设施				
3	炉膛	点火前无余气、无油水，充分燃烧	炉膛内有余气，点火时造成爆炉和喷火伤人	从未发生	点水套炉操作规程	胜任	炉头贴有操作规程	1	5	5	加强培训，抽查
			燃烧不够充分，产生黑烟污染环境	偶尔发生	有，但偶尔不执行	胜任		2	2	4	及时调整
4	燃气控制阀	开关灵活，控制可靠	漏气，在点火时造成爆炉和喷火伤人	偶尔发生	有，但偶尔不执行	高度胜任		2	2	4	按规程操作、及时检查
5	炉体	无锈蚀、无渗漏，保温良好	降低水套炉使用寿命、炉效	偶尔发生	有，但偶尔不执行	胜任		2	1	2	定期维护保养
6	接地线	无断开，接地电阻小于4Ω	静电，发生爆炸，人员重伤、轻伤	从未发生	有管理规定且严格执行	高度胜任		1	3	3	及时检查、检测
7	安全附件	清晰、正确、可靠	判断错误，损坏设备	偶尔发生	有，但偶尔不执行	胜任		2	2	4	及时巡查

第六节　井控管理

一、概述

1. 井控

井控为油气井勘探开发全过程的油气井、注水井压力控制的简称，包括钻井、测井、录井、测试、注水（气）、井下作业和报废井弃置处理等各生产环节。

2. 气井井控管理工作的主要内容

气井井控管理工作的主要内容包括：日常生产井控管理；钻井和井下作业设计的井控管理；井控装备管理；一般作业过程中的井控管理；大修、侧钻井井控管理；特殊作业施工井控管理；井控培训；井控工作监督管理制度；长期停产井和报废井、事故井的管理等。

本节主要介绍南川页岩气田气井生产过程中的井控管理。

二、生产井井控管理

1. 井口装置完整性要求

（1）井口装置无"跑、冒、滴、漏、脏、松、缺、锈"，做到干净整洁。

（2）应根据井口压力的大小，选择合适量程的压力表，精度符合相关标准、规范要求。

（3）井口装置应安装丝堵、盲板，避免阀门内漏，造成气体泄漏。

（4）各阀门手轮、销钉、黄油嘴、注脂阀应完整无缺失，保持采气树及井口装置的完整性。

（5）方井池应有通风、排水设施，保证强制通风运行正常，雨水及时外排。

2. 井口巡检主要井控检查内容

（1）井口装置是否齐全。

（2）各阀门的开关状态是否正常，阀门开关是否灵活好用。

（3）井场道路是否符合安全规范。

（4）重点检查采气树阀门及法兰连接、大四通周边主阀及法兰连接、套管头及环形钢板等处的腐蚀情况，是否存在渗漏或其他异常现象。

（5）地面安全阀是否处于投运状态，各参数是否在允许范围内，各连接点有无渗漏现象。

（6）巡检人员应配置便携式有毒有害气体检测仪、可燃气体检测仪，发现异常情况应及时处置，并做好记录。

3. 井口装置规范操作

（1）认真遵守气井开井、关井井口操作规程，做到操作规范。

（2）重点保护大四通周边阀门。一般情况下，如外侧闸阀灵活好用，开关井操作时只对外侧阀门进行操作，要全开全关，内侧阀门通常保持全开状态，当外侧阀门损坏失灵时，将内侧阀门关严，更换外侧阀门。

（3）加强对井口注剂和维护施工人员的井控培训，规范其井口操作。

（4）生产过程中，应及时开展生产动态监测和分析。

（5）含 CO_2 等酸性气体的采气井，应按照工艺设计要求采取防腐、防垢、防水合物等工艺措施。

4. 井口装置的维护保养

（1）定期对采气树阀门加注黄油进行保养，若无油嘴，可通过阀门向内侧挤注黄油，同时要活动丝杠，使黄油充分接触阀门关键部位，达到维护保养的目的。

（2）对油、套压内侧阀门和总阀门，在涂抹黄油进行保养的同时，至少每季度要活动一次，防止生锈，确保阀门灵活好用。

（3）发现井口装置涂漆起皮或脱落，要及时除锈补漆。

（4）利用关井测压、计划关停井等有利时机，对阀门内漏情况进行检查，掌握井口阀门工况，内漏严重，形成井控隐患的，要及时采取更换措施。

（5）一旦发现气井阀门开关不灵、法兰连接或井口其他部位有渗气、渗油等现象时，要立即进行润滑、紧固处理，处理后仍不能恢复正常，存在井控隐患的要及时采取更换措施，保证井口装置灵活好用、工况正常，把隐患消除在萌芽状态。

三、特殊情况井井控管理

（1）采气井出砂后应立即对流程壁厚进行检测，合格后方能投入生产。

（2）环空起压时，应控制压力不超过起压套管抗内压强度的60%，压力上涨至限定值即接安全泄压管线，放喷点火。

（3）含有毒、有害物质的井应在井口、气取样区、排污放空区、水罐安装固定式可燃气体监测仪、有毒有害气体监测仪，并实施连续监测。

（4）含有毒、有害物质的井应配备防爆轴流风机、风向标和应急药品，现场人员应配备相应数量的便携式硫化氢监测仪、正压式空气呼吸器。

（5）待报废的含有毒、有害物质井不能做长停井处理，应按照废弃井处置。

四、长停井井控管理

（1）具有较高井控风险的长停井应及时治理，并纳入正常生产井管理。

（2）长停井的处置应执行SY/T 6646—2017《废弃井及长停井处置指南》中的相关规定。

（3）应在地面明确标示，并具有完整的井口装置，其压力等级和完整性应满足长期停产的井控要求。

（4）应逐井建立完整档案，准确记录井场位置、投（停）产时间、停产原因、井下管柱、井下工具、流体性质、井口装置，以及地面配套情况、风险类型和程度等。

（5）应建立长停井定期巡检记录制度，每月巡检应不少于1次。

（6）应根据风险类型、风险程度、救援难度等制定应急预案。

五、废弃井井控管理

（1）废弃井封井应按照程序申报、审批，执行《华东油气分公司废弃井管理规定》。

（2）废弃井的封井设计、处置应按Q/SH 0653—2015《废弃井封井处置规范》的规定执行。废弃井井口处置分保留井口和不保留井口两种方式。

（3）废弃井作业前应进行压井，压稳后方可进行其他作业；封堵作业结束后，应对井筒进行试压检验。

（4）留存井口的废弃井，井口套管接头应露出地面，安装简易井口、装压力表和放气阀，立碑、刻字、盖井口房。

（5）应建立已封废弃井档案及封井数据库，明确废弃井坐标位置、废弃方式等。

（6）应建立留有井口的废弃井定期巡检制度，并记录巡井资料。含有毒有害物质、"三高"废弃井至少半年应巡检一次，其他井每年至少应巡检一次。

（7）待废弃井应安装完整的井口装置，并按正常生产井管理。

六、采气井辅助作业井控管理

1. 采气井解堵施工井控管理

（1）气井发生堵塞后应密切监测压力，若压力达到管线或设备设计压力的 70% 时应立即关井处理。

（2）解堵施工前，应根据解堵方案对作业进行危害识别和风险评价。

（3）施工前，应检查地面高压管线、管汇台及放喷管线的固定附件有无松动，应检查各级压力表是否准确。

放喷解堵作业基本要求：

（1）应检查井口阀门是否灵活好用，确保能迅速关井。

（2）应做好防火防爆等安全防护措施，必须熄灭站区内所有火源，切断站内各处电源。

（3）设置风向标，施工人员应站在上风向或侧风向，风向不合适时暂停施工。

（4）进行高压泄压及放喷时，沿气流流动方向的各弯头处严禁站人。

（5）无法点火燃烧时不得进行放喷解堵。

（6）在井站或施工区内有交叉作业时，不得进行解堵施工。

（7）夜间不得进行解堵施工。

（8）不具备施工条件时，不得进行解堵施工。

2. 采气井气举措施井控管理

（1）进行气举作业时，应在排气管线至井口注气管线之间安装单流阀，快速关断阀门。

（2）机组排气口应尽量靠近快速关断阀门，减少排气管线连接长度，降低安全风险。机组排气口距离高压安全注气装置大于 3m 时，应采用油管、弯头等进行延伸，并有效固定。

（3）所有软管在使用前后需对其外观进行检查，当出现龟裂、开口等现象时应立即停用，及时更换。站场内的注剂软管应合理敷设并固定，做好防碾压措施。

（4）气举作业前应对采气树、注气管线按注气管线额定工作压力的 80% 进行试压；试压后，需对试压管线内的试压介质进行吹扫。

（5）夜间、不具备作业条件时不得进行气举作业。

3. 采气井生产测（试）井控管理

气井在测压、测温前必须对防喷管、密封盒按井口最高压力的 1.5 倍或额定工作压力的 70% 进行试压。

七、采气井防护措施

1. 防火防爆措施

（1）采气井场设备、设施的布局，消防设施的配备应符合 GB 50183—2015《石油天然气工程设计防火规范》中的相关规定。

（2）井场设施、照明器具、输电线等的配置及安装应符合 SY 5225—2012《石油天然气钻井、开发、储运防火防爆安全生产技术规程》中的相关规定。距井口 30m 以内的所有电气设备应符合防爆要求；电器设备、照明器具应分闸控制，做到一机一闸一保护。

（3）井场若需动火，应执行中国石化关于用火作业的相应安全管理规定。

（4）进入井场的机具、工程车辆应带有防火罩并确保完好有效。

（5）作业人员作业时应使用防爆工具，穿戴防静电防护用品。

（6）井场严禁可燃气体放空，应用可靠的点火设施点。

2. 防硫化氢措施

（1）在含硫化氢井工作时，采气管理区技术人员应向全队员工进行安全技术交底，说明油气层性质及含硫化氢情况，并建立预警预报制度，发现有硫化氢气体逸出应立即报警。

（2）防硫化氢设备的配备应符合 SY/T 6277—2017《硫化氢环境人身防护规范》中的相关要求；当班基本人员应每人配备一套正压式空气呼吸器，并备用两套。

（3）监测仪使用过程中应定期校验，固定式、便携式硫化氢监测仪应每年校验一次。在超过满量程浓度的环境使用后，应重新校验合格。

（4）井场硫化氢浓度低于 $30mg/m^3$ 的情况下，可以连续工作 8h；井场硫化氢浓度超过 $30mg/m^3$ 的情况下，作业人员应立即佩戴正压式空气呼吸器进行应急作业；井场硫化氢浓度超过 $75mg/m^3$ 的情况下，作业人员应立即关停设备，撤离至安全区待援。

（5）放喷点火应派专人进行，在上风方向远程点火。

（6）上岗人员应进行硫化氢安全防护培训，取得"硫化氢安全防护培训合格证"后方可上岗。

（7）作业人员在井场应佩戴便携式硫化氢监测仪，含硫化氢井取样时应戴正压式空气呼吸器。

（8）含硫化氢井应每 4h 巡检一次，巡检人员不得少于 2 人。

八、井控应急处置

1. 应急工作规定

（1）油气生产单位应根据现场实际，制定生产井、长停井、废弃井的井控应急预案或处置办法。

（2）应急预案制定完成后，应按要求进行演练，根据演练中发现的问题，对预案进行修订、完善。

2. 井喷失控现场处置

（1）发生井喷后应采取措施控制井喷，一旦发生井喷失控，应立即启动井喷失控应急预案，根据失控状况制订抢险方案，统一指挥、组织和协调抢险工作。抢险中每个步骤实施前，均应进行技术交底或模拟演习。

（2）井口失控应严防着火。井喷失控后应立即停车、停电，熄灭火源，组织警戒；尽快将易燃易爆物品撤离危险区；迅速做好储水、供水工作，并尽快用消防水龙带和消防水枪向天然气喷流口和井口周围设备喷水降温，保护井口装置，防止着火或事故继续恶化。

（3）发生井喷失控后，应设置观察点，定时取样，测定井场各观察点天然气、二氧化碳含量，划定警戒区和临时安全地，建立就地庇护所，加强警戒。

（4）井喷失控后，预测井口压力可能超过井控装置所允许的工作压力，应采取放喷降压和相应处理措施，放喷应点火。

3. 弃井点火程序

（1）井喷失控后，在人员的生命受到巨大威胁或预测环境将受到重大污染时，在失控井无希望得到控制的情况下，应按抢险作业程序对井口实施弃井点火。弃井点火程序的相关内容应在应急预案中明确。

（2）点火人员应佩戴防护器具，并在上风方向、距离火口不少于 30m 的地方点火，点火时应有人在旁进行监护。

（3）点火后应对下风方向尤其是井场生活区、周围居民区、医院、学校、集镇等人员聚集场所的气体浓度进行监测。

4. 处理井喷失控事故时应注意的安全事项

（1）井喷失控井场内的处理作业应尽量避免在夜间和雷雨天进行，以免发生抢险人员伤亡事故，或因操作失误使处理工作复杂化；在施工的同时，应避免在现场进行干扰施工的其他作业。

（2）严格控制污染物外排，应有专人负责环境监测。

（3）井喷失控后，应立即成立企地联合指挥所，统一协调工作。

（4）页岩气井井喷失控过程中要做好人身安全防护。抢险人员应根据需要配备护目镜、阻燃衣、防水服、防尘口罩、防辐射安全帽、手套、便携式可燃气体监测仪、正压式空气呼吸器、耳塞等防护用品，以避免烧伤、窒息、中毒、噪声等伤害。

九、井控资料管理

1. 台账类

（1）井控管理台账（含上级井控文件、井控管理制度和井控标准等），内容包括井身结构管柱图、钻井井史、作业井史、井口装置各部件技术规格和型号等资料。

（2）井口巡井台账，内容含井口设备完好情况、井口压力等。

（3）井控培训及取证台账。

（4）井控应急物资台账。

（5）井控隐患治理台账。

（6）检测和特殊作业台账。

2. 记录类

（1）事故应急"一井（站）一策"等各项应急预案归档记录。

（2）气藏检测和特殊作业任务书及设计归档记录。

（3）井控自查自改记录。

（4）井控检查记录。

（5）井控例会记录。

（6）井控演练记录。

（7）月度、半年度、年度井控工作总结记录。

第七节 应急处置

一、站场天然气大量泄漏事件应急处置

站场天然气大量泄漏事件应急处置步骤及措施见表8-8。

表8-8 站场天然气大量泄漏事件应急处置步骤及措施

步骤	处置措施	负责人
发现异常，确认部位	发现异常气流声、站控系统报警或可燃气体检测仪报警时，确认泄漏部位	站控室值班人员
	检查确认具体位置，并报告班长	发现泄漏第一人
应急程序启动	班长立即启动事故应急处置方案	班长
报告	立即向项目部、分公司应急办公室报告	班长或值班人员
工艺措施、切断泄漏源	值班人员按下 ESD 一级按钮，实行全站紧急关断放空	值班人员
	如果 ESD 一级执行失败时，站控室值班人员通过上位机立即对阀门进行单体开关阀。若以上情况均不能实现开关阀，则报告应急指挥中心，组织站场人员进行撤离	值班人员现场指挥
	配电室安全可操作的情况下立即切断站场生产电源	现场安全监督员
报警	势态不可控的情况下向"119/120"报警，并联系消防、气防单位	班长或值班人员
人员抢救	如站场人员窒息，戴空气呼吸器转移窒息人员，并施行急救	现场安全监督员
警戒	（1）携带便携式可燃气体检测仪测试，划定警戒范围。 （2）在警戒范围内，站场周边的主要道路附近实施警戒	现场安全监督员
人员疏散	（1）紧急状况下，组织站上人员紧急撤离。 （2）组织在警戒区范围内与抢险无关的人员疏散	现场安全监督员
接应救援	在站场附近的主要道路旁接应消防、医疗、环境监测等车辆及外部应急增援力量	站场值班人员
现场抢险	分公司、项目部现场应急指挥部到达后，按照上级应急组织及应急处置方案要求进行抢险	分公司、项目部现场应急指挥部
注意事项	（1）个人防护：穿戴好劳保防护用品，空气呼吸器的气密性确认密封好，压力不足报警时及时撤离到安全区域。 （2）抢险救援器材使用：使用二氧化碳灭火器时握好把手，以免冻伤；灭火时离着火区 2m 的安全距离。 （3）人员救护：对窒息人员进行心肺复苏和人工呼吸时，要在空气清新、环境安全的地方进行。 （4）作业安全：检测空气中天然气含量，作业时使用防爆防静电工具，戴好呼吸器。 （5）处置人员：处置过程中严禁新员工、不具备相应处置能力、未取得相关证件的人员进入现场。 （6）后期处置：根据应急指挥中心指令恢复生产，处理并保护好现场环境，调查事故原因，安抚好人员，对此次应急处置进行总结改进。 （7）其他注意事项：撤离时注意风向，在撤离过程中严禁明火和使用非防爆电子设备，通知上下游突发事故情况，记录事故并存档	

二、站内管线小型泄漏事件应急处置

站内管线小型泄漏事件应急处置步骤及措施见表8-9。

表8-9　站内管线小型泄漏事件应急处置步骤及措施

步骤	处　置　措　施	负责人
发现异常，确认部位	发现异常气流声、站控系统报警或可燃气体检测仪报警	值班人员
	检查确认漏气地点及当时生产状态，并报告班长	发现泄漏第一人
应急程序启动	班长组织确认并立即启动事故应急处置方案	班长
报告	立即向项目部应急办公室报告	班长或值班人员
工艺措施、切断泄漏源	到现场进行消防警戒；紧急切断站内其他火源，进一步落实漏气形式和现状	班长或值班人员
	根据生产情况迅速切换流程；关闭漏点前后阀门，进行紧急放空，防止站内漏气量增大	班长或值班人员
	联系抢修人员对漏点进行处理	班长
报警	势态不可控的情况下向"119/120"报警，并联系消防、气防单位	班长或值班人员
人员抢救	如站场人员窒息，戴空气呼吸器转移窒息人员，并施行急救	现场安全监督员
警戒	（1）携带便携式可燃气体检测仪测试，划定警戒范围。 （2）在警戒范围内，站场周边的主要道路附近实施警戒	现场安全监督员
人员疏散	（1）紧急状况下，组长组织站上人员紧急撤离。 （2）组织在警戒区范围内与抢险无关的人员疏散	现场安全监督员
接应救援	在站场附近的主要道路旁接应消防、医疗、环境监测等车辆及外部应急增援力量	站场值班人员
现场抢险	项目部现场应急指挥部到达后，按照上级应急组织及应急处置方案要求进行抢险	项目部现场应急指挥部
注意事项	（1）个人防护：穿戴好劳保防护用品，空气呼吸器的气密性确认密封好，压力不足报警时及时撤离到安全区域。 （2）抢险救援器材使用：使用二氧化碳灭火器时握好把手，以免冻伤；灭火时离着火区 2m 的安全距离。 （3）人员救护：对窒息人员进行心肺复苏和人工呼吸时，要在空气清新、环境安全的地方进行。 （4）作业安全：检测空气中天然气含量，作业时使用防爆防静电工具，戴好呼吸器。 （5）处置人员：处置过程中严禁新员工、不具备相应处置能力、未取得相关证件的人员进入现场。 （6）后期处置：根据调度指令恢复生产，处理并保护好现场环境，调查事故原因，安抚好人员，对此次应急处置进行总结改进。 （7）其他注意事项：撤离时注意风向，在撤离过程中严禁明火和使用非防爆电子设备，通知上下游突发事故情况，记录事故并存档	

三、站场工艺区不可控火灾事件应急处置

站场工艺区不可控火灾事件应急处置步骤及措施见表8-10。

表8-10　站场工艺区不可控火灾事件应急处置步骤及措施

步骤	处 置 措 施	负责人
发现异常，确认部位	发现站控系统火灾报警，确认是否发生火灾	站控室值班人员
	检查确认火势情况和具体位置为工艺区，按下火灾报警按钮，大声呼叫某某部位发生火灾了，并报告班长	发现火灾第一人
应急程序启动	班长确认后立即启动事故应急处置方案	班长
报告	立即向项目部、分公司应急办公室报告	班长或值班人员
工艺措施、切断危险源	站控室值班人员按下ESD一级按钮，实行全站紧急关断放空	站控室值班人员
	如果ESD一级执行失败，站控室值班人员通过上位机对阀门进行单体开关阀。若以上情况均不能实现开关阀，则报告应急指挥中心，组织人员撤离	值班人员现场指挥
	配电室安全可操作的情况下立即切断站场总电源；库房安全可操作的情况下将易燃易爆、可燃材料、有毒有害物品转移到安全区域，防止人员伤害和环境污染	现场安全监督员
人员疏散	(1) 组织人员疏散到紧急集合点，清点人数，人数齐全后组织一起向更安全的地方疏散，等待救援。 (2) 用扩音器告知附近村民火灾情况，通知村委会利用广播组织附近村民立即疏散	现场安全监督员
报警	势态不可控的情况下向"119/120"报警，并联系消防、气防单位	班长或值班人员
人员抢救	如站场人员发生烧伤、窒息应第一时间送往医院施行救护（在送医途中要进行前期救护）	现场安全监督员
警戒	(1) 携带便携式可燃气体检测仪测试，划定警戒范围。 (2) 在警戒范围内，站场周边的主要道路附近实施警戒	现场安全监督员
接应救援	在站场附近的主要道路旁接应消防、医疗、环境监测等车辆及外部应急增援力量	站场值班人员
现场抢险	分公司、项目部现场应急指挥部到达后，按照上级应急组织及应急处置方案要求进行抢险	分公司、项目部现场应急指挥部
注意事项	(1) 人员疏散：疏散时不要抢救财物，要选择最短直通应急集合点的通道，避免对面人流和交叉人流，有烟雾时要用湿毛巾或布条捂住口鼻，防止烟气入侵。 (2) 个人防护：当身上着火时千万不能奔跑，应尽快撕裂脱下衣物，若来不及脱时可就地打滚使火熄灭，不宜用灭火器直接往人身上喷射。 (3) 人员救护：对窒息人员进行心肺复苏和人工呼吸时，要在空气清新、环境安全的地方进行，并及时送往医院，采取不抛弃、不放弃的原则。 (4) 作业安全：要在确保自身安全的情况下进行施救，穿戴好劳保防护用品，戴好呼吸面罩，确认密封性良好。施救原则是先救人，再抢救财物。 (5) 处置人员：处置过程中严禁新员工、不具备相应处置能力、未取得相关证件的人员进入现场。 (6) 后期处置：根据应急指挥中心指令恢复生产，处理并保护好现场环境，调查事故原因，安抚好人员，对此次应急处置进行总结改进。 (7) 其他注意事项：要保证通信的畅通，注意风向变化和空气中的天然气含量，记录事故并存档	

四、站场工艺区可控火灾事件应急处置

站场工艺区可控火灾事件应急处置步骤及措施见表 8-11。

表 8-11 站场工艺区可控火灾事件应急处置步骤及措施

步骤	处 置 措 施	负责人
发现异常，确认部位	发现站控系统火灾报警，确认是否发生火灾及区域	站控室值班人员
	检查确认火势情况和具体位置为工艺区，并报告给班长	发现火灾第一人
应急程序启动	班长立即启动事故应急处置方案	班长
报告	立即向项目部、分公司应急办公室报告	班长或值班人员
应急措施、切断危险源	关井；关闭进出站阀门，切断进站气源，关闭事故点上下游阀门，打开站内所有手动放空阀，并点燃放空火炬，放空至微正压	值班人员现场指挥
	配电室安全可操作的情况下立即切断站场生产电源	现场安全监督员
	组织人员穿戴好劳保防护用品，进入工艺区使用灭火器灭火，必要时启动消防水系统进行灭火	现场安全监督员应急救援组
报警	根据事态发展情况拨打"119/120"报警求助，并联系消防、气防单位	班长或值班人员
人员抢救	如站场人员发生烧伤、窒息应第一时间送往医院施行救护	现场安全监督员
警戒	（1）携带便携式可燃气体检测仪测试，划定警戒范围。 （2）在警戒范围内，站场周边的主要道路附近实施警戒	现场安全监督员
人员疏散	（1）紧急状况下，组织站上人员紧急撤离。 （2）组织在警戒区范围内与抢险无关的人员疏散	现场安全监督员
接应救援	在站场附近的主要道路旁接应消防、医疗、环境监测等车辆及外部应急增援力量	站场值班人员
现场抢险	分公司、项目部现场应急指挥部到达后，按照上级应急组织及应急处置方案要求进行抢险	分公司、项目部现场应急指挥部
注意事项	（1）个人防护：穿戴好劳保防护用品，戴好呼吸面罩，确认密封性良好。 （2）抢险救援器材使用：使用灭火器时握好把手，以免冻伤；灭火时离着火区 2m 的安全距离；消防泵运转时不要靠近，以免身上物品被转轴搅住。 （3）人员救护：对窒息人员进行心肺复苏和人工呼吸时，要在空气清新、环境安全的地方进行，并及时送往医院。 （4）作业安全：灭火时离着火区 2m 的安全距离。 （5）处置人员：处置过程中严禁新员工、不具备相应处置能力、未取得相关证件的人员进入现场。 （6）后期处置：根据应急指挥中心指令恢复生产，处理并保护好现场环境，调查事故原因，安抚好人员，对此次应急处置进行总结改进。 （7）其他注意事项：注意风向变化和空气中的天然气含量，记录事故并存档	

五、站场建筑物火灾事件应急处置

站场建筑物火灾事件应急处置步骤及措施见表8-12。

表8-12　站场建筑物火灾事件应急处置步骤及措施

步骤	处置措施	负责人
发现异常，确认部位	发现站控系统火灾报警，确认是否发生火灾及区域	站控室值班人员
	检查确认火灾地点为数控房、发电机房、值班房中的一处或多处，并报告给班长	发现火灾第一人
应急程序启动	班长立即启动事故应急处置方案	班长
报告	立即向项目部应急办公室报告	班长或值班人员
应急措施、切断危险源	若数控房发生火灾，可控时应迅速将现场自控设备切换至就地状态，切断相关电气设备电源，进行灭火，无须停气；不可控时则停气，通知消防、供电、应急指挥中心	现场指挥
	组织人员穿戴好劳保防护用品，使用灭火器灭火，必要时启动消防水系统进行灭火	现场指挥
	若各工房及综合用房发生可控火灾，则立即组织人员进行抢险	现场指挥
报警	根据事态发展情况拨打"119/120"报警求助，并联系消防、气防单位	班长或值班人员
人员抢救	如站场人员发生烧伤、窒息应第一时间送往医院施行救护	现场安全监督员
警戒	(1) 携带便携式可燃气体检测仪测试，划定警戒范围。 (2) 在警戒范围内，站场周边的主要道路附近实施警戒	现场安全监督员
人员疏散	(1) 紧急状况下，组织站上人员紧急撤离。 (2) 组织在警戒区范围内与抢险无关的人员疏散	现场安全监督员
接应救援	在站场附近的主要道路旁接应消防、医疗、环境监测等车辆及外部应急增援力量	站场值班人员
现场抢险	项目部现场应急指挥部到达后，按照上级应急组织及应急处置方案要求进行抢险	项目部现场应急指挥部
注意事项	(1) 个人防护：穿戴好劳保防护用品，戴好呼吸面罩，确认密封性良好。 (2) 抢险救援器材使用：使用二氧化碳灭火器时握好把手，以免冻伤；灭火时离着火区2m的安全距离；消防泵运转时不要靠近，以免身上物品被转轴搅住。 (3) 人员救护：对窒息人员进行心肺复苏和人工呼吸时，要在空气清新、环境安全的地方进行，并及时送往医院。 (4) 作业安全：灭火时离着火区2m的安全距离。 (5) 处置人员：处置过程中严禁新员工、不具备相应处置能力、未取得相关证件的人员进入现场。 (6) 后期处置：根据调度指令恢复生产，处理并保护好现场环境，调查事故原因，安抚好人员，对此次应急处置进行总结改进。 (7) 其他注意事项：注意风向变化和空气中的天然气含量，记录事故并存档	

六、站场市电中断事件应急处置

站场市电中断事件应急处置步骤及措施见表8-13。

表 8-13　站场市电中断事件应急处置步骤及措施

步骤		处 置 措 施	负责人
发现异常，确认部位		发现站控系统报警，工艺设备掉电，应急灯亮起	站控室值班人员
		确认市电中断，查明原因，并报告班长	发现报警第一人
应急程序启动		班长立即启动事故应急处置方案	班长
报告		立即向项目部应急办公室报告	班长或值班人员
应急措施	视情况采取应急措施	启动柴油发电机进行供电	班长或值班人员
		如果是突然跳闸，在检查完各电器设备无异常后，合闸供电	班长或值班人员
		调整站控电脑显示器至省电模式，以延长 UPS 使用时间	值班人员
		在 UPS 供电期间，站内运行人员要加强巡检，严密监视运行参数，遇有紧急情况立即向项目部应急办公室报告	值班人员
		对站场进行初步检查，是否可以自行解决恢复；若短时间不能恢复的，联系专业化公司或供电部门处理停电事宜	班长或值班人员
		如果是设备问题，相关专业人员负责及时与厂家取得联系，尽快解决	班长
报告		向项目部汇报处理情况，不能解决请求项目部处理	班长
现场抢险		项目部现场应急指挥部到达后，按照上级应急组织及应急处置方案要求进行抢险	项目部现场应急指挥部
应急总结		（1）应急结束后，编写站场应急总结。 （2）总结中应包括以下内容： ①事件的概述，包括时间、地点、初步原因等； ②应急中的实际处置流程； ③动用的站场应急资源； ④遇到的问题、取得的经验和教训； ⑤对预案的建议等	班长
注意事项		（1）个人防护：作业时穿戴好劳保用品。 （2）抢险救援器材使用：使用专业工具。 （3）人员救护：人员受伤时，立即送往附近医院救治。 （4）作业安全：当因站内电器故障导致跳闸停电，在未查清原因及排出故障前禁止合闸送电。在 UPS 供电期间，站内运行人员要加强巡检，严密监视运行参数，遇有紧急情况立即上报项目部应急指挥中心。 （5）处置人员：非专业电工严禁随意检修电路。 （6）后期处置：调查事故原因，对此次应急处置进行总结改进。 （7）其他注意事项：做好与项目部应急指挥中心的沟通工作	

七、站场通信中断事件应急处置

站场通信中断事件应急处置步骤及措施见表8-14。

表8-14　站场通信中断事件应急处置步骤及措施

步骤	处　置　措　施		负责人
发现异常，确认部位	发现站控系统通信中断报警，接到应急指挥中心通知		值班人员
	检查专网、公网和通信设备情况，确定SCADA系统等设备通信中断，并报告班长		发现报警第一人
应急程序启动	班长立即启动事故应急处置方案		班长
报告	立即向项目部和分公司应急指挥中心报告		班长或值班人员
应急措施	视情况采取应急措施	当光纤发生故障，导致项目部指挥中心和站场失去通信时，自动启动备用公网通信，数据靠公网进行传输	班长或值班人员
		如果备用线路也中断，不能传送数据，应立即上报项目部应急值班室，项目部组织专业人员和维抢修队进行抢修（项目部可解决的）	现场指挥
		项目部不能解决的问题，通知协作单位（通信专业公司）参加抢修	现场指挥
		没有调度令，不能随意改变运行方式，保持原有运行状态；在通信中断期间，应保持24h值班，加强指挥中心联络，加强对重点部位的巡检	现场安全监督员
现场抢险	项目部现场应急指挥部到达后，按照上级应急组织及应急处置方案要求进行抢险		项目部现场应急指挥部
应急总结	（1）应急结束后，编写站场应急总结。 （2）总结中应包括以下内容： ①事件的概述，包括时间、地点、初步原因等； ②应急中的实际处置流程； ③动用的站场应急资源； ④遇到的问题、取得的经验和教训； ⑤对预案的建议等		班长
注意事项	（1）个人防护：作业时穿戴好劳保防护用品。 （2）抢险救援器材使用：使用专业工具。 （3）人员救护：人员受伤时，立即撤离危险区。 （4）作业安全：保障查修遵循"先主用、后备用"和"先抢通、后修复"的原则，保证4~5h线路代通，24h光纤恢复；通信中断期间，加强对重点部位的巡检，发现问题及时汇报。 （5）处置人员：严禁非专业人员操作设备。 （6）后期处置：调查事故原因，对此次应急处置进行总结改进。 （7）其他注意事项：处置过程中要做好与相关单位的沟通工作		

八、井场节流阀冻堵事件应急处置

井场节流阀冻堵事件应急处置步骤及措施见表 8-15。

表 8-15　井场节流阀冻堵事件应急处置步骤及措施

步骤	处 置 措 施	负责人
发现异常，确认部位	发现气井井口油压上升；节流阀表面有结霜现象；气量下降	站控室值班人员
	检查判断冰堵及其位置，并报告班长	发现冰堵第一人
应急程序启动	班长立即启动应急处置方案	班长
报告	立即向项目部应急指挥中心报告	班长或值班人员
工艺措施	开大节流阀，实施降压解堵	现场指挥
	对冰堵位置进行加热并提高输送温度；对于场站易产生冰堵部位注入甲醇或出现冰堵时加热水冲淋	现场指挥
	根据压降分析找出冰堵点，并关断冰堵点前后阀门，放空冰堵管段，以达到减压目的，降解水合物	现场指挥
报警	发生人员伤害的情况下向"120"报警	现场安全监督员
人员抢救	如压力变化造成设备零件冲出击伤人员，应及时撤离到安全区域进行急救	现场安全监督员
警戒	警戒冰堵区域	现场安全监督员
人员疏散	组织在警戒区范围内与抢险无关人员疏散	现场安全监督员
接应救援	在站场附近的主要道路旁接应医疗等车辆及外部应急增援力量	值班人员
现场抢险	项目部现场应急指挥部到达后，按照上级应急组织及应急处置方案要求进行抢险	项目部现场应急指挥部
注意事项	（1）个人防护：穿戴好劳保防护用品。 （2）抢险救援器材使用：使用热水冲淋时小心烫伤，启用电伴热、注醇橇时小心触电。 （3）人员救护：若发生人员伤害，及时进行抢救。 （4）作业安全：在启用注醇橇时注意橇压，关注站内压力变化。 （5）处置人员：处置过程中严禁新员工、不具备相应处置能力、未取得相关证件的人员进入现场。 （6）后期处置：根据指挥中心指令恢复生产，处理并保护好现场环境，调查事故原因，安抚好人员，对此次应急处置进行总结改进。 （7）其他注意事项：记录事故并存档	

九、站场水套炉盘管突然刺漏事件应急处置

站场水套炉盘管突然刺漏事件应急处置步骤及措施见表 8-16。

表 8-16　站场水套炉盘管突然刺漏事件应急处置步骤及措施

步骤	处 置 措 施	负责人
发现异常，确认部位	水套炉及常压罐液位计中有气泡上逸或液段有抖动现象；常压罐上敞压管有气流声	站控室值班人员
	检查判断刺漏井号及位置，并报告班长	发现刺漏第一人
应急程序启动	班长立即启动事故应急处置方案	班长
报告	立即向项目部、分公司应急指挥中心报告	班长或值班人员
工艺措施	关闭水套炉燃气控制阀，消灭火源	现场安全监督员
	关闭该井的井口紧急切断阀，进分离器控制阀，打开该井的高压放空阀放空	现场指挥
报警	势态不可控的情况下向"119/120"报警，并联系消防、气防单位	班长或值班人员
人员抢救	如站场人员受伤，立即转移受伤人员，并施行急救	现场安全监督员
警戒	按照警戒区设立原则，初步划定警戒范围	现场安全监督员
人员疏散	若无法控制，或有可能发生爆炸，驻站人员应在现场指挥人员指挥下撤离场站	现场指挥
接应救援	在站场附近的主要道路旁接应消防、医疗等车辆及外部应急增援力量	值班人员
现场抢险	分公司、项目部现场应急指挥部到达后，按照上级应急组织及应急处置方案要求进行抢险	分公司、项目部现场应急指挥部
注意事项	(1) 个人防护：作业时穿戴好劳保防护用品。 (2) 抢险救援：放空时要做好警戒和监护。 (3) 人员救援：人员受伤时，立即撤离危险区。 (4) 处置人员：处置过程中严禁新员工、不具备相应处置能力、未取得相关证件的人员进入现场。 (5) 后期处置：根据指挥中心指令恢复生产，处理并保护好现场环境，调查事故原因，安抚好人员，对此次应急处置进行总结改进。 (6) 其他注意事项：记录事故并存档	

十、分离器液位计突然刺漏事件应急处置

分离器液位计突然刺漏事件应急处置步骤及措施见表 8-17。

表 8-17　分离器液位计突然刺漏事件应急处置步骤及措施

步骤	处　置　措　施	负责人
发现异常，确认部位	分离器液位计刺坏处有油水渗漏；有异常气流声	站控室值班人员
	检查确认液位计刺漏，并报告班长	发现刺漏第一人
应急程序启动	班长立即启动事故应急处置方案	班长
报告	立即向项目部应急指挥中心报告	班长或值班人员
工艺措施	关闭水套炉燃气控制阀，消灭火源	现场指挥
	准备灭火器至现场上风口 3~5m 处，再取消防沙打好围堰	现场指挥
	关液位计上下游控制阀，截断气源	现场指挥
故障抢修	班长组织人员进行抢修	班长
人员抢救	在抢修时若发生机械伤害应及时施行急救	现场安全监督员
警戒	按照警戒区设立原则，初步划定警戒范围	现场安全监督员
应急总结	(1) 应急结束后，编写站场应急总结。 (2) 总结中应包括以下内容： ①事件的概述，包括时间、地点、初步原因等； ②应急中的实际处置流程； ③动用的站场应急资源； ④遇到的问题、取得的经验和教训； ⑤对预案的建议等	班长
注意事项	(1) 个人防护：穿戴好劳保防护用品。 (2) 抢险救援器材使用：使用消防器材时，一定要站在上风口。 (3) 环境污染：及时用消防沙围堰。 (4) 作业安全：按操作规程作业。 (5) 处置人员：处置过程中严禁新员工、不具备相应处置能力、未取得相关证件的人员进入现场。 (6) 后期处置：根据维修情况恢复流程，处理并保护好现场环境，调查事故原因，对此次应急处置进行总结改进。 (7) 其他注意事项：记录事故并存档	

十一、站场 UPS 系统故障事件应急处置

站场 UPS 系统故障事件应急处置步骤及措施见表 8-18。

表 8-18　站场 UPS 系统故障应急处置步骤及措施

步骤	处　置　措　施	负责人
发现异常，确认部位	站控机出现 UPS 系统故障发生报警，检查确认现场情况及设备运转情况，并报告班长	值班人员
应急程序启动	班长立即启动应急处置方案	班长
报告	立即向项目部应急指挥中心报告	班长或值班人员
应急措施	将站场紧急切断阀、电液控制阀切换至就地状态，防止 UPS 突然中断输出，造成 ESD 事件	现场指挥
	检查现场生产流程，确保正常生产	现场指挥
	检查 UPS 系统故障情况，并将情况上报项目部，站场能解决的自行解决	班长
报告	如果站场不能自行解决，立即联系项目部，请求专业化服务队伍支持	班长
现场抢险	专业化服务队伍到现场分析断电原因，提出解决方法，站场配合组织实施抢险方案	现场指挥
应急总结	（1）应急结束后，编写站场应急总结。 （2）总结中应包括以下内容： ①事件的概述，包括时间、地点、初步原因等； ②应急中的实际处置流程； ③动用的站场应急资源； ④遇到的问题、取得的经验和教训； ⑤对预案的建议等	班长
注意事项	（1）个人防护：穿戴好劳保防护用品。 （2）抢险救援器材使用：使用绝缘工具。 （3）作业安全：在 UPS 系统恢复正常之前，严禁将紧急切断阀、电液控制阀切换至自控状态，若专业化服务队伍不能处理时，上报项目部联系厂家进行维修。 （4）处置人员：处置过程中严禁新员工、不具备相应处置能力、未取得相关证件的人员进入现场。 （5）后期处置：根据现场维修情况，做好阀门状态恢复，对此次应急处置进行总结改进。 （6）其他注意事项：记录事故并存档	

十二、站场压力容器事故应急处置

站场压力容器事故应急处置步骤及措施见表 8-19。

表 8-19 站场压力容器事故应急处置步骤及措施

步骤	处 置 措 施		负责人
发现异常，确认部位	发现压力容器刺漏及危急情况或事故时向班长报告		发现事件第一人
应急程序启动	班长立即启动应急处置方案		班长
报告	立即向项目部、分公司应急指挥中心报告		班长或值班人员
应急措施	关井，按指示停止危险区域内正在运行的设备，观察记录现场情况并向班长汇报		班长或值班人员
报警	势态不可控的情况下向"119/120"报警，并联系消防、气防单位		现场指挥
现场抢险	若事故得到控制	立即采取停车停产措施，并向上级汇报	现场指挥
		制订应急救援方案	现场指挥
		在现场做好有毒有害物质的检测，必要时疏散周围居民	现场指挥
	若事故失控	有毒有害物质检测浓度达到上限时立即疏散周围居民，周围做好安全警戒	现场指挥
		必要时组织井场职工撤离	现场安全监督员
		清点施工人员，现场指挥部清点社会人员	现场安全监督员
		企地联合现场指挥部研究处置方案，按程序报批，安全处置	现场指挥
应急终止	条件许可	（1）地方政府应急处置已经终止。 （2）事故已得到控制，人员和设备无异常，环境无污染。 （3）事故现场已得到清理，井场环境恢复正常	现场指挥
注意事项	（1）个人防护：穿戴好劳保防护用品。 （2）抢险救援器材使用：含有毒有害物质时应佩戴正压式空气呼吸器。 （3）处置人员：处置过程中严禁新员工、不具备相应处置能力、未取得相关证件的人员进入现场。 （4）后期处置：根据指挥中心指令恢复生产，处理并保护好现场环境，调查事故原因，安抚好人员，对此次应急处置进行总结改进。 （5）其他注意事项：记录事故并存档		

十三、站场站控系统故障事件应急处置

站场站控系统故障事件应急处置步骤及措施见表8-20。

表 8-20　站场站控系统故障事件应急处置步骤及措施

步骤	处置措施	负责人
发现异常，确认部位	发现站控系统出现故障时，报告班长	值班人员
应急程序启动	班长立即启动应急处置方案	班长
报告	立即向项目部应急指挥中心报告	班长或值班人员
采取措施	应迅速将站场内设备的控制方式打到就地手动状态，控制系统采用手动控制方式实现设备的操作和控制	现场指挥
	加强巡检，与控制室使用通信设备（对讲机）保持联系，接收控制的指令，同时及时反馈现场设备的运行情况。通过光纤或公网与项目部应急指挥中心保持联系，接收指挥中心指令，及时汇报生产动态，以便指挥中心宏观控制生产运行	现场指挥
	计量系统采用机柜控制监控，并做好数据记录	值班人员
故障抢修	如果站场不能自行解决，立即联系项目部，请求专业化服务队伍到现场分析原因，提出解决方法，站场配合组织实施抢险方案	现场指挥
警戒	在维修区域设置警戒区，防止无关人员进入	现场安全监督员
接应救援	在站场附近的主要道路旁接应专业化服务队伍等车辆及外部应急增援力量	值班人员
注意事项	(1) 个人防护：穿戴好劳保防护用品 (2) 抢险救援器材使用：使用绝缘工具。 (3) 作业安全：如果站控不能恢复，汇报应急指挥中心，等待下一步的处理方案，直到处理完后方可恢复正常生产。 (4) 处置人员：处置过程中严禁新员工、不具备相应处置能力、未取得相关证件的人员进入现场。 (5) 后期处置：调查事故原因，对此次应急处置进行总结改进。 (6) 其他注意事项：记录事故并存档	

十四、站场突发洪灾事件应急处置

站场突发洪灾事件应急处置步骤及措施见表 8-21。

表 8-21　站场突发洪灾事件应急处置步骤及措施

步骤		处置措施	负责人
发现异常，确认部位		连日暴雨，值班干部及值班员注意观察天气变化及周边水情、汛情，当发现洪水迹象及危急情况时向班长报告	第一发现人（值班人员）
应急程序启动		班长发现情况，确认后立即启动应急处置方案	班长
报告		立即向项目部应急指挥中心报告	班长或值班人员
应急措施		迅速做好灾害控制准备工作，将高毒药剂搬运至井场边高处，做好防护	班长或值班人员
		关井并按指示停止危险区域内正在运行的设备，防止灾情进一步扩大	班长或值班人员
		观察、记录现场情况并向班长报告	班长或值班人员
报警		势态不可控的情况下向"119/120"报警，并联系消防、气防单位	现场指挥
现场抢险	若灾害得到控制	井场有明显积水时立即采取停车停产措施，并向上级汇报	现场指挥
		制订应急救援方案	现场指挥
		在现场做好有毒有害物质的检测，必要时疏散周围居民	现场指挥
	若灾害失控	井场被洪水淹没，有毒有害物质检测浓度达到上限时立即疏散周围居民，并做好警戒	现场指挥
		必要时组织井场职工撤离	现场安全监督员
		清点施工人员，现场指挥部清点社会人员	现场指挥
		企地联合现场指挥部研究处置方案，按程序报批，安全处置	现场指挥
应急终止	条件许可	（1）地方政府应急处置已经终止。 （2）灾害已得到控制，人员和设备无异常，环境无污染。 （3）现场已得到清理，井场环境恢复正常	现场指挥
注意事项		（1）个人防护：穿戴好劳保防护用品。 （2）人员救护：及时急救并送往就近医疗点。 （3）抢险救援器材使用：使用防爆工具。 （4）作业安全：按操作规程作业。 （5）处置人员：处置过程中严禁新员工、不具备相应处置能力、未取得相关证件的人员进入现场。 （6）后期处置：根据指挥中心指令恢复生产，处理并保护好现场环境，调查事故原因，安抚好人员，对此次应急处置进行总结改进。 （7）其他注意事项：记录事故并存档	

十五、站场计量失控事件应急处置

站场计量失控事件应急处置步骤及措施见表8-22。

表8-22 站场计量失控事件应急处置步骤及措施

步骤	处 置 措 施	负责人
发现异常，确认部位	发现计量设备出现异常，报告班长	站控室值班人员
应急程序启动	班长立即启动站应急处置方案	班长
报告	立即向项目部应急指挥中心报告	班长或值班人员
应急措施	供气支路流量计量失控，汇报项目部，同意后立即切换至备用计量流程	班长或值班人员
应急措施	若流量计算机两支路都失控，汇报项目部应急指挥中心，协调停止输气或协调暂时以用户计量为准	现场指挥
应急措施	自控、计量岗位人员查看现场和相关机柜，查找原因	现场指挥
报告	现场情况及时上报项目部，不能解决时及时请求项目部派专业化队伍前来维修	现场指挥
接应救援	在站场附近的主要道路旁接应专业化队伍人员的车辆及外部应急增援力量	值班人员
现场抢险	项目部现场应急指挥部到达后，按照上级应急组织及应急处置方案要求进行抢险	项目部现场应急指挥部
注意事项	（1）个人防护：穿戴好劳保防护用品。 （2）人员救护：及时急救并送往就近医疗点。 （3）抢险救援器材使用：使用防爆工具。 （4）作业安全：按操作规程作业。 （5）处置人员：处置过程中应由专业人员处理。 （6）后期处置：根据指挥中心指令恢复生产，处理并保护好现场环境，调查事故原因，安抚好人员，对此次应急处置进行总结改进。 （7）其他注意事项：记录事故并存档，计量的准确性关系公司经济利益，如果计量异常必须第一时间上报并及时处理	

十六、站场环境污染事件应急处置

站场环境污染事件应急处置步骤及措施见表 8-23。

表 8-23　站场环境污染事件应急处置步骤及措施

步骤		处　置　措　施	负责人
发现异常,确认部位		值班员发现事故迹象立即向班长报告	第一发现人（值班人员）
应急程序启动		班长发现情况,确认后立即启动应急处置方案	班长
报告		立即向项目部应急指挥中心报告	班长或值班人员
应急措施		迅速封堵污染源,防止事故进一步扩大	班长或值班人员
		关井并按指示停止危险区域内正在运行的设备	
		观察、记录现场情况并向班长报告	
报警		势态不可控的情况下向"119/120"报警,并联系消防、气防单位	现场指挥
现场抢险	若灾害得到控制	立即采取停车停产措施,并向上级汇报	现场指挥
		制订应急救援方案	现场指挥
		在现场做好有毒有害物质的检测,必要时疏散周围居民	现场指挥
	若灾害失控	有毒有害物质检测浓度达到上限时立即疏散周围居民,并做好警戒	现场指挥
		必要时组织井场职工撤离	现场安全监督员
		清点施工人员,现场指挥部清点社会人员	现场指挥
		企地联合现场指挥部研究处置方案,按程序报批,安全处置	现场指挥
应急终止	条件许可	（1）地方政府应急处置已经终止。（2）灾害已得到控制,人员和设备无异常,环境无污染。（3）现场已得到清理,井场环境恢复正常	现场指挥
注意事项		（1）个人防护：穿戴好劳保防护用品。 （2）人员救护：及时急救并送往就近医疗点。 （3）抢险救援器材使用：使用防爆工具。 （4）作业安全：按操作规程作业。 （5）处置人员：处置过程中严禁新员工、不具备相应处置能力、未取得相关证件的人员进入现场。 （6）后期处置：根据指挥中心指令恢复生产,处理并保护好现场环境,调查事故原因,安抚好人员,对此次应急处置进行总结改进。 （7）其他注意事项：记录事故并存档	

十七、站场雷击事件应急处置

站场雷击事件应急处置步骤及措施见表8-24。

表8-24 站场雷击事件应急处置步骤及措施

步骤	处 置 措 施	负责人
发现异常	（1）出现异常雷雨天气，工艺区被击中。 （2）站控机显示工艺区仪表等被击坏。 （3）第一时间通知班长	值班人员或第一发现人
应急程序启动	班长确认后立即启动应急处置方案	班长
报告	立即向项目部应急指挥中心报告	班长或值班人员
抢救措施	查看击中部位是否影响正常生产，若影响正常生产，应立即启动站场相应应急预案	班长或值班人员
	通知所有站场人员提高安全警觉，防止值班人员在打雷期间外出，防止人员伤害	班长或值班人员
人员急救	若出现人员伤害情况，应进行人员抢救	现场安全监督员
报警	立即"向119/120"报警求救	班长或值班人员
接应救援	在站场附近的主要道路旁接应医疗、派出所等车辆及外部应急增援力量	值班人员
执行上级预案	项目部现场应急指挥部到达后，按照上级应急组织及应急处置方案要求进行抢险	项目部现场应急指挥部
应急总结	（1）应急结束后，编写站场应急总结。 （2）总结中应包括以下内容： ①事件的概述，包括时间、地点、初步原因等； ②应急中的实际处置流程； ③动用的站场应急资源； ④遇到的问题、取得的经验和教训； ⑤对预案的建议等	班长
注意事项	（1）个人防护：穿戴好劳保护用品。 （2）抢险救援器材使用：使用相应的防护工具。 （3）人员救护：及时急救并送往就近医疗点。 （4）作业安全：抢救措施要科学、及时，不可盲目操作。 （5）处置人员：及时反应，及时报警，防止事件升级。 （6）后期处置：事件处理后，认真查找原因并做好消毒和安全检查验收工作，确保不再发生类似事件。 （7）其他注意事项：记录事故并存档	

十八、站场天然气窒息事件应急处置

站场天然气窒息事件应急处置步骤及措施见表 8-25。

表 8-25　站场天然气窒息事件步骤及措施

步骤	处　置　措　施	负责人
发现异常，确认部位	发现人员出现天然气窒息时，报告应急班长	站控室值班人员
	检查确认具体泄漏源，并报告应急班长	发现泄漏第一人
应急程序启动	班长立即启动应急处置方案	班长
报告	立即向项目部、分公司应急指挥中心报告	班长或站控室值班人员
应急措施	检测气体成分，戴好空气呼吸器，迅速将窒息人员撤离危险区进行急救	现场安全监督员
	迅速查找天然气泄漏源，并采取措施堵住或隔离泄漏点	现场安全监督员
报警	势态不可控的情况下向"119/120"报警	班长或值班人员
人员抢救	如站场人员窒息，戴空气呼吸器转移窒息人员，并施行急救	现场安全监督员
警戒	（1）携带便携式可燃气体检测仪测试，划定警戒范围。 （2）在警戒范围内，站场周边的主要道路附近实施警戒	现场安全监督员
人员疏散	（1）紧急状况下，组长组织站上人员紧急撤离。 （2）组织在警戒范围内与抢险无关的人员疏散	现场安全监督员
接应救援	在站场附近的主要道路旁接应消防、医疗、环境监测等车辆及外部应急增援力量	值班人员
现场抢险	分公司、项目部现场应急指挥部到达后，按照上级应急组织及应急处置方案要求进行抢险	分公司、项目部现场应急指挥部
注意事项	（1）个人防护：穿戴好劳保防护用品，确认空气呼吸器密封良好，压力不足报警时及时撤离到安全区域。 （2）抢险救援器材使用：使用防爆防静电工具。 （3）人员救护：对窒息人员进行心肺复苏和人工呼吸时，要在空气清新、环境安全的地方进行。 （4）作业安全：作业时使用防爆防静电工具，戴好呼吸器。 （5）处置人员：处置过程中严禁新员工、不具备相应处置能力、未取得相关证件的人员进入现场。 （6）后期处置：根据指挥中心指令恢复生产，处理并保护好现场环境，调查事故原因，安抚好人员，对此次应急处置进行总结改进。 （7）其他注意事项：撤离时注意风向，在撤离过程中严禁明火和使用非防爆电子设备，通知上下游突发事故情况，记录事故并存档	

十九、站场人员触电事件应急处置

站场人员触电事件应急处置步骤及措施见表8-26。

表8-26 站场人员触电事件应急处置步骤及措施

步骤	处置措施	负责人
发现伤害	发现人员触电，报告各单位负责人	第一发现人
应急程序启动	各单位负责人通知班长立即启动应急处置方案	班长
报告	各单位负责人立即向项目部和分公司应急指挥中心报告	各单位负责人
触电急救采取措施	触电急救，首先要使触电者脱离电源	第一发现人
	触电者触及新落在地上的带电高压导线，如尚未确认线路无电，救护人员在做好安全措施前，不能接近断线点8~10m，救护人员应迅速切断电源，或用适合该电压等级的绝缘工具解脱触电者	现场指挥、现场安全监督员
	触电者触及低压带电设备，救护人员应设法迅速切断电源，如拉开电源开关或刀闸，拔出电源插头等，或用绝缘工具及不导电的东西等解脱触电者，也可以绝缘自己进行救护（最好一只手进行）	现场指挥、现场安全监督员
	如触电者处于高压，要采取预防措施	现场安全监督员
	救护人员有时会使用照明市电，临时的新的照明要符合防火防爆的要求，但不能因此延误急救	现场安全监督员
	触电者如神志清醒，使其躺平，严密观察；反之，要确保其躺平，气道畅通并呼叫伤员，严禁摇动伤员头部	现场安全监督员
	需要抢救的伤员，应就地坚持正确救助（如断定其呼吸心跳停止，要进行通畅气道、人工呼吸、胸外按压等方法救助）并设法联系医疗部门接替救治	现场安全监督员
	未经医疗人员允许，不得给伤员喂药，不得随意摆弄伤者患处	现场安全监督员
	救助触电切忌慌乱，既要尽快救助触电者，又要尽可能地减少停电面积，尽快排除故障恢复供电	现场指挥
报警	势态不可控的情况下向"119/120"报警	各单位负责人
警戒	（1）警戒可能发生触电的区域。 （2）在警戒范围内，站场周边的主要道路附近实施警戒	现场安全监督员
人员疏散	（1）紧急状况下，组长组织站上人员紧急撤离。 （2）组织在警戒范围内与抢险无关的人员疏散	现场安全监督员
接应救援	在站场附近的主要道路旁接应医疗车辆及外部应急增援力量	值班人员
现场抢险	分公司、项目部现场应急指挥部到达后，按照上级应急组织及应急处置方案要求进行抢险	分公司、项目部现场应急指挥部
注意事项	（1）个人防护：戴好绝缘手套，穿绝缘鞋。 （2）抢险救援器材使用：使用绝缘工具。 （3）人员救护：对窒息人员进行心肺复苏和人工呼吸时，要在空气清新、环境安全的地方进行。 （4）作业安全：做好警戒工作，隔离危险源，防止其他人员发生类似伤害。 （5）处置人员：处置过程中严禁新员工、不具备相应处置能力、未取得相关证件的人员进入现场。 （6）后期处置：调查事故原因，安抚好人员，对此次应急处置进行总结，吸取教训，提高安全意识。 （7）其他注意事项：救助前断开电源	

二十、站场突发恐怖袭击事件应急处置

站场突发恐怖袭击事件应急处置步骤及措施见表 8-27。

表 8-27　站场突发恐怖袭击事件应急处置步骤及措施

步骤	处置措施	负责人
发现异常，确认部位	发现有不明身份人员经常出现或站场遭遇恐怖袭击时，报告班长	站控室值班人员
应急程序启动	班长立即启动应急处置方案	班长
报告	立即向项目部和分公司、地方政府应急指挥中心报告	班长或值班人员
采取措施	通知值班人员将大门锁住，其他人员拿好铁锹等防身工具，做好恐怖袭击的应急处置	现场指挥
	若有紧急情况发生，站控室按下 ESD-2 关闭按钮，实行全站紧急关断（必要时进行站场放空）	现场指挥
	积极组织站场所有员工做好防范工作，提高安全警觉	班长
报警	第一时间报警，向"110/120"报警，向当地派出所报警，通知站上员工做好防护措施	班长
人员抢救	如站场人员受伤，应及时施行急救	现场安全监督员
警戒	站上实行巡逻警戒	现场安全监督员
人员疏散	紧急状况下，组长组织站上人员紧急撤离	现场安全监督员
接应救援	在站场附近的主要道路旁接应地方政府、派出所等车辆及外部应急增援力量	现场指挥
现场抢险	分公司、地方政府、项目部现场应急指挥部到达后，按照上级应急组织及应急处置方案要求进行抢险	分公司、项目部现场应急指挥部
注意事项	（1）个人防护：穿戴好劳保防护用品。 （2）抢险救援器材使用：使用相应的防护工具。 （3）人员救护：及时急救并送往就近医疗点。 （4）作业安全：做好警戒工作，隔离危险源，防止其他人员发生类似伤害。 （5）处置人员：及时反应，及时报警，第一时间停止生产，防止事件给站场造成更严重的破坏。 （6）后期处置：根据指挥中心指令进行生产，处理并保护好现场环境，安抚好人员，对此次应急处置进行总结改进。 （7）其他注意事项：清点好人数，安全第一	

二十一、井口采气树泄漏应急处置

（1）采气树一号生产总阀上法兰以上部位泄漏应急处置步骤及措施见表8-28。

表8-28　采气树一号生产总阀上法兰以上部位泄漏应急处置步骤及措施

步骤	处 置 措 施	负责人
发现异常，确认部位	发现井口装置有异常气流声、气体泄漏	值班（巡井）人员
	检查确认漏气部位，并报告班长	发现泄漏第一人
应急程序启动	班长立即启动应急处置方案	班长
报告	立即向项目部应急指挥中心报告	班长或值班人员
采取措施	关闭水套炉燃气控制阀，消灭火源	班长或值班人员
	准备灭火器至现场上风口3～5m处	
	关闭该井一号生产总阀，进计量分离器进口控制阀，全开节流阀，打开高压放空阀放空	
报警	势态不可控的情况下向"119/120"报警	现场安全监督员
人员抢救，警戒，人员疏散	如站场人员窒息，戴空气呼吸器转移窒息人员，并施行急救	现场安全监督员
	（1）携带便携式可燃气体检测仪测试，划定警戒范围。 （2）在警戒范围内，站场周边的主要道路附近实施警戒	现场安全监督员
	（1）紧急状况下，班长组织站上人员紧急撤离。 （2）组织在警戒范围内与抢险无关的人员疏散	现场安全监督员
接应救援	在站场附近的主要道路旁接应消防、医疗、环境监测等车辆及外部应急增援力量	值班人员
现场抢险	项目部现场应急指挥部到达后，按照上级应急组织及应急处置方案要求进行抢险	项目部现场应急指挥部
注意事项	（1）个人防护：穿戴好劳保防护用品，确认空气呼吸器密封良好，压力不足报警时及时撤离到安全区域。 （2）抢险救援器材使用：使用防爆防静电工具。 （3）人员救护：对窒息人员进行心肺复苏和人工呼吸时，要在空气清新、环境安全的地方进行。 （4）作业安全：作业时使用防爆防静电工具，戴好呼吸器。 （5）处置人员：处置过程中严禁新员工、不具备相应处置能力、未取得相关证件的人员进入现场。 （6）后期处置：根据指挥中心指令恢复生产，处理并保护好现场环境，调查事故原因，安抚好人员，对此次应急处置进行总结改进。 （7）其他注意事项：撤离时注意风向，在撤离过程中严禁明火和使用非防爆电子设备，通知上下游突发事故情况，记录事故并存档	

（2）采气树一号生产总阀下法兰以下部位泄漏应急处置步骤及措施见表 8-29。

表 8-29　采气树一号生产总阀下法兰以下部位泄漏应急处置步骤及措施

步骤	处 置 措 施	负责人
发现异常，确认部位	发现井口装置有异常气流声、气体泄漏	值班（巡井）人员
	检查确认漏气部位，并报告班长	发现泄漏第一人
报告	立即向项目部应急指挥中心报告	班长或值班人员
采取措施	关闭水套炉燃气控制阀，消灭火源	现场指挥
	准备灭火器至现场上风口 3~5m 处	
	立即采取停车停产措施	
启动公司级预案	项目部领导向分公司应急中心、地方政府部门汇报现场情况，启动公司级应急预案	项目部领导
报警	立即向"119/120"报警，并联系消防、气防单位	现场安全监督员
人员抢救，警戒，人员疏散	如站场人员窒息，戴空气呼吸器转移窒息人员，并施行急救	现场安全监督员
	（1）携带便携式可燃气体检测仪测试，划定警戒范围。（2）在警戒范围内，站场周边的主要道路附近实施警戒	现场安全监督员
	紧急状况下，班长组织站上人员紧急撤离，必要时疏散周围居民	现场安全监督员
接应救援	在站场附近的主要道路旁接应消防、医疗、环境监测等车辆及外部应急增援力量	值班人员
现场抢险	企地联合现场指挥部研究处置方案，按程序报批，安全处置	现场指挥
注意事项	（1）个人防护：穿戴好劳保防护用品，确认空气呼吸器密封良好，压力不足报警时及时撤离到安全区域。 （2）抢险救援器材使用：使用防爆防静电工具。 （3）人员救护：对窒息人员进行心肺复苏和人工呼吸时，要在空气清新、环境安全的地方进行。 （4）作业安全：作业时使用防爆防静电工具，戴好呼吸器。 （5）处置人员：处置过程中严禁新员工、不具备相应处置能力、未取得相关证件的人员进入现场。 （6）后期处置：根据指挥中心指令恢复生产，处理并保护好现场环境，调查事故原因，安抚好人员，对此次应急处置进行总结改进。 （7）其他注意事项：撤离时注意风向，在撤离过程中严禁明火和使用非防爆电子设备，通知上下游突发事故情况，记录事故并存档	

二十二、应急报告的编写规范

1. 应急报告主要内容

（1）事发单位名称，事故类别。

（2）事故发生的时间、地点。

（3）事故发生的初步原因。

（4）事故简要经过。

（5）现场人员状况，人员伤亡、失踪及撤离情况。

（6）事故对周边自然环境影响，是否造成环境污染。

（7）请求协调、支持的事项。

（8）报告人的单位、姓名、职务和联系电话。

（9）其他需要报告的情况。

2. 注意事项

1）佩戴个人防护器具方面的注意事项

必须佩戴合格的防护器具，并保证佩戴的正确性，防护器具不可轻易摘取，应急事件后应对个人的防护器具进行检查，通过专业认证确保无误后方可继续使用。

2）使用抢险救援器材方面的注意事项

根据施工现场的实际情况配备相应的抢险救援器材，器材必须是合格产品，使用人员必须对器材有相应的了解。

3）采取救援对策或措施方面的注意事项

处于事故、事件现场的人员，在发生事故、事件后应根据情况和现场局势，在确保自身安全的前提下，采取积极、正确、有效的方法进行自救和互救。若事故、事件现场不具备抢救条件，应尽快组织撤离。

4）现场自救和互救注意事项

在自救和互救时，必须保持统一指挥和严密的组织，严禁冒险蛮干和惊慌失措，严禁个人擅自行动。事故现场处置工作人员抢修时，严格执行各项规程的规定，以防事故扩大。

5）现场应急处置能力确认和人员安全防护等注意事项

应急小组领导、应急抢险人员到位并配备抢险器材，确认有能力进行抢救，个人安全防护到位，佩戴正确且物品合格。

6）应急救援结束后的注意事项

应急救援结束后切勿放松警惕，所有人员必须立即撤离现场，远离事发地点，做好个人清洁，用品给养是否到位。认真分析事故原因，制订防范措施，落实安全责任制，防止类似事故发生。

7）其他需要特别警示的事项

对特殊环境下工作期间的人员到岗、标示明确、防护到位等方面进行详细说明和完善，并根据现场情况，提出其他需要特别警示的事项。

附录一 站场巡检细则

一、采气树检查（附图1-1）

（1）表层套管、技术套管、生产压力是否控制在规定范围内，有无漏气、损坏现象。

（2）地面安全阀是否处于工作状态，控制柜压力参数是否正常，管线接头有无渗漏。

（3）阀门开关是否灵活，开关是否到位，部件是否齐全，有无渗油、漏气现象，开关指示牌是否齐全完好，铭牌是否覆盖。

（4）1号、2号和3号阀门是否处于常开状态，阀门保养是否到位。

（5）方井内防爆鼓风机、水泵是否齐全完好，踏板是否齐全完好，扶梯是否牢固可靠，安全提示牌是否齐全、放置醒目位置。

（6）法兰、管线连接有无渗漏、油污、腐蚀现象。

附图1-1 采气树
①压力表；②地面安全阀；③阀门；④1、2、3号阀；⑤方井；⑥法兰、管线连接口

二、计量分离器检查（附图1-2）

（1）压力是否超上限（量程2/3以上），有无漏气、损坏现象。

（2）安全阀根部阀是否处于开启状态，校验日期是否在有效期内，法兰接头有无渗漏。

（3）流量计运行是否正常，供电是否正常，显示是否正常。

（4）变送器显示是否正常，导压管连接处有无渗漏，差压有无超上限。

（5）孔板流量计是否有漏点，是否按时排污，是否按时间节点清洗、检查孔板。

（6）人孔、法兰、管线连接有无渗漏、油污、腐蚀现象，阀门开关是否灵活，部件是否齐全，有无渗油、漏气现象，开关指示牌是否完好，铭牌是否覆盖。

（7）旋涡流量计运行是否正常，计量是否准确，法兰连接处有无渗漏。

（8）液位计显示是否正常，有无渗油、漏气现象。

（9）疏水阀自动控制排污运行是否正常，是否存在内漏现象，管线、法兰连接处有无渗漏。

附图 1-2　计量分离器
①压力表；②安全阀；③积算仪（站控计量系统）；④变送器（压力、差压、温度变送器）；
⑤孔板流量计；⑥人孔、法兰、管线连接口；⑦漩涡流量计；⑧液位计；⑨疏水阀

三、加热水套炉检查（附图1-3）

（1）烟囱固定是否牢固可靠，有无腐蚀。

（2）防爆膜是否完好，有无破损。

（3）扶梯是否牢固可靠，有无腐蚀。

（4）燃气压力调压前压力表压力是否为 0.3~0.5MPa，调压后压力是否为 50~80kPa。

附图 1-3　加热水套炉
①烟囱；②防爆膜；③扶梯；④压力表；⑤减压阀；⑥进出口压力、阀门、管线及连接口；
⑦液位计；⑧防爆控制柜；⑨燃烧器

（5）减压阀是否运行正常，法兰连接处有无渗漏。

（6）加热温度是否满足生产需求；进出压力表是否满足生产需求，有无漏气、损坏现象；阀门开关是否灵活，开关是否到位，部件是否齐全，有无渗油、漏气现象，开关指示牌是否完好。

（7）液位计液位是否在 1/2~2/3 之间，显示是否正常，连接处有无渗漏。

（8）防爆控制柜电缆连接是否牢固，电源是否接通，开关状态是否正确。

（9）燃烧器表面是否洁净，燃烧器与控制系统的连线是否完好无损。

四、燃气调压橇检查（附图 1-4）

（1）SSV 紧急切断阀是否处于工作状态，锁扣机构是否完好，传感器是否灵敏，阀芯组件是否锈蚀，紧急切断阀的动作压力是否为 0.6MPa，法兰连接处有无渗漏。

（2）安全阀根本控制阀是否处于开启状态，校验日期是否在有效期内；阀门开关是否灵活，开关是否到位，部件是否齐全，有无渗油、漏气现象，开关指示牌是否完好。

（3）管线、法兰接头有无渗漏，燃气分液包本体有无腐蚀。

（4）液位计显示是否正常，有无渗油、漏气现象。

（5）工作调压阀、监控调压阀是否运行正常，监控调压阀后压力是否为 0.5MPa，工作调压阀后压力是否为 0.4MPa，法兰连接处有无渗漏。

附图 1-4 燃气调压橇

①SSV 紧急切断阀；②安全阀及根部控制阀；③阀门、管线连接口；④液位计；⑤工作调压阀、监控调压阀

五、分子筛脱水装置检查（附图 1-5）

（1）防爆柜电源开关是否正常，指示灯是否正常，触摸屏显示是否正常，有无报警；加热温度控制器是否自动控制再生气体温度在 150~230℃ 之间，再生温度是否最低为环境温度，最高为 120℃；监控温度，在加热器工作的情况下温度不应超过 250℃。

（2）检查吸附塔运行是否平稳，有无异响，严格监控分子筛吸附系统在每个阶段的运行状况，并按要求切换。

（3）检查冷却风机工作状态是否正常（工作时风叶转动，否则风叶不转动），冷却器翘片有无灰尘堵塞，冷却温度是否在设定范围。

（4）检查加热器运行是否正常，加热温度是否在设定范围。

（5）排污球阀是否内漏，排污管线是否固定牢固。

（6）液气分离器液位是否在1/2~2/3之间，管线法兰连接处有无渗漏现象。

（7）压缩机（循环风机）工作是否正常（工作时风叶转动，否则风叶不转动），再生压缩机的润滑油位是否在油标尺两刻度之间，各管线连接是否牢固，有无漏气现象，机组运行过程中应经常注意机壳、皮带、轴承温度、声音、振动和电流情况，如出现异常应停车检查；粉尘过滤器是否运行正常，有无异响、渗漏现象。

（8）检查阀门是否开关到位，谨防阀门漏气或系统串气；阀门开关是否灵活，部件是否齐全，有无渗油、漏气现象，开关指示牌是否完好；管线法兰连接处有无渗漏现象。

（9）检查成品气露点是否在规定范围内（常压，-30℃），若露点偏高，应及时分析原因：是否是入口流量大于规定值，导致干燥剂用量不够，露点升高；是否是进气温度高于规定值，导致进气亲水性提高，干燥剂吸附性能下降；是否是进气压力低于规定值，导致干燥剂负荷加大，露点升高。检查气路连接处有无渗漏，防爆接线盒及接头处是否密封。

（10）安全阀根本控制阀是否处于开启状态，校验日期是否在有效期内，法兰连接处有无渗漏现象。

（11）检查前后置过滤器进出口的压差，若达到0.1MPa时，应清洗或更换滤芯；是否按时排污；管线、法兰连接处有无渗漏现象。

附图1-5　分子筛脱水装置

①防爆柜电源开关；②吸附塔；③冷却风机；④加热器；⑤排污球阀；⑥液气分离器液位计、管线法兰连接口；⑦压缩机（循环风机）、粉尘过滤器；⑧阀门、开关指示牌；⑨露点仪；⑩安全阀及根部控制阀；⑪前后置过滤器

六、电液控制装置检查（附图1-6）

（1）油箱检查：检查是否存在漏油现象，定期检查液压油量是否达标（通常在蓄能器未充压的情况下，油箱中的油位应占整个油箱容积的70%左右）。

（2）手动泵检查：部件是否齐全，连接是否牢固，操作有无卡涩现象。

（3）所有卡套检查：连接处是否松动，是否存在泄漏。所有截止阀检查：阀门是否开关到位，谨防阀门内漏；阀门开关是否灵活，部件是否齐全，有无渗漏现象。所有接线检查：连接是否牢固，有无松动、破损现象，线标是否齐全完好。

（4）执行器控制系统检查：状态按钮是否正确，指示灯显示是否正常，阀位显示是否与现场、站控机一致，电动机运转是否正常，有无异响。

（5）电磁阀和压力开关反馈检查：压力开关状态图标是否显示，现场阀门开关度是否与站控机一致。

（6）驱动装置检查：行程限位点是否准确，阀门是否开关到位。

（7）管线法兰检查：有无漏气、腐蚀现象。

（8）蓄能器检查：蓄能器内气体压力是否正常，正常充气压力为 50bar，低于 40bar 时需充气。

附图 1-6　电液控制装置

①油箱；②手动泵；③卡套、截止阀、接线及线标；④执行器控制系统；⑤电磁阀和压力开关反馈；
⑥驱动装置；⑦管线、法兰接口；⑧蓄能器

七、地面安全控制系统检查（附图 1-7）

（1）阀位指示杆检查：检查确认阀门开关状况，阀门是否开关到位，阀门开关状态是否与站控机一致。

（2）安全阀检查：有无渗油现象，系统压力过高自动溢流功能是否可靠。

（3）法兰检查：螺栓有无松动，连接处有无漏气现象。

（4）高低压泄压阀检查：卡套连接处是否松动，是否存在泄漏；压力控制阀开关是否打开，开关是否灵活，是否漏气；高低压压力开关自动关闭设定值是否合理（生产流程压力低于 8MPa 或高于 37MPa）。

（5）控制系统检查：先导供应压力、地面安全阀先导控制压力是否在 0.5~0.7MPa 之间，地面安全阀压力是否符合现场生产需求。

（6）手动泵检查：部件是否齐全，连接是否牢固，操作有无卡涩现象。中继阀检查：阀门在开启状态下，中继阀锁块上的锁紧销是否锁紧。

（7）油位检查：检查液压油量是否达标，有无渗漏现象。

（8）控制柜检查：卡套接头连接处是否松动，是否漏油；阀门开关是否到位，有无渗漏；蓄能器内氮气压力是否充足，如充氮压力不足需及时充氮。

附图 1-7　地面安全阀控制系统
①阀位指示杆；②安全阀；③法兰及接口；④高低压限压阀；⑤控制系统面板；
⑥手动泵、中继阀；⑦油位；⑧控制柜

八、卧式快开盲板检查（附图1-8）

（1）开关丝杠检查：检查有无变形、严重腐蚀，是否开关灵活，是否按时润滑保养。

（2）安全锁紧阀、安全定位销、安全卡板检查：安全锁紧阀有无渗漏现象，安全定位销及安全卡板有无变形。

（3）铰接轴、调整螺母、销轴检查：检查有无变形、严重腐蚀，是否按时润滑保养。

附图 1-8　卧式快开盲板
①开关丝杠；②安全锁紧阀、安全定位销、安全卡板；③铰接轴、调整螺母、销轴；④盲板盖、筒体；⑤接地电阻

（4）盲板盖、筒体外表检查：检查是否腐蚀或变形；检查接盲板所在容器各部位仪表是否完好，检查接盲板所在容器各阀门是否完好，开关是否灵活，阀门开关位置是否正确；检查盲板密封处及所在容器各连接部位是否存在跑、冒、滴、漏现象。

（5）接地电阻检查：连接螺栓是否松动、锈蚀，焊接是否牢固；接地电阻是否按时检测，是否合格。

九、干粉灭火器检查（附图 1-9）

（1）检查保险销、铅封是否完好。

（2）检查压力表压力是否在绿色区域。

（3）检查灭火器各部件是否齐全及筒体有无腐蚀；检查校验合格证，药品是否在有效期内。

（4）检查喷粉管有无老化、裂纹，连接是否牢固；喷粉管及喷嘴是否堵塞。

附图 1-9　干粉灭火器
①保险销、铅封；②压力表；③筒体；④喷粉管

十、二氧化碳灭火器检查（附图 1-10）

（1）检查保险销、铅封是否完好。

（2）对灭火器的质量进行检查，如称出的质量与灭火器钢瓶肩部打的钢印总质量相比较低于 50g 时或二氧化碳质量比额定质量减少 1/10，送维修单位补充灌装（一般用秤称）。

（3）检查喷射软管有无老化、裂纹，连接是否牢固，喷射软管及喷嘴是否堵塞。

（4）检查灭火器各部件是否齐全及筒体有无腐蚀；检查校验合格证，药品是否在有效期内。

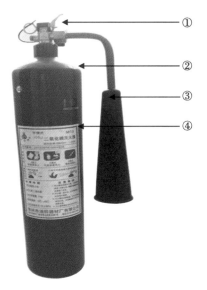

附图 1-10　二氧化碳灭火器
①保险销、铅封；②称重检查；③喷射软管、喷嘴；④筒体

十一、PLC 机柜的 CPU 机架（附图 1-11）

（1）查看电源指示灯是否为常亮绿色。

（2）查看 CPU 模块显示是否正常（RUN 灯常黄，OK 灯常黄，主用 I/O 灯常黄，备用 I/O 灯不亮，若 Bat 灯亮，则需要更换电池）。

（3）查看 CPU 冗余模块是否正常（主用显示"PRIM"，备用显示"SYNC"）；

（4）查看 CNBR 通信模块是否正常（OK、A/B 灯蓝色常亮）。

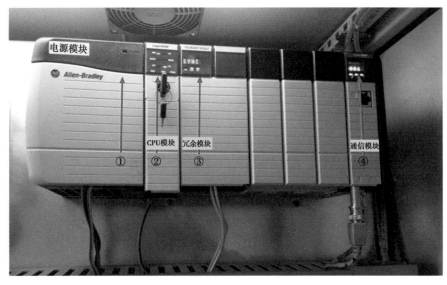

附图 1-11　PLC 机柜的 CPU 机架
①电源；②CPU 模块；③CPU 冗余模块；④CNBR 通信模块

附录二　不同厂家球阀维护保养

一、阀门维护保养内容

（1）周期性地检查阀门的密封性，通过排污嘴来检查，若有内漏，按内漏处理程序处理。

（2）适时地向阀座注入一定量的新鲜润滑脂，注入量和频率依照阀门活动频繁程度而定。一般当阀门活动一次后，要适量注入润滑脂，每次注入量为密封系统容积的1/8，目的是最大限度地避免管道内的杂质进入阀座后腔，影响阀座运动，从而导致密封失效，同时保证密封面时刻处于"湿润"状态。

（3）对很少活动的阀门，每年至少活动1次，同时注入适量的润滑脂，避免球体和阀座胶合，同时也可避免球体活动时干磨，保护阀座和球体。

（4）入冬前对球阀进行全面维护和保养，重点要排掉阀腔内和执行机构内的水，以免冬天冻结，影响正常功能。

（5）每年更换1次齿轮传动机构内的润滑脂。

（6）定期检查阀径密封，一旦出现外漏，要及时处理。

（7）清除锈蚀，对外部进行维护

二、不同厂家球阀维护保养的特殊维护保养方法

1. 兰州高压球阀维护保养方法

（1）阀门的开关时间必须严格按照以下要求进行：

①阀门开启最短时间（s）为0.5×球阀公称直径（in）。

②阀门开启最长时间（s）为5×球阀公称直径（in）。

例如，DN 200mm（8in）阀门的最快开启时间不得少于0.5×8＝4s；

DN 200mm（8in）阀门的最长开启时间不得大于5×8＝40s。

（2）阀门操作要轻缓，防止杂音、振动和泄漏。

确认阀门的开关方向和指示指针的方向一致，阀门在开关到位时切忌过力操作，严禁使用加力工具操作。对于蜗轮蜗杆操作的阀门，在开关到位后再反方向回转1/4圈。

（3）球阀在半开位状态的最大停留时间严禁超过24h。

如果在半开位状态时间过长，由于阀座两点受力，可能会引起阀座密封材料的永久变形，从而导致阀座永久性损伤。

（4）放空和排污时的注意事项：

①球阀只能在全开或全关位置进行放空和排污，严禁在半开位打开放空阀和排污阀，避免造成人员伤害。

②操作者需要注意排污口和放空口的位置，防止阀门和排放管线内的碎屑及介质高速

泄放伤人。

③快速且连续开启或关闭排污阀和放空阀，排污阀和放空阀处于半开位的时间过长会损坏其密封性能。

（5）在球阀的使用过程中需要对球阀的状况进行定期检查和维护。

例如，拧紧任何因振动影响而松动的螺栓，检查排污嘴、放空阀、注脂嘴等附件状态。

（6）按计划对球阀进行排污，可以有效地防止杂质对球阀的损坏，建议每年将球阀的排污口排放 1~2 次。在以下情况下对球阀进行排污：

①在每年入冬之前。

②在计划停用（检修）时。

③水压试验之后。

④清洗管线之后。

（7）对于很少活动的球阀，每年至少操作 1~2 次，每次操作时将球阀进行多次开关，以消除聚集在阀座表面的沉积物，避免阀座与球体胶合。

（8）对球阀的阀座和阀杆密封部位注入润滑密封脂。在正常运行的条件下，球阀不需要使用密封脂。

①当阀的密封部位由于擦伤而引起泄漏时，可通过注脂阀注入密封脂，可起到短时间的密封作用。

②球阀阀座注入密封脂后，需要将球体转动 3~4 次，使密封脂均匀分布在整个阀座环线上。

③球阀阀杆注入密封脂后，也应将其转动 1~2 次，密封脂注入完成后，必须将注脂管件恢复到原来的状态。

（9）蜗轮蜗杆操作的阀门，需要每隔半年进行一次检查。

将蜗轮箱箱体上部的螺栓松开，取下箱体上盖，清除里面的润滑脂、杂质或积水，重新添加润滑脂，转动蜗轮蜗杆使润滑均匀，盖上上盖，拧紧螺栓。

（10）密封脂及注脂设备的选型。

①采用 7903 密封油脂（密封脂能抗老化、抗腐蚀）。

②生产厂家：中国石化重庆一坪润滑油总公司。

③注脂枪型号：YQ41 河北承德机械厂。

（11）阀门清洗液、密封脂的注入量见附表 2-1。

附表 2-1　阀门清洗液、密封脂注入量

阀门尺寸（in）	清洗液（oz）	密封脂（oz）
2	5	5
3	7	7
4	9	9
6	13	13
8	17	17
10	21	21

续表

阀门尺寸（in）	清洗液（oz）	密封脂（oz）
12	26	26
14	30	30
16	34	34
18	38	38
20	43	43

注：1oz＝28.5g。

2. 成都成高球阀维护保养方法（HR 系列锻钢球阀，附图 2-1）

1）故障处理

（1）填料密封部。若填料部有微量渗漏，在不影响扭矩的条件下，适当拧紧填料压盖螺栓。重新拧紧仍不能止住泄漏时，拆开阀门，检查填料，确认有无异常，若填料损坏则需更换。大部分固定球式球阀上密封都采用 O 形圈密封，这种情况下发生上密封泄漏，则需更换 O 形圈。

附图 2-1 成都成高球阀

（2）阀体密封部。

中法兰（阀体和左体的连接部）采用了垫片或 O 形圈，如有渗漏时，拧紧接合部螺母。若仍有泄漏，则需拆开阀门，检查垫片或 O 形圈，如损坏则更换。

（3）阀座密封部。当球阀阀座上出现泄漏时，将球阀分解，检查球体、阀座、O 形圈（U 形圈）有无损伤或变形，如有损伤或变形，应更换相应的零件。更换阀座、O 形圈或球体时，注意不要让异物进入阀体内腔。

（4）底盖密封部。底盖处若出现泄漏，拧紧底盖螺栓，拧紧底盖螺栓还不能止住泄漏时，应松开底盖螺栓，取下垫片或 O 形圈，检查垫片或 O 形圈有无损伤，如有损伤，则需更换。

2）维修后的调整

（1）调整开的位置：松开相应的调节螺栓，将阀门置于全开的位置，然后拧紧相应的调节螺栓。

（2）调整关的位置：松开相应的调节螺栓，将阀门置于全关的位置，然后拧紧相应的调节螺栓。

3）使用注意事项

（1）禁止将阀门长时间（不大于120min）置于半开状态，应使阀门开关到位，以免损伤阀座密封性能。

（2）阀杆上的弹性挡圈，当阀门口径小于3in时起限制限位块或手柄的作用，当阀门口径不小于3in时起限制限位块的作用。

（3）维修过程中，要均匀地拧紧阀门上的所有连接件，以免产生附加应力。

（4）检修时，请勿将填料的方向装反，以免造成填料部泄漏。

（5）维修过程中避免将阀座密封面、球体密封面、阀杆密封面划伤。

4）清洗液、密封脂的选用及注入量的确定

（1）推荐采用7903密封脂。

（2）阀门清洗液、密封脂的注入量见附表2-2。

附表2-2　阀门清洗液、密封脂注入量

阀门尺寸（in）	清洗液（oz）	密封脂（oz）
2	5	5
3	7	7
4	9	9
6	13	13
8	17	17
10	21	21
12	26	26
14	30	30
16	34	34
18	38	38
20	43	43

3. 自贡高压球阀维护保养方法

（1）常规保养。

①每半年检查一次阀门的密封。

②每半年对阀门清洗、注脂一次。

（2）具体步骤：

①完全操作球阀一次，以进行功能测试。

②必须平稳均匀地转过整个操作行程，无颠簸且无明显噪声。

（3）排污及保养：阀门的排污工作一般在霜冻期开始前。

①打开排污阀排干聚集的水或凝结物。

②关闭排污阀。

（4）每年入冬前的润滑维护：

①按照规定量注入阀门清洗液，使清洗液在阀门中保留 1~2d。

②排净清洗液后，按照规定量注入阀门润滑脂（每次注入量为密封系统容积的 1/8），开关阀门 2~3 次，使润滑脂均匀涂抹于球体。

③通过阀门排污口，检查阀门是否存在内漏。

④内漏的处理，按常规方法进行。

（5）阀门清洗液和密封脂的注入量见附表 2-3。

附表 2-3　阀门清洗液、密封脂注入量

阀门尺寸（in）	清洗液（oz）	密封脂（oz）
2	5	5
3	7	7
4	9	9
6	13	13
8	17	17
10	21	21
12	26	26
14	30	30
16	34	34
18	38	38
20	43	43
22	—	—
24	51	51
26	—	—
28	60	60
30	64	64
34	—	—
36	76	76
40	85	85
42	89	89

4. MSA 球阀维护保养方法（附图 2-2）

（1）MSA 特性。MSA 球阀带有双阻塞与排放功能（DBB），阀门有两个密封面，在阀门全开和全关时均可以截断流体进入球阀体腔。球阀在全开或全关位置均可以在线带压下排放，球阀任何一边均能够承受全压差。

（2）常见故障及处理。

①球阀阀座密封不严。

a. 当球阀是 DPE 型（双活塞功能＝双密封）时，需要检测球阀出口是否有泄漏。如果只是从球阀中间位置（腔体）检测到泄漏，即只有一侧密封失效时，无须对球阀进行维修；

b. 当球阀不是 DPE 型且只有一个阀座密封失效时，通过密封脂注入装置注入柴油或煤油对阀座进行清洗，清洗后未解决，则需注入密封脂，直到不漏为止（注：MSA 球阀密封脂的注入压力不得超过阀门公称压力的 3 倍）；

附图 2-2　MSA 球阀

c. 当两个阀座密封都失效时，需要检查执行机构的调节是否停在开—关位置。如果调整以后，密封不严仍然存在，则通过密封脂注入装置使用柴油或煤油对阀座进行清洗，清洗后注入密封脂，如仍未解决，联系厂家技术人员维修。

②球阀耳轴泄漏。

对于地上球阀的密封不严，可从第三法兰面上或从执行机构及调节机构的开口处显现，需更换上部密封 O 形圈。

③附属管线的小球阀密封不严。

a. 密封不严时反复采用吹通的方法以清除在密封部位存留的杂质，如果依然泄漏，则必须更换新的小球阀；

b. 若排污管线或放空管线装有两个或两个以上的截断阀，此时的泄漏可认为是所有的截断阀均在泄漏。

（3）维护保养方法。MSA 球阀其他维护保养方法，按常规方法进行。

（4）密封脂的选用。MSA 球阀密封脂选用 FUCHS 生产的 RENOLIT 密封脂（早期的商品名为 RENEX）。

（5）清洗液、密封脂注入量的确定见附表 2-4。

附表 2-4　阀门清洗液、密封脂注入量

阀门尺寸（in×in）	清洗液（g）	密封脂（g）
100×80	35	65
150×100	50	100
200×150	65	130
250×200	80	160
350×300	140	280
400×300	140	280
450×350	160	320

5. 轨道式球阀的维护保养方法（附图 2-3）

1）轨道式球阀的检查

（1）检查阀门及各密封点是否存在内漏和外漏，阀门应保持零泄漏。

（2）活动阀门，检查阀门操作是否轻便。

（3）如阀门带有执行器，则按照执行器有关规程检查执行器及相关部件。

2）轨道式球阀的保养和检修

（1）轨道式球阀每年至少润滑一次。

（2）当每次发现阀杆泄漏时需要润滑。

（3）若阀门每天至少操作一次时，一年润滑四次。

（4）当每天操作次数多于 10 次时，每开关 1000 次润滑一次。

（5）若阀门被应用于腐蚀和其他特殊工况且每天操作次数多于 10 次时，每开关 500 次润滑一次。

（6）润滑位置为阀杆和轴承上部的润滑嘴以及位于阀径下部的底部润滑嘴。

（7）压动注脂枪 2~5 次，将润滑脂注入活动件中，全开关阀门 2~3 次。

3）轨道式球阀内漏的检查和处理

（1）内漏的检查：通过下游管道的压力变化或通过阀座部位的放空注脂阀组检查，轨

附图 2-3　轨道式球阀

道式球阀应达到零泄漏。

（2）内漏的处理。

①检查阀门是否全关。

②在阀门前后建立 0.2~0.3MPa 的压差，在存在压差情况下开启阀门。

③重复上部 2~3 次，检查阀门是否仍存在内漏。

④若阀门仍存在内漏，使用手动注脂枪注入阀门密封脂直至阀门泄漏停止。

⑤若仍不能消除内漏，说明阀座或球体密封面已存在较严重的损伤，需要维修、更换。

⑥注意事项：如果阀门无内漏，则不需要在阀座处注入任何密封脂；采用注入密封脂辅助密封的阀门无法通过放空注脂阀组来检查阀门的内漏。

4）轨道式球阀阀杆密封填料的填加和更换

（1）当阀门阀杆上部外漏时需要填加或更换阀杆盘根。

（2）可注入式密封填料的填加：

①用扳手将填加密封填料的螺钉顺时针旋转，注意观察阀门阀杆处的泄漏情况，当泄漏停止时即停止旋转。

②如果可填加密封填料用尽，将填加螺钉取下，重新填加；

③取下螺钉时小心缓慢操作，确认球形止回阀没有泄漏时才能将螺钉取下。

④压盖式密封填料的处理：带有压盖套的阀门先将压盖套拆下；用扳手拧紧压盖螺栓，注意观察泄漏情况，当泄漏停止时即停止压紧；压盖两端的螺栓的调节量必须相同。

5）注意事项

（1）在任何情况下，禁止带压拆除阀门受压部位的零件。

（2）密封脂和润滑脂的使用不应过多，达到密封和润滑效果即可。

（3）推荐使用的润滑剂。

（4）推荐使用高质量的锂基润滑脂。

（5）对于低温阀门推荐使用低温润滑脂。

参 考 文 献

［1］ 林传礼 . 采气工 ［M］. 北京：石油工业出版社，1996.

［2］ 林传礼 . 井下作业工 ［M］. 北京：石油工业出版社，1996.

［3］ 李四光 . 中国地质学 ［M］. 扩编版 . 北京：地质出版社，1999.

［4］ 胡士信 . 阴极保护手册 ［M］. 北京：化学工业出版社，2003.

［5］ 庄惠农 . 气藏动态描述和试井 ［M］. 北京：石油工业出版社，2004.

［6］ 张中伟 . 采气工必读 ［M］. 北京：中国石化出版社，2006.

［7］ 吴九辅 . 流量测量 ［M］. 北京：石油工业出版社，2006.

［8］ 何生厚 . 地面集输工程技术 ［M］. 北京：中国石化出版社，2008.

［9］ 梁平，王天祥 . 天然气集输技术 ［M］. 北京：石油工业出版社，2008.

［10］ 郑建光 . 过程控制调节仪表 ［M］. 北京：中国计量出版社，2009.

［11］ 张映红 . 设备管理与预防维修 ［M］. 北京：北京理工大学出版社，2009.

［12］ 李晓平，张烈辉，刘启国 . 试井分析方法 ［M］. 北京：石油工业出版社，2009.

［13］ 黄春芳 . 天然气管道技术 ［M］. 北京：中国石化出版社，2009.

［14］ 颜廷杰 . 实用井控技术 ［M］. 北京：石油工业出版社，2010.

［15］ 张晓君，刘作荣 . 工业电器与仪表 ［M］. 北京：化学工业出版社，2010.

［16］ 李莲明，洪鸿 . 天然气开发常用阀门手册 ［M］. 北京：石油工业出版社，2011.

［17］ 业渝光，刘昌岭 . 天然气水合物的结构与性能 ［M］. 北京：地质出版社，2011.

［18］ 高野 . 新编现场急救教程 ［M］. 北京：中国人民公安大学出版社，2011.

［19］ 邓寿禄 . 油田加热炉 ［M］. 北京：中国石化出版社，2012.

［20］ 梁平 . 天然气操作技术与安全管理 ［M］. 2 版 . 北京：化学工业出版社，2012.

［21］ 刘宝权 . 设备管理与维修 ［M］. 北京：机械工业出版社，2012.

［22］ 张汉林 . 阀门手册——使用与维修 ［M］. 北京：化学工业出版社，2013.

［23］ 宋晏，刘勇 . 计算机应用基础 ［M］. 北京：电子工业出版社，2013.

［24］ 杨发平 . 高含硫气田采气工 ［M］. 北京：中国石化出版社，2013.

［25］ 徐务棠 . 服务器管理与维护 ［M］. 广州：暨南大学出版社，2014.

［26］ 张炼，冯洪臣 . 管道工程保护技术 ［M］. 北京：化学工业出版社，2014.

［27］ 周永平 . 传感器应用技术及其范例 ［M］. 北京：清华大学出版社，2015.

［28］ 耿新中 . 采气工技能操作标准化培训教程 ［M］. 北京：中国石化出版社，2017.

［29］ 任彦硕 . 自动控制原理 ［M］. 北京：机械工业出版社，2018.